气候变化国际圆桌会议对谈

QIHOU BIANHUA GUOJI YUANZHUO
HUIYI DUITAN LUNJI

论集

中国宋庆龄基金会 编

人民出版社

中国宋庆龄基金会主办"应对全球气候变化的理念与实践"国际圆桌会议与会嘉宾代表合影。

前排左起：蔡守秋、刘海年、贾普·斯皮尔（Jaap Spier）、张立文、杜祥琬、托马斯·博格（Thomas Pogge）、齐鸣秋、赵白鸽、唐闻生、约翰·诺克斯（John Knox）、井顿泉、秦大河、姚新中。

后排左4起：王明远、菲利普·萨瑟兰（Philip Sutherland）、郑保卫、马克斯·埃塞德（Max Essed）、马克诺夫斯基·德米特里（Makhnovskiy Dmitiriy）、曹明德、布赖恩·普雷斯顿（Brian Preston）、彭永捷、秦天宝、詹姆斯·西尔克（James Silk）。

中国宋庆龄基金会常务副主席齐鸣秋在开幕式上致辞

耶鲁大学讲座教授、全球正义研究中心主任托马斯·博格（Thomas Pogge）在开幕式上致辞

全国人大常委、外事委员会副主任委员、国家气候变化专家委员会委员赵白鸽在开幕式上致辞

中国人民大学一级教授、中国人民大学孔子研究院院长张立文作主旨报告

中国工程院院士、国家气候变化专家委员会主任杜祥琬作主旨报告

荷兰最高法院法律总顾问贾普·斯皮尔（Jaap Spier）作主旨报告

中国科学院院士、国家气候变化专家委员会委员秦大河作主旨报告

中国人民大学哲学院院长、教授姚新中主持主旨报告

开幕式暨主旨报告现场

报告与讨论会议现场

与会代表在交流

与会代表在交流

与会代表在交流

与会代表在交流

与会代表在交流

与会代表在交流

与会代表在交流

与会代表在交流

中国宋庆龄基金会副主席唐闻生在闭幕式上致辞

闭幕后与会代表及工作人员合影

目　录

1

应对气候变化的法律策略

气候变化与人权

未来与展望

附 录

一、媒体报道

二、机构介绍

前　言

中国宋庆龄基金会

历史将记住 2015 年 12 月 12 日。这一天，全球 195 个缔约方国家通过了里程碑式的《巴黎协定》。

从 2014 年 11 月中美两国元首签署《中美气候变化联合声明》，到 2015 年 6 月中国提出强化气候变化行动——中国国家自主贡献，从 2015 年 9 月宣布设立 200 亿元人民币的中国气候变化南南合作基金，到 2015 年 12 月习近平总书记在气候变化巴黎大会开幕式上致辞……毋庸置疑，中国为《巴黎协定》的达成注入了重要动力，作出了突出贡献。

"无巧不成书"，《气候变化国际圆桌会议对谈论集》从孕育到诞生，较好地依托并紧密地契合了这一具有历史意义的时代背景和时间节点。会议及论集是中国宋庆龄基金会紧密结合时代关切、发挥联合国经济社会理事会特别谘商地位作用、搭建民间国际交流合作平台的积极尝试，也是与会中外代表共同分享全球气候治理智慧的宝贵结晶。

诚如外界所知，中国宋庆龄基金会秉持宋庆龄"缔造和平"、追求人类"普遍的和谐与合作"理念，始终十分关注与人类命运共同体密切相关的全球性、公共性和前沿性问题。

正是基于对全球应对气候变化问题的共同责任意识和使命意识，2014 年 11 月，在《中美气候变化联合声明》发表之际，中国宋庆龄基金会和美国耶鲁大学全球正义中心商定——在 2015 年气候变化巴黎大会之前，联合中外有关专业机构，小范围邀请关注气候变化问题的有关人士，举办一次跨领域探讨气候变化的国际圆桌会议。

2015 年 6 月 24 日至 25 日，中国宋庆龄基金会联合国家气候变化专家委员会、中国人民大学、中国政法大学、美国耶鲁大学等机构，在北京成功举办了气候变化国际圆桌会议，来自中国、美国、俄罗斯、德国、澳大利亚、荷兰、南非等国家的二十余位中外有关知名人士与专家学者，分别从自然科学、社会科学和人文科学角度切入，围绕"和谐·合作·发展·责任——应对全球气候变化的理念与实践"的主旨主题，从各自研究领域出发，充分、深入地展开了交流和研讨。与会中外代表一致认为，此次会议跨学科探讨，视野宽阔、氛围宽松、交流坦诚，提出了颇多真知灼见。

气候变化国际圆桌会议召开之后，中国宋庆龄基金会组织力量，协同人民出版社，历时将近一年，将中外与会代表的现场发言加以编辑整理、结集出版。当时光之轮驶入 2016 年，论集即将面世。

正如习近平总书记评价巴黎会议："巴黎协议不是终点，而是新的起点。作为全球治理的一个重要领域，应对气候变化的全球努力是一面镜子，给我们思考和探索未来全球治理模式、推动建设人类命运共同体带来宝贵启示。"《巴黎协定》将于 2016 年 4 月 22 日提交联合国最终签署，并将在占全球碳排放 55% 以上的 55 个国家提交批准文件后正式生效。

"一分纲领，九分落实"，应对气候变化是全人类的共同事业，积极落实巴黎会议成果，需要加强国际社会的共识和共同行动，需要每个国家、每个机构、每个人担负起自身的使命和责任；需要进一步普及和传播有关知识、唤起民众更广泛的参与；需要各尽所能，绵绵用力，久久为功。

本论集正好在《巴黎协定》通过之后、联合国签署之前的历史时点面世，能借国际国内高度关注气候变化问题的东风，在新年度开启新旅程，幸甚至哉！我们期冀，作为气候变化国际圆桌会议的智慧果实，本论集不仅能原汁原味地向公众传递、分享会议的研讨成果，还能为全球气候治理略尽绵薄；期望能促进公众进一步提高对气候变化问题的认识和理解，促进社会资源积极参与减缓和适应气候变化的行动；期望能为关注全球气候变化问题的业内人士、专家学者提供一些新的视角、带来一些新的启示。

为了便于读者更好地了解这次气候变化国际圆桌会议及其论集，我们从六个方面将会议的主要精华观点综述如下，作为本论集的引言。

一、科学认识和积极应对气候变化，加强国际社会的共识　　和共同行动，坚持走可持续发展道路

秦大河院士认为，全球气候变化有坚实的科学事实和科研数据作为支撑，气候变化事态是严重的，必须引起全人类的高度重视。如果较工业化之前的温升达到2℃，全球年均经济损失将达到收入的0.2%—2.0%，并造成大范围不可逆的影响，导致死亡、疾病、食品安全、内陆洪涝、农村饮水和灌溉困难等问题，影响人类安全。但如

果采取积极行动，控制温升目标仍有希望。为此，能源供应等部门应有重大改革，及早走上系统的、跨部门减排战略下的全球长期减排道路。为了遏制逐渐失控的全球变暖，需全球共同努力减排，迅速减少温室气体排放，走可持续发展道路。

杜祥琬院士认为，减缓和适应气候变化的应对战略将深刻影响到国家和人类发展方式的转变，应对气候变化的实质是：引导人类走绿色、低碳、可持续的发展道路，引导人类由工业文明迈向生态文明。加强气候变化的研究和应对，将加深对人类共同面对的气候问题的认识；加强应对气候变化的共识和共同行动，将提高我国科技水平和国际话语权，有利于我们履行国际责任并推动新型国际秩序的建立。

赵白鸽主任着重介绍了中国政府的立场和观点，她说，中国高度重视应对气候变化问题：把绿色低碳循环经济发展作为生态文明建设的重要内容，主动实施一系列举措，为减缓和适应气候变化作出了积极贡献，取得了明显成效。同时，中国政府积极引领企业和公众参与应对气候变化的行动，通过对大众和企业的宣传倡导，增强企业的社会责任和公众的参与意识，促进社会组织、社区和家庭都成为应对和适应气候变化的重要力量。

耶鲁大学托马斯·博格教授十分赞同此次会议的主题："和谐·合作·发展·责任——应对全球气候变化的理念与实践。"他强调，从我们这一代开始着手应对气候变化问题，逆转气候恶化的趋势，从而避免气候灾难的发生，这是全人类应共同承担的责任。在应对气候变化问题的具体实践中，各国都应该加入减少碳排放的行列中，以人均排放基础为出发点，争取早日实现减排目标。现阶段中国、美国以及欧洲作为三大重要参与者，美国在应对气候变化方面的表现最糟糕，中国的努力和作用非常值得期待。

联合国人权理事会人权与环境问题特别报告员约翰·诺克斯表示，气候变化所带来的严峻影响是我们应对气候变化的内在动力，全球应对气候变化需要中美的共同参与和推动，中国解决气候变化问题的意识在不断提高。

二、气候变化带来复杂、深刻影响，要重视开展气候变化的跨学科研究

齐鸣秋常务副主席认为，应对全球气候变化不应仅限于某一领域，应当从自然科学、社会科学和人文科学领域共同研究，深刻认识人类面临的全球化问题。特别是需要站在人与自然和谐相处的高度，唤起全人类共同应对气候变化的社会意识和责任意识。在具体社会实践层面，需要发挥各类社会组织的力量，广泛开展"减少碳排放人人有责"系列教育活动，倡导和促进每个人、每个家庭、每个机构积极参与到应对气候变化的具体行动中来。

张立文教授认为，气候变化曾导致文明消失、国家灭亡，如古代的巴比伦文明、中国的楼兰古国。当前的气候变化对人类、社会、国家都有复杂而深刻的影响，我国应大力支持和开展有关应对气候变化的跨学科研究，建立和加强诸如气候哲学、气候伦理学、气候政治学、气候社会学、气候心理学、气候地理学、气候法学、气候医学等学科，加深关于气候变化与人类生存和发展关系的认识。这方面国外一些国家走在前面，我国要充分重视，迎头赶上。

三、从人类文明角度反思气候变化，需要创新思维方式，儒家文化可以提供价值资源

与会专家表示，在人类活动深刻影响气候变化的背景下，我们应该重新理解人与自然的关系，超越狭隘个人主义的束缚，站在人类文明的高度反思气候变化，拓展认识全球气候变化问题的广度和深度。儒家思想为全球气候治理提供了中国智慧，要重视发掘中国传统儒家文化的思想资源。

张立文教授从"气候和合学"的哲学角度切入，认为气候变动的责任主要在于人类，人类要实现长远的生存与发展，就必须尊重自然、敬畏自然、保护自然，必须克制、约束人类自身的行为，应积极弘扬中国传统儒家文化中的仁爱精神，建设符合全球正义和人类福祉的气候文明。

姚新中教授从先秦经典《礼记》中的"天地"概念讨论了气候变化与道德责任的关系，认为应对气候变化仅有技术层面的努力还不够，因为气候变化危机的根源在于我们在价值观上颠倒了人与自然的关系，无限夸大并追求人作为自然主人的权利。把气候变化与道德责任联系在一起，是迈向解决气候问题的根本，而要做到这一点，需要重新理解人与自然的关系，儒家传统在这方面有卓越的思想资源。

白彤东教授指出，儒家思想以仁爱为起点，继而从个体推及对他者和环境的关爱，这有利于超越当前气候问题所面临的机制缺陷，即本国人不为外国人负责、当代人不为子孙后代负责、人类不为自然负责的现实。儒家可以提供一套人类为环境担当责任的治理方略。

王明远教授围绕全球气候变化谈判中的多方博弈，借用中国传统

"三国演义"为模式，认为未来将不再是欧盟积极主动、中国和美国被动防守的模式，欧盟、美国、中国三方有可能在未来谈判中围绕气候变化谈判的"主导权"而展开争夺。

四、应对全球气候变化需要公平正义原则，探索建立新型合作关系，多角度探寻解决之道

张立文教授认为气候具有公共性、共有性、全面性，它影响人类生存的方方面面，应对气候变化应当以和平、发展、合作、共赢为宗旨，将公平、公正作为气候变动中保障人类命运共同体利益的价值原则。

郑保卫教授也强调，气候正义关乎全球气候治理的实现，关乎国际气候制度的建立。气候正义需要借助有效、规范的传播途径与方式来实现。我国应坚持"共同但有区别的责任"原则，善用话语权、提高传播力，努力推动符合气候正义的国际气候制度。

秦天宝教授建议，需要重新思考在气候谈判中采取秉持价值取向的指导性策略，改变以技术理性支配谈判的根本性方向和宗旨的现状。

彭永捷教授认为在解决全球气候变化的问题时，应转变以国际谈判和利益瓜分为主导的思想，按照人类团结一致共同应对全球性问题的原则，以加强能力建设为核心，建立一个类似世卫组织或世界粮农组织这样的机构来统一领导、协调、指导、帮助和援助各国共同应对气候变化，通过加强能力建设共同减排。

托马斯·博格教授指出，世界财富分配严重失衡，这种不平等是美国主导的世纪的产物，是资本主义精神的产物，也是以自我为中心的理念的产物。在中国、印度、非洲等地，还存在大量贫困人口，发

展问题对于中国乃至世界而言都是一项十分艰巨的任务。不能以牺牲贫困人口的利益为代价来解决气候变化问题，但是在美国社会环境下，人们难以对贫困问题提起兴趣，这样的发展逻辑得不到广泛认同。他指出，合作是解决问题的唯一途径，应努力转变国际社会中讨价还价、一味追求适者生存的发展思路，转向一种基于道义和理性的新型合作关系，尽可能创造公平、正义的环境，实现人类社会的真正和谐，从而达成某种互利共赢的局面。

在创新能源技术利用问题上，博格教授和他的合作者们（"全球气候义务专家团"①）认为，现有的机制制约了发展。他们建议建立一种体系，对知识产权系统作出变革，以减少贫困人口的"环境足迹"和"生态足迹"为基本出发点，让一个公司或者一个国家可以免费使用绿色新技术，而专利持有人也可根据该项技术所享有的社会价值而受到相应奖励。

荷兰最高法院法律总顾问贾普·斯皮尔认为，一个造成一些国家在气候变化问题上产生普遍惰性的原因在于缺乏公平的竞争环境。不难理解，一旦决定开始踏上深远的减排历程而其他国家并没有如此行为时，各国和企业都难免担忧自己会在竞争中处于劣势。一旦相应的义务被充分地理解，对公平竞争环境的畏惧至少在纸面上也会自然消失。

---

① "全球气候义务专家团"由德、美、英、荷、印度、巴西、南非、澳大利亚等世界各地的大学、法院以及有关组织的国际法、人权法、环境法等领域的专家和法官组成，其中包括一名中国学者（武汉大学秦天宝教授）。此次参会的外方专家中有 7 名是该团重要成员。近几年来，"全球气候义务专家团"针对全球气候变化应对问题持续开展了广泛的研究和讨论。

五、从人权角度促进应对气候变化工作，加强相关领域的国际交流和互鉴

刘海年研究员指出，环境权作为第三代人权，直接关系人类的生存和发展，但在具体实践中，应和发展权有机结合起来。也就是说，在应对气候变化缔结的国际公约、提出节能减排指标时，不仅要充分肯定普遍人权，还必须充分考虑不同国家发展的实际状况，而联合国确定的"共同但有区别的责任"原则是切实可行的。

约翰·诺克斯从气候变化角度探讨人权问题，他指出，气候变化严重影响人类享受人权的能力、严重制约国家发展的权利，对于人权的思考将有助于我们更好地应对气候变化问题。就气候变化问题而言，应明确当下最利害攸关的问题，指明应对气候变化问题的方向。他指出，在他向人权理事会所提交的最新报告中，列明了一百多项环境保护方面的良好实践，其中也包括一项由中国主导的实践，主要是针对公众参与度进行了规定，通过提供更多信息获取途径，提高了针对污染排放等环境方面信息的获取权，使得环境政策更加公平、有效。

耶鲁大学詹姆斯·西尔克教授提到，在应对气候变化的相关法律问题时，国家会遇到两类涉及人权的问题，即限制自然资源开发的国家权力和对气候变化影响所分配的特定义务和责任，而国际人权法则有助于明确应对气候变化中的国家权力和义务。人权法的内容既包括怎样满足那些受气候变化影响的人民的需求，也赋予了国家防止伤害的义务。

六、发挥法律手段的优势与作用，加强应对气候变化的法律体系建设和执法监督

会议现场，中方代表介绍了我国加强法律建设为保护环境、应对气候变化提供制度保障方面的行动和成就。蔡守秋、常纪文、曹明德等多位环境法领域的专家学者均提到，中国作为一个负责任的大国，一方面同国际社会一道积极进行应对全球气候变化的国际法建设，一方面在国内也已经基本形成防治污染、保护环境的法律体系，合理利用和管理自然资源的法律体系，节约和合理利用能源的法律体系，初步建立了应对气候变化的法律体系。常纪文教授建议将社会团体和个人的环境权诉求写进正在编纂的《民法典》，充分发挥民众参与和监督环境保护和节能减排的作用。

在运用法律手段促进应对全球气候变化方面，南非斯坦陵布什大学菲利普·萨瑟兰教授注重从私法领域着手。他指出，目前法学界在国际方面主要是整合国际环境法和人权法，在国内则是整合环境法、公法和人权法，但私法也同样值得重视。

而澳大利亚新南威尔士土地及环境法院布赖恩·普雷斯顿审判长则注重发挥法律诉讼在应对气候变化方面的作用。主要有两点：一是国家作为原告，如何根据侵权和贸易惯例法提出私法诉因；二是根据行政法学或宪法性法律的公法诉因在国内和国际司法中对政府采取行动。

针对如何在应对气候变化过程中切实贯彻落实法律手段问题，贾普·斯皮尔强调，应考虑更具实质性的解决方案，应发挥法律策略的优势与作用，即明确区分国家和企业的法定减排义务，提供公平的竞

争环境，并向那些不愿履行法律义务的国家和企业施加压力，促使其
将排放减少至法律规定的范围内。

如上所述，气候问题非常重要，也非常复杂，它不仅是科学问
题，更涉及了人与自然、人与社会、国家与国家等诸多层面，需要全
球携手，秉持科学的理念，通过长期的具体实践来积极应对、共同
参与。

致辞（一）

齐鸣秋，中国宋庆龄基金会常务副主席。

尊敬的赵白鸽副主任委员、博格教授，各位领导、各位来宾，女士们、先生们，朋友们：

大家上午好！很高兴能够与大家相聚于北京，共同参加气候变化国际圆桌会议。首先，我代表中国宋庆龄基金会，向各位嘉宾和专家学者，尤其是向远道而来的外国专家学者们致以热烈的欢迎和诚挚的问候！

回顾历史，人类之所以能在地球上生存与发展，就是由于地球上有阳光、空气和水等赖以生存的自然资源。在历史的进程中，尤其是工业革命以来，人类文明迅速进步，展示出美好的一面。然而，与此同时，人类的活动也深刻地改变着我们赖以生存的环境，有些变化已经开始危及人类自身。当前，全球气候变化导致地球生态系统发生一系列深刻变化，进而影响到经济、政治、社会各个方面，制约人类和平发展。气候变化问题得到各国政府与公众的极大关注，成为了全球性的公共议题。1992 年 5 月，联合国通过了《联合国气候变化框架公约》，之后举行了 20 次缔约方会议，2015 年年底将在法国举行第 21 届会议。中国政府高度重视应对气候变化工作，采取了一系列积极的政策行动，成立了专门工作机构，积极参与国际谈判。

中国宋庆龄基金会是为纪念中华人民共和国名誉主席宋庆龄先生而成立的人民团体。自 1982 年成立以来，秉持宋庆龄先生"缔造和平"、追求人类"普遍的和谐与合作"精神，始终遵循"和平、统一、未来"三项宗旨，积极致力于推动人类和平与进步事业，关注人类共同面临的各种问题。

此次中国宋庆龄基金会主办气候变化国际圆桌会议，旨在传承宋庆龄精神，关注人类共同命运；发挥具有联合国经济社会理事会特别谘商地位的优势，构建非官方平等对话平台；促进中外相关领域的专家学者探讨应对气候变化问题的理念与实践，分享、交流全球气候治理智慧；提升全社会对气候变化问题的认识，加强公众对气候变化问题的理解和重视。

此次会议的主旨是：和谐、合作、发展、责任。会议将针对应对气候变化的战略与合作、哲学视野、伦理责任、法律与共同行动等问题进行研讨。会议吸引了来自 10 个国家的三十多位气候变化、哲学、法律、传播等领域的权威人士和知名学者参加。会议得到了国家气候变化专家委员会等单位的大力支持，得到了耶鲁大学、中国人民大学、中国政法大学等学术机构的大力协助。我相信，通过大家的共同努力，此次会议一定能凝聚各方的智慧，收获丰硕的成果。借此机会，我也向所有关心支持此次会议的朋友们表示衷心的感谢！

最后，衷心祝愿气候变化国际圆桌会议取得圆满成功！祝愿各位专家学者在京工作顺利，生活愉快！

谢谢大家！

Opening Speech

Thomas Pogge[①]

托马斯·博格，耶鲁大学哲学与国际事务系莱特纳讲席教授、全球正义研究中心主任，伦敦国王学院、奥斯陆和中央兰开大学兼职教授。

Hello to you all and welcome you to this wonderful meeting. I am very grateful that we foreigners have been received so warmly by our Chinese hosts of the Soong Ching Ling Foundation. We are most impressed with your great hospitality and your openness to discuss the very urgent problems concerning the world's climate with us.

I also think that you have done a wonderful job in specifying the theme for this conference. You have found four concepts that really per-

---

[①] Thomas Pogge, Professor at Yale University and Director of Global Justice Research Center.

fectly describe what the problem is that we are facing with climate change. To illustrate this, let me start at the end of your list with the word "**responsibility**".

The scientific consensus on climate change is very firm. There is a clear and widely shared understanding that if we continue with the present practices, "business as usual" as we say in English, we will get into very deep trouble by the end of this century. This would be very bad for future generations: for our children, our grandchildren-never mind whether you live in China or in the United States or in Europe or in Pakistan, where as you will have read, 600 people have just died from a heat wave.

So, we all face this challenge, we all have to deal with the problem, with the danger that our planet is in. And we have a responsibility in this generation to begin taking decisive action toward stopping climate change, to begin as soon as possible to reverse the trend toward catastrophe. This is our responsibility, a joint responsibility for all of humankind.

The next word is "**development**". Development still constitutes a formidable challenge in many parts of the world, including China. China still has some provinces that are not very well developed, that still have plenty of truly poor people. And of course there are many people who suffer quite serious deprivations in other parts of the world, in India and in Africa for example ; and there are plenty of countries that are a lot poorer than China is.

We must not forget the world's poor. This means that we must solve the problem of climate change in a way that allows development to continue, that makes it possible for poor people to have a standard of living that is comparable to at least that of the Chinese middle class, a standard of living that firmly secures the essentials for a decent, worthwhile human life. Such a standard of living includes energy for light and cooking, for heating and cooling, for travel and transportation ; and when such minimally adequate energy cannot be produced from fossil fuels because of the climate crisis, then we need to find other ways of producing this energy from renewable sources.

The next word you have selected is "**cooperation**" , and cooperation is what we need in order to find a solution to the climate problem. The common way in which countries often mediate their differences is through bargaining and threat advantage: they offer inducements to one another and they threaten one another, they treat one another with carrots and sticks in an effort to reach some sort of mutually advantageous agreement.

But in regard to the climate crisis, this is not an acceptable way forward, because if you try to work out the terms of cooperation on the basis of the various states' vulnerabilities and threat advantage, then the predictable result will be that some poor countries like Bangladesh (which has a lot to lose from a lack of international cooperation toward curbing climate change) will be asked to pay a large part of the cost of curtailing climate change while many rich countries such as Switzerland (which really does not have a lot to lose if climate change gets worse) will be expected to contribute almost nothing.

What we need to achieve here is a transition from the old international cooperation based on carrots, sticks and threat advantage, to a new kind of cooperation based on shared moral principles and judicious judgments about what is fair and reasonable.

In conclusion, let's get to your final word "**harmony**", which brings to mind the relationship between political decision makers, which is the role of many of you here, and academics. There is an urgent need for a harmonious relationship between politicians and academics. Academics are not decision makers. They stand outside day-to-day politics and, as thinkers, even visionaries, they can often go much farther than politicians' can, in reflecting on fundamental issues and the long-term future of humanity. Academics can raise their gaze above the thought horizon of their own country, epoch and situation. They can look at the world from some distance. And this more abstract, more impartial perspective can be quite valuable also for politicians to take notice of.

This perspective can give politicians a long-term orientation for their work and it can make it easier for them to reach a genuine, value-based understanding with politicians of other countries. Politicians, in short, should take academic discourse seriously and should be prepared to learn from it. And this in turn gives academics an obligation to be responsible and constructive in the thoughts and advice they provide to politicians.

This is then my final hope and ambition for our conference: that it will be one in which such harmony between politicians and academics can be instantiated, can be exemplified in a concrete way.

Thank you very much.

【参考译文】

大家好！

在此，我想向大家致以诚挚的问候，并欢迎各位出席本次盛会。我们对中国主办方给予我们的热烈接待表示衷心的感谢，同时，也对你们能如此开放地讨论这些亟待解决的问题表示由衷的赞赏。

我认为，主办方在细化会议主题方面做得很好。主题中包含的四个理念完美诠释了我们在面临气候变化问题时应当何去何从。我就先从本次会议主题的最后一个词"责任"谈起。

自然科学在气候变化问题上舆论非常一致。我们都能清晰地认识到，如果我们继续保持现状，一如往常地行事，那么在 21 世纪末，我们将面临极其严峻的问题。这对于我们的子孙后代十分不利。无论你居住在中国、美国、欧洲，还是巴基斯坦——当然，那里的症候较为明显，想必大家已有所耳闻，在那里，已经有 600 人被热浪夺去了生命。

因此，我们大家要共同面对这一挑战，都需要对我们岌岌可危的星球负责。我们有责任从我们这一代开始着手应对气候变化问题，逆转气候恶化的趋势，从而避免气候灾难的发生。这是我们的责任，也是我们全人类应共同承担的责任。

我想阐述的第二个关键词是"发展"。发展问题对于中国乃至世界而言都是一项十分艰巨的任务。在中国，部分省份仍存在发展滞后的现象，部分人民的生活依旧贫穷落后。当然，不仅仅是在中国，在世界的其他地方，如印度、非洲等地，都仍然存在大量的贫困人口，他们的生活现状更加水深火热。

我们不能背弃这些人民，我们必须找到一种方法，在保证发展的同时，解决气候变化的问题。我们要坚持发展，以使得这些生活在贫困当中的人民能够享受到如中国中产阶级人民的普遍生活水平。生活必需品包括：照明、做加热、制冷、旅行、运输、能源。举例来讲，如果由于气候危机，这些人民生活所需的能源不能通过矿物燃料来提供，那么我们就需要寻找到其他的替代品，如使用可再生能源等来满足他们的基本需求。

下一个关键词是"合作"，合作是我们解决气候问题所需要的途径。通常而言，国家之间会通过讨价还价的谈判来化解差异、调和矛盾。

然而在面对气候危机之时，这样的策略便显得举步维艰。如果谈判依然基于脆弱性及威胁优势而进行，那么对于为阻止气候变化所作出的努力，绝大多数应该由孟加拉国埋单（因为该国是受气候变化威胁最大的国家）；而很多富裕国家如瑞士对此则可以完全袖手旁观（因为该国基本不会受到气候变化的任何影响）。

因此，我们需要过渡到一种新的合作形式，从过去的软硬兼施并基于优劣对比的合作，转向一种基于道义和理性的新型合作关系。

最后，让我们来谈谈最后一个词"和谐"。和谐使我想到决策者，也就是政要人物（当然在座的不乏此类人员）与学者之间的关系。我认为，政要人物与学者之间应当建立起一种和谐的关系。学者不是决策者，不是所谓的"圈内人士"，而是思想家，是拥有远见的人。相比于政客，他们通常能够高瞻远瞩，能够摆脱自身境遇和国家、地域的限制，从更加客观的角度看待这个世界。

这一视角可以给政客更远的工作方向，让其更容易与别国政客达成真诚的价值共识。因此，对于政客而言，他们至少应当倾听学者们的声音，关注他们的谈话，并且他们也应当将此看作一种责任，去更加严肃、认真地思考学者们的观点，这将使他们受益匪浅。同时，这样的关系也赋予了学者们更大的责任，他们要为自己的观点负责，要为政治家们提出更加理性且有建设性的意见和建议。

　　而这也正是我所要表达的，对本次会议的殷切期望。我希望在这次会议上，政要人物与学者之间能够建立起具体的、和谐的关系，并树立典范，以发扬光大。

　　谢谢大家！

致辞（三）

赵白鸽，全国人大常委、外事委员会副主任委员。

尊敬的齐鸣秋主席，托马斯·博格教授，尊敬的各位来宾、女士们、先生们：

首先，请允许我对此次国际圆桌会议的召开表示热烈的祝贺。很高兴有机会与各位来宾就应对气候变化问题进行探讨。

气候变化是当今国际社会普遍关心的重大全球性问题，是环境问题，更是发展问题。2015 年，联合国将确定后千年发展目标。在关于 2015 年后的可持续发展议程综合报告中，联合国秘书长潘基文提出 17 个可持续发展目标，其中一个就是"**采取行动，应对气候变化及其影响**"。当前，国际各方都呼吁制订一个以人为本和关爱地球的议程。应对气候变化和促进可持续发展议程，是同一事物相辅相成的两个方面。国际社会呼吁要发展强有力、包容各方和有转型能力的繁荣经济，同时要为所有社会和我们的后代保护生态系统。当前最迫切的是，我们必须在 2015 年年底前通过有意义的、普遍性的气候协议。

应对气候变化是国际社会的共同任务。中国高度重视应对气候变化，愿与国际社会一道，积极应对气候变化的严峻挑战。**习近平主席指出："应对气候变化是中国可持续发展的内在要求，也是负责任大国应尽的国际义务，这不是别人要我们做，而是我们自己要做。"这代表了中国对气候变化问题的庄严承诺，也代表了中国应对气候变化的内在动力。**

中国政府把绿色低碳循环经济发展作为生态文明建设的重要内容，主动实施了一系列举措，为减缓和适应气候变化作出了积极的贡献，取得明显成效。2014 年，中国单位国内生产总值能耗和二氧化碳排放分别比 2005 年下降 29.9% 和 33.8%，"十二五"节能减排约束性指标可以顺利完成。我国已成为世界节能和利用新能源、可再生能源第一大国，为全球应对气候变化作出了实实在在的贡献。

取得这些显著成效的主要做法：

1. 积极发挥建设性作用，促进国际务实合作

自 20 世纪 90 年代以来，中国政府积极参加气候变化国际谈判，一贯秉承国际准则，推动建立公平合理的国际碳排放权分配制度，也广泛参与应对气候变化相关的双边、多边国际对话和学术交流，积极参加和推动应对气候变化"南南合作"以及与发达国家、国际组织的务实合作。中国在发展中国家中最早制定并实施了应对气候变化国家方案，2014 年又出台了《国家应对气候变化规划》，确保实现 2020

年碳排放强度比 2005 年下降 40%—45% 的目标。**特别值得注意的是，中国提出了建设"一带一路"的美好愿景与行动计划，旨在开创促进全球经济增长的新动力，探索完善全球治理结构的新途径，推动实现沿线国家乃至全球的和谐与发展。**

2. 加强制度建设，注重立法和法律实施

2013 年 11 月，中国把**"加快生态文明制度建设"**作为深化改革的一个重要领域单独明确提出。生态文明制度建设和可持续发展理念为中国应对气候变化提供了制度保障和进行顶层设计的指导思想。**立法方面，**中国现行与气候保护、改善环境相关的法律共有 5 部，新修订的《中华人民共和国环境保护法》已开始实施。对气候变化进行单独立法已提上日程。**同时，中国政府和行业管理部门制订了特定时期规划和行动计划，**明确提出了能源消费、碳排放等资源环境的约束目标，建立了节能认证制度和能效标识制度等，并且注重应用市场经济工具。

3. 倡导构建合作共赢的全球气候治理体系

一是倡导坚持《联合国气候变化框架公约》，遵循其原则。2015 年协议的谈判进程和最终结果必须坚持共同但有区别的责任原则、公平原则和各自能力原则，加强《联合国气候变化框架公约》规定和承诺的全面、有效和持续实施。**二是倡导兑现各自承诺，巩固互信基础。**各方要落实已达成的共识，特别是发达国家要提高减排力度，落实到 2020 年每年向发展中国家提供 1000 亿美元资金支持

和技术转让的承诺。**三是倡导强化未来行动，提高应对能力。**无论发达国家还是发展中国家，都需要走符合本国国情的绿色低碳发展道路，从实际出发研究提出 2020 年后的行动目标，采取更加有力的应对措施，切实加强务实合作，为应对气候变化作出新的努力和贡献。

4. 加强企业和公众参与应对气候变化的行动

通过对大众和企业的宣传倡导，增强企业的社会责任和公众的参与意识，同时促进社会组织、社区和家庭都成为应对和适应气候变化的重要力量，形成了**公共—私营—公民共同合作的模式**（Public-Private-People-Partnership，4P 模式），这是中国应对气候变化的最有生命力的力量源泉。

各位同事，面对气候变化的综合挑战，我们建议：**一是加强"南—北—南"对话合作。**通过国际间的政策对话和交流合作，认识气候变化问题的严重性，特别是通过倡导、宣传、教育，改变生产方式和生活方式。**二是分享实践经验。**及时总结交流发达国家、发展中国家、不发达国家在应对气候变化中的成功实践。**三是加强能力建设。**增加各层次人员对知识、技能的了解和掌握，加强资源动员和项目管理能力。**四是开展技术合作。**及时向发展中国家、不发达国家推广适宜技术，避免走老路。**五是加大资金支持。**发达国家要通过资金支持，使发展中国家、不发达国家逐步过渡或直接进入到低碳增长的方式，同时不影响这些国家对能源的可得性、经济增长计划以及适应气候变化的努力。**六是鼓励企业与公众参与。**进一步加强有针对性的科普教育，完善产业政策、财税政策、信贷政策和投资政策，充分发挥市场作用，采用自下而上的方法推动企业和公众参与减排活动。

　　各位同事，气候变化问题是人类面临的共同挑战。中国作为负责任的大国，将积极作为，与世界各国一道为应对气候变化的调整作出更大努力。按期在2015年巴黎气候变化大会完成新协议的谈判是国际社会的共同愿望。中方愿与各方一道，按照共同但有区别的责任原则、公平原则和各自能力原则，推动2015年巴黎会议达成全面、均衡的结果，为全球应对气候变化提供真正有效的解决方案，共同为应对气候变化作出不懈努力。

科学的认识与应对

KEXUE DE RENSHI YU YINGDUI

科学认识和积极应对气候变化

杜祥琬，中国工程院院士，国家气候变化专家委员会主任。曾任中国工程院副院长、中国工程物理研究院研究员、高级科学顾问、中国科协荣委。曾主持我国核试验诊断理论和核武器中子学的系统性创新性研究。是我国新型强激光研究的开创者之一，推动我国氧碘化学激光等新型强激光技术跨入世界先进行列。

科学认识和积极应对气候变化主要涉及以下三个方面。

一、对气候变化的科学认识，包含三个层次

第一，对气候变化本身的认知，即气候在发生着什么变化？观测事实：变暖趋势、极端天气频发等大量观测数据；现代气候变化科学的理论基础：19世纪的几个里程碑式的规律性认识，以分子的辐射特性为核心的物理学进展。科学基础是坚实的。

第二，现代气候变化的原因：

人为因素：人类活动导致大气温室气体浓度的升高等；

自然因素：海洋对 CO_2 的吸收、太阳活动的变化等；

二者的相互作用与叠加。

第三，气候变化的后果：弊和利，灾变的临界点问题等。

这三个层次都涉及随时间、空间变化的问题。时间：过去、现在、未来的趋势和规律；空间：全球的、国家的、不同纬度地区的共性和差异。

同时，由于气候变化的复杂性，这三个层次都有其确定性和不确定性。因而，科学的认识需要科学的表达（IPCC 第一工作组 AR-5 给出了有代表性的表达），有科学的表达才能做好科学的传播和普及。

二、应对气候变化的战略和行动，包含两个方面

第一，减缓气候变化：如减少温室气体排放、发展碳汇等。它要求节能和能源向绿色、低碳转型，引导低碳经济、低碳社会的发展，低碳发展是一场意义深远的变革和革命。我国将经历从降低单位 GDP 碳强度到控制 CO_2 排放总量，然后达到排放峰值并开始下降等三个阶段。

第二，适应气候变化：为保证气候变化大背景下的水安全、粮食安全、环境安全、健康与生命安全、保护生物多样性、海岸线及沿海城市安全等，需要进行一系列基础设施建设和应用性的基础研究。

实际上，减缓和适应气候变化的应对战略是相互补充的，将深刻

地影响到国家和人类发展方式的转变。应对气候变化战略的实质是引导人类走绿色、低碳、可持续的发展道路，引导人类由工业文明形态迈向生态文明。

在我国能源结构的现状下，温室气体排放与污染气体排放基本同根、同源，因而，应对气候变化与治理大气污染所要求的节能减排高度一致。减排、低碳不是陷阱，而是我国自身可持续发展的内在需求。节能、减排不是制约发展，而是促进科学发展、健康发展、可持续发展。

我国应对气候变化战略和行动的实施：与建设美丽中国、实现中国梦高度一致；与转变发展方式、实现科学发展高度一致；与完善法制建设、规范社会治理高度一致；与迈向生态文明、为人类的可持续发展作出贡献高度一致。

三、应对气候变化的国际合作和建立合理的国际气候制度

气候变化是全球性问题，要求全球的人们共同应对。

第一，不同发展程度的国家负有共同但有区别的责任，需要通过国际谈判和合作，建立合理的国际气候制度，促进有效的减缓和适应，共同应对气候风险。

第二，需要通过国际双边和多边的交流，促进各国特别是帮助欠发达国家加强应对气候变化的能力建设，相互借鉴绿色、低碳发展的经验，力求合作共赢，促进共同的可持续发展。

应对气候变化国际合作方面的传播，既要让人们了解中国的发展阶段与困难，又要了解我国为应对气候变化采取的积极务实行动和负

责任的态度；相互借鉴各国应对气候变化的先进理念和经验，传播建立合理国际气候制度的正确原则和和合作共赢的思想理念，为气候风险的全球应对作出贡献。

中国积极务实的态度和行动：2009 年作出了应对气候变化的 2020 年三项工作目标；2015 年又发布了国家自主贡献的目标和措施，包括 2030 年达到碳排放峰值等。中国应对气候变化的国内需求与国际责任高度一致。

加强气候变化的研究和应对，将加深对人类共同面对的气候问题的认识，加强应对气候变化的共识和共同行动，将提高我国的科技水平和国际话语权，也将有利于履行我们的国际责任并推动新型国际秩序的建立。

气候变化科学的过去、现在和未来

秦大河，中国科学院院士、国家气候专家委员会委员。

气候变化科学的最新研究结果证明，自 1750 年人类社会工业化以来，大量使用化石燃料排放 CO_2 等温室气体和其他污染物质，其综合效果导致全球气候系统变暖，20 世纪中叶以来进一步加剧，成为制约人类社会可持续发展的重大问题。对此，决策者重视，社会公众关注，科学家有责任向社会发布气候变化科学的新进展，以利于保护气候，保护环境，保护人类健康，建设生态文明，实现人类社会的可持续发展。

一、IPCC 评估报告与气候变化科学

鉴于全球气候变化对人类社会影响巨大，世界气象组织（WMO）和联合国环境规划署（UNEP）于 1988 年联袂组建了政府间气候变化专门委员会（IPCC）。它以全球气候系统变化为切入点，以科学文献为依据，以经 IPCC 全会审核批准的规则和程序为准绳，组织发达国家、发展中国家和经济转型国家的科学家，对全球气候变化的科学基础、影响、适应和脆弱性，以及减缓气候变化等问题进行科学评估，为《联合国气候变化框架公约》（UNFCCC，以下简称《公约》）的谈判提供科学依据。1990 年以来，IPCC 先后完成五次评估报告，为国际社会正确认识气候变化及其影响，采取共同行动应对气候变化，奠定了科学基础。IPCC 第五次评估系列报告（AR5）已于 2014 年 10 月全部完成并发布。AR5 在前四次的基础上，对 2007 年以来的研究成果进行评估，以更多观测事实证明全球气候继续变暖，解析了人类活动和全球气候变暖之间的因果关系，强调了减缓气候变化、减少温室气体排放的紧迫性，提出了全球温升不超过 2℃ 所需的条件等。IPCC AR5 报告的发布，再次引起了国际社会对气候变化这一重大课题的关注。

IPCC 全会是 IPCC 最高决策机构，联合国 195 个成员国是 IPCC 全会成员，全会议定各项程序、制订预算、决定并授权编写评估报告。IPCC 下设三个工作组和一个专题组，分别针对气候变化的不同方面进行科学评估。第一工作组（WGI）负责评估气候系统变化的科学基础，预估未来的气候变化等；第二工作组（WGII）负责评估气候变化对社会经济体系和自然系统的影响和风险，以及如何适应气

变化；第三工作组（WGIII）负责评估降低温室气体排放、减缓气候变化的选择方案。国家温室气体清单专题组(TFI) 负责编制 IPCC《国家温室气体清单指南》，为联合国气候变化框架公约以及各国统计核算温室气体排放提供技术支撑。IPCC 的三个工作组和专题组均设两名联合主席，分别由发达国家和发展中国家的科学家担任。每个工作组由各国政府推荐的并经主席团审查批准后的科学家组成。IPCC 主席团、各工作组联合主席与主席团以及评估报告作者队伍的组织结构须保持地理平衡（即政治平衡），发达国家、发展中国家和经济转型国家的科学家要统筹考虑，各占一定比例。IPCC 强调女性科学家的参与，特别是发展中国家的女科学家。

IPCC 的工作原则是严格（Rigor）、确凿（Robustness）、透明（Transparency）、全面（Comprehensiveness）。IPCC 为决策者提供当前国际科技界对气候系统变化科学认知的综合说明（Assessment Report，AR）和简要说明（Summary for Policy Makers，SPM）。IPCC 报告的内容与政策相关，但无政策倾向，不提倡特定的观点或行动，不要求各国政府该做什么，仅为决策者提供几种选择。报告对政策选择保持中立立场。专家起草的评估报告要经过严格审查和反复修改。科学家和其他界别的专家亦可应邀参加评审。报告的批准过程是通过全会与作者的对话协商进行，在对话和讨论中科学家拥有对科学准确性解释的决定权。

IPCC 是当代国际气候变化科学界的一支科技前沿力量，虽然它出现的直接原因是国际政治谈判博弈之需求，但是在过去 27 年里，每经过 6—7 年，全世界近千名在气候系统和社会经济可持续发展各领域前沿拼搏的科学家，都会集中对过去一段时间本学科研究的进展和交叉进行科学评估，形成了气候变化科学评估报告。它的最鲜明特点，是将大气圈、水圈、冰冻圈、生物圈和岩石圈表等地球五大圈层视为气候系统组成部分，将气候系统变化与人类社会经济活动相联系，为实现人类社会可持续发展转型提供服务。这种将自然科学与人文学科结合的方向，是当代国际科学研究的一种新常态。

二、全球气候正在变暖，并对自然生态系统和人类社会产生广泛而深刻的影响

自 2007 年 IPCC 发布第四次评估报告以来，随着卫星遥感技术的发展和观测站点设置、观测频次的调整，观测仪器性能的改善和精度不断提高，获得的资料数量和质量显著提高，使气候系统各圈层变化的信息量大大增加，深化了我们对气候变化的理解，并从多视角进一步证实了近百年全球气候变暖的事实。

IPCC 第五次评估报告指出，全球变暖毋庸置疑。130 多年来（1880—2012），全球平均地表温度升高了 0.85℃。20 世纪中叶以来，全球平均地表温度的上升速率（0.12℃/10a）尤为明显，几乎是 1880 年以来的两倍。最近 30 年是自 1850 年以来连续最暖的三个十年，也是近 1400 年来最暖的 30 年。全球气候变暖是气候变化自然变率和人类活动排放温室气体共同作用的结果，升温并不是简单的线性过程（见图 1）。

海洋可以储存气候系统内部因温室效应而额外增加的热量，对地球的意义重大。新发表的资料表明，1971—2010 年间，海洋上层的热含量可能增加了 17×10^{22} 焦耳。与 1993—2002 年相比，2003—2010 年间海洋上层的热含量增速变慢。1971—2010 年间气候系统增加的净能量中，60% 以上储存在海洋上层，约 33% 储存在中层和深

海，即气候系统增加的净能量有 93% 被海洋吸收，其余的 3% 被用来加热冰冻圈，3% 加热陆地，只有 1% 用来加热了大气圈。（见图 2）

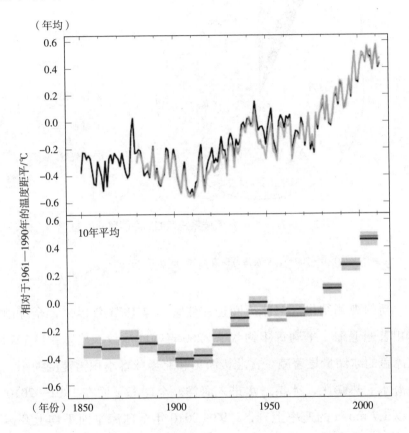

图 1   观测到的全球平均陆地和海表温度距平（1850—2012）

注：源自 3 个资料集。上图：年均值，下图：10 年均值，包括一个资料集（黑色）的不确定性估计值。各距平均相对于 1961—1990 年均值。①

———————

①   IPCC, 2013a. Summary for policymakers. In: *Climate Change 2013: the physical science basis. Contribution of Working Group I to the fifth assessment report of the Intergovernmental Panel on Climate Change.* Cambridge & New York: Cambridge University Press.

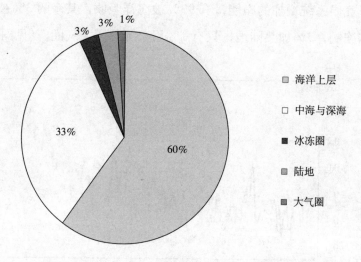

图2　1971—2010 年气候系统增加的净能量分配图

注：海洋上层为 0—700 m，中层海与深海在 700 m 以下。①

　　新的观测结果证明冰冻圈也在变暖。自 1971 年以来，全球山地冰川普遍退缩，平均每年约减少 2260 亿吨的冰量。格陵兰冰盖和南极冰盖的冰储量显著减少，北极海冰和北半球春季积雪范围缩小。由于海水受热膨胀，冰雪融水进入海洋，全球海平面在 1901—2010 年间以 1.7 mm/a 的速率上升，1993—2010 年全球海平面平均上升速率更是高达 3.2 mm/a。

　　气候变化对自然生态系统和人类社会产生广泛而深刻的影响，体现在极端事件、水资源、生态系统、粮食生产、人体健康等诸多方面。受全球气候变暖的影响，20 世纪中叶以来极端暖事件明显增多，

　　① IPCC, 2013a. Summary for policymakers. In: *Climate Change 2013: the physical science basis. Contribution of Working Group I to the fifth assessment report of the Intergovernmental Panel on Climate Change*. Cambridge & New York: Cambridge University Press.

极端冷事件减少；热浪发生频率更高，时间更长；陆地区域的强降水事件增加，欧洲南部和非洲西部干旱强度更强、持续时间更长。很多地区的降水变化和冰雪消融正在改变水文系统，并影响到水资源量和水质。部分陆地和海洋生物物种的地理分布、季节性活动、迁徙模式等都发生了改变。气候变化对粮食产量的影响总体上弊大于利，其中小麦和玉米受气候变化不利影响比水稻和大豆更大。气候变暖还导致一些地区与炎热有关的死亡率增加，温度和降水的变化改变了一些水源性疾病和病媒的分布。

三、温室气体排放造成全球气候进一步变暖，限制气候变化需大幅度减排

人类活动是造成气候变暖的主要原因。人类活动主要是指化石燃料燃烧和毁林等土地利用变化，由此排放的温室气体（主要包括 CO_2、CH_4 和 N_2O 等）导致大气中温室气体浓度大幅增加，从而引起气候变暖。自 1750 年工业化以来，全球大气中 CO_2、CH_4 和 N_2O 等温室气体的浓度持续上升。2012 年全球 CO_2、CH_4 和 N_2O 的大气浓度分别达到 393.1 ppm、1819 ppb 和 325.1 ppb，分别比工业化前高出 41%、160% 和 20%，为近 80 万年来最高。1750—2011 年，人为 CO_2 累积排放量为 555GtC。其中，化石燃料燃烧和水泥生产释放 375GtC，毁林和其他土地利用变化释放 180GtC。这些排放被大气吸收 250 GtC，被海洋吸收 155GtC，被自然陆地生态系统吸收 150GtC。（见图 3）1750 年以来人为 CO_2 累积排放量的一半左右来自于近 40 年的排放，且 78% 的排放增长来自化石燃料燃烧和工业过程。

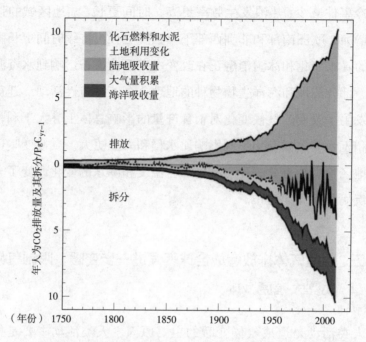

图 3　1750—2011 年期间的全球人为 CO_2 排放量（P_gC_{yr-1}）及其
在大气、陆地和海洋中的拆分①

　　基于最新情景预测，21 世纪全球气候变暖的趋势仍将持续。与 1986—2005 年相比，预计 2016—2035 年全球平均地表温度将升高 0.3℃—0.7℃，2081—2100 年将升高 0.3℃—4.8℃。人为温室气体排放越多，增温幅度就越大。未来全球气候变暖对气候系统的影响仍将持续。热浪、强降水等极端事件的频率将进一步增加，北极海冰将进一步消融，全球冰川体积和北半球春季积雪范围也将减小，全球海平面将进一步上升，等等。

---

　　①　IPCC, 2013a. Summary for policymakers. In: *Climate Change 2013: the physical science basis. Contribution of Working Group I to the fifth assessment report of the Intergovernmental Panel on Climate Change*. Cambridge & New York: Cambridge University Press.

随着未来气候变化幅度的不断增大，气候风险将显著增加。如果全球升温幅度比工业化前高出 1℃—2℃，全球将面临中等至高的气候风险，若温度升高达到或超过 4℃，全球将面临非常高的风险。在区域尺度上，气候变化将对水资源、海岸系统和低洼地区、全球海洋物种、粮食安全产生负面影响。其中，亚洲面临的关键风险主要体现在河流、海洋和城市洪水增加等方面，基础设施、生计和居住环境也会遭受大范围破坏，与高温相关的死亡风险及与干旱相关的水和粮食短缺造成的营养不良风险也将上升。[①]

21 世纪末期及以后时期的全球平均地表是否变暖主要取决于累积 CO_2 排放量，即使停止 CO_2 排放，气候变化的许多方面也不会立即停止，而是仍将持续许多个世纪。若不进一步采取减排行动，CO_2 当量浓度到 2030 年将超过 450ppm，到 21 世纪末将超过 750ppm，并造成全球地表平均温度比工业化前高出 3.7℃—4.8℃，这种升温水平将会引发灾难性的影响。若采取大规模改变能源体系和土地利用等积极措施，将 1861—1880 年以来的人为 CO_2 累积排放控制在 1000 GtC（约合 3670 Gt CO_2），未来仍有希望（66%以上的可能性）实现"比工业化前升温不超过 2℃"的目标，从而避免最恶劣的气候变化影响。目前，人类已经消耗掉了一半以上的排放空间，按当前状况，全球将在 30 年内用完剩余额度。因此，要想将全球升温幅度控制在 2℃以内，必须迅速减少温室气体排放，这就要求全球排放到 2050 年要在 2010 年的基础上减少 40%—70%，并到 2100 年实现零排放。减排行动越晚，实现"比工业化前升温不超过 2℃"

---

① IPCC, 2014a. *Climate Change 2014: impacts, adaptation and vulnerability. Contribution of Working Group II to the fifth assessment report of the Intergovernmental Panel on Climate Change*. Cambridge & New York: Cambridge University Press.

的目标就越难。①

四、气候变化科学的未来发展

IPCC 系列评估报告代表了气候变化科学的发展水平。IPCC 第六次评估报告（AR6）目前正在筹备之中。IPCC 正组织一系列会议，就 IPCC 未来的发展进行讨论。耦合模式比较计划第六阶段（CMIP6）已于 2013 年启动，2015 年 5 月 18—22 日在奥地利召开气候变化情景专家会议，9 月 17—19 日在巴西召开区域气候模式和风险评估专家会议。2015 年 10 月将在克罗地亚召开 IPCC 第 42 次全会，就 IPCC 新一届主席团进行改选，并进一步讨论 AR6 的编写计划。

2015 年是《公约》作出重大决定的一年，年底的巴黎大会将取得转折性成果，这在很大程度上应归功于 IPCC AR5 的出色报告。在这一历史性时刻，以下三点将对 IPCC 的未来产生重大影响。第一，人们逐渐感受到气候挑战在加重，同时也凝聚了共识，深刻反思我们的经济和长期发展的道路是否妥当。第二，全球应对气候变化的行动方兴未艾，主体是政府、企业和公民组织，大家都认识到了气候变化的风险和机遇，开始正视气候变化问题。第三，认识到世界应对气候变化的影响的能力非常脆弱，这种影响天天能看到，而且越来越频繁、严重。所以，世界实现可持续发展需要 IPCC 的支撑，IPCC 则要继续从科学层面研究有长期特点的题目，为实现在 21 世纪末将温

---

① IPCC, 2014b. *Climate Change 2014: mitigation of climate change. contribution of Working Group III to the fifth assessment report of the Intergovernmental Panel on Climate Change.* Cambridge & New York: Cambridge University Press.

升控制在2℃的目标提供科学基础。未来，IPCC将进一步帮助人们加深对影响、脆弱性和恢复力等理念的认识，赋予脆弱人群有关气候变化科学的知识，促使全世界经济社会走低碳道路，同时具备更强的恢复力。①

　　为此，IPCC AR6 在编制评估报告时，不仅要发布"SPM"，为决策者服务，同时可考虑辅以"世界公民摘要"和特别报告作为补充，使全世界公民认识一致，行动一致，共同应对气候变化。预计在今后5—6年内，IPCC AR6 和一系列特别报告将问世，成为未来 10—15 年国际应对气候变化的科技支撑。

---

　　① 据《公约》执行秘书菲格雷斯在 IPCC 第 41 次全会上的讲话等整理。

关于气候正义问题的传播思考

　　郑保卫，中国人民大学新闻学院教授、博士生导师，教育部社会科学委员会学部委员兼新闻传播学科召集人。

　　"气候正义"，是指因气候所带来的利益和福祉，应公平地分配给全体社会成员，全体社会成员无论种族、肤色、性别、国籍，均平等地享有参与气候事物的权利。同时，气候变化所带来的不利后果，也应由全体社会成员公平承担。当这种平衡状态被打破后，应按照均等的原则加以重建或恢复。

　　气候正义揭示了气候变化领域贫富之间的资源鸿沟。在世界范围内，富国与穷国之间有着不同的发展道路和不同的资源占有，同时存在不同的能源消耗水平；在一国之内，穷人和富人的生活环境、模式与水平各异，其资源占用和能源消耗也存在巨大差异。可以说，几乎气候变化的方方面面都涉及气候正义问题：谁会导致气候变化？

谁有能力应对气候变化？谁能够在气候变化中生存下来甚至受益？以及谁能够承受气候变化的严重后果？等等，这些都是气候正义问题。

当前国际社会对于气候正义问题的认知还很不足，这使得达成气候正义的社会共识，实现气候正义的社会共治还存在许多思想障碍和认识误区。因此，需要我们从传播的角度介入，来厘清气候正义的基本问题、传播气候正义的科学内涵、宣传气候正义的重要意义、增强气候正义的社会共识、推动气候正义的社会共治就显得格外重要。

气候正义的实现与媒体传播紧密相关。可以说现代社会，一切社会性行动没有媒体的介入，不借助传播手段都是不可能取得最终效果的。在气候变化领域同样如此。所以，有效、规范的气候传播是实现气候正义的基础与保障。

我们所说的"气候传播"，是指将气候变化信息及其相关科学知识为社会与公众所理解和掌握，并通过公众态度和行为的改变，以寻求气候变化问题解决为目标的社会传播活动。简言之，气候传播是一种有关气候变化信息与知识的社会传播活动，它以寻求气候变化问题的解决为行动目标。

而"气候正义传播"，是指涉及气候正义问题的传播，包括如何让气候正义为社会与公众所认知，如何使气候正义理论能够指导实践，能够成为实现气候正义共治和规范国际社会处理涉及气候正义问题的依据。

下面本文将对气候正义传播的策略和方法提出几点建议。

一、主动设置议程，阐释气候正义重要意义

气候变化本身就内含"正义"的因素，应对气候变化绕不开"正义"问题。因此，气候治理应以气候正义为基础，气候制度也应以气候正义为价值导向。

"气候正义"概念的提出，是应对气候变化的政治伦理回应。从气候变化所引致的正义情境来看，可以说气候正义已成为应对气候变化的根本价值规范与道义准则。

但当前国际社会和普通公众对于气候正义问题的认知还很不够。例如，在联合国气候变化谈判中，发达国家和发展中国家就存在着巨大分歧，这严重影响了气候谈判的进展。在多边或双边气候变化谈判中，谈判者首先要需要确立一个谈判原则，气候正义应作为重要的基础性原则。

一个国家的气候政策必须建立在气候正义的基础上才具有正当性。这就需要媒体在国际气候传播中主动设置相关议题，强调气候正义对于全球气候治理的重要性，呼吁各国政府不能仅考虑自身的损益情况，而应该基于气候正义与公平原则，加强合作以共同应对气候变化。

二、理清不正义原因，正视当前气候正义所面临的困境

气候不正义问题引发和加剧了发展中国家尖锐的自然问题和社会问题。它不仅带来了发展中国家物质上的匮乏，也引发了一系列人权及发展问题，同时还加剧了国际间的紧张局势。

为了达到气候正义的有效传播，媒体首先应该理清当前全球维护气候正义所面临的问题及其固有的缺陷，只有这样，才能秉持客观、公正的立场来报道气候变化议题，维护全球气候正义。

当前导致全球气候不正义的一个重要原因在于，某些主权国家由于追求本国利益最大化而采取的有悖于全球气候公共物品属性的集体行动所导致的困境，以及"国家主权"意识所导致的国际气候正义障碍。

（一）主权国家基于本国利益而采取的有悖于全球气候公共物品属性的集体行动所导致的困境

主权国家作为"个体"，通常都会"理性"地选择自我利益最大化的方式来采取应对气候变化的行动。而"个体"在追求自我利益最大化时往往不会去考虑其行动对全球其他个体成员所造成的影响，这样，"个体"的"理性行动"往往会导致"集体的非理性行动"。

就当前涉及国际气候正义问题的一些实践看，主权国家往往只有追求自身利益最大化而由他国和国际社会来承担损失的"个体理性"，却缺乏通过个体协调行动实现人类环境整体优化的"集体理性"。这样，主权国家的"个体理性"很可能会导致全球性气候灾难这一"集体非理性"的结果。

（二）国家主权意识以及由此造成的国际气候正义障碍

从目前世界范围内的实践看，某些主权国家往往对于国际环境保护处于"无责任"状态，因此从某种意义上说，主权国家已成为国际气候正义实践的障碍之一。这是因为国家主权通常具有抵御外部力量干涉国家内政的重要屏障作用，而这一作用往往使国家主权成为抵制国际环境保护要求的理由和妨碍国际环境协调意志形成的障碍。

三、搭建公共平台，探讨合理性气候正义原则

当前学界大致存在四类有关气候正义原则的论辩，即分配正义、矫正正义、代际正义与种际正义。这些不同气候正义原则存在着激烈交锋，媒体要搭建公共讨论平台，以促使国际社会攸关方探讨最具合理性的气候正义原则。

（一）分配正义：国家间气候资源与气候环境义务的公正分配

"分配正义"，其关注的焦点集中在国家间气候资源与气候环境义务的公平分配上。其核心内容是，世界作为一个整体，将从气候变化的国际合作中获益，先发国家基于道义的正当性，有义务去帮助那些在应对气候变化方面脆弱的后发国家，以真正维护不同国家之间在气候资源与气候环境义务上的公平分配。

（二）矫正正义：造成损害的主体有责任对被损害者进行修补和赔偿

"矫正正义"，其基本内容是造成损害的主体有责任对被损害者进行修补和赔偿。将矫正正义置于气候变化领域，属于一种溯及既往的主张。其内涵是，既然先发国家在其发展过程中通过排放大量的温室

气体，对世界其他国家，特别是低海拔国家和最容易遭受全球变暖危害的国家，造成了伤害，那么基于历史与道德的责任，先发国家有义务对应对气候变化脆弱的后发国家提供补偿性赔付。

（三）代际正义：当代人要为下代人作出合理回补

"代际正义"，其基本内涵是当代人须对自己的气候资源消耗，为后代人作出合理回补。地球的自然资源，包括气候资源为人类所共有，当代人在消耗自然资源，包括气候资源的同时，要考虑下代人的需求，要为下代人作出合理的回补，以使下代人有机会平等地拥有自然资源，包括气候资源而不至于丧失生存条件与经济发展活力。

（四）种际正义：在气候变化语境中须关注人与自然界其他生物物种之间的正义性

"种际正义"，其基本内涵是指在气候变化语境中，人们除了关注人与人相互之间的正义性之外，还须关注人与自然界其他生物物种之间的正义性，要实现人与自然界各种生物物种之间的和谐相处。正如李克强所讲的，近代以来，人类征服自然的能力迅速增强，但随之而来的环境危机、生态退化证明，一个缺乏生态环保意识的社会，其繁荣是难以为继或者说是难以持久的，并终将为此付出沉重的代价。人类需要谨记自己的责任，维护种际正义。

上述几项气候正义原则作为单一的正义向度考量，都有其合理性和正义性，但若将其置身于一个完整的伦理视域或体系内，就会发现这几项气候正义原则都有其缺陷而难以相互兼顾。因此，在运用这几项原则时需要做综合考量。

由此看来，有必要通过媒体搭建起一个共同讨论的平台，以寻求一种整体上更加合理的原则，以使气候正义原则既呈现出在时间向度上对正义的继承与尊重，又呈现出在空间向度上对正义的秉持与发扬。

在这方面，"共同但有区别的责任"就是对上述原则的一个很好的结合。该原则是发展中国家要求发达国家承担历史和现实的排放责任，从而争取自身发展空间的基本法律原则。

该原则明确规定：各缔约方应在公平的基础上，根据其所应承担的共同但有区别的责任和各自的能力，为人类当代和后代的利益保护气候系统；发达国家缔约方应率先采取行动应对气候变化及其不利影响，同时要充分考虑经济和社会发展，以及消除贫困是发展中国家缔约方的首要和压倒一切的优先事项这一基本前提。该原则已经成为国际气候谈判中的重要基石和理论依据。

四、善用话语权，共建符合气候正义的国际气候制度

根据以上分析说明，当前根据国际气候正义原则建立全球气候风险治理的国际合作机制是一个刻不容缓的紧迫任务。只有这样，才能充分动员一切社会力量和国际力量，共同应对未来可能发生的气候风险。

在国际气候传播中，媒体要善用话语权，综合考虑伦理基础、经济理性和政治意愿等多方面因素，积极为符合气候正义的国际气候制度的建立创造良好的舆论环境，提供有效的舆论支持。

为促成建立一个符合气候正义的国际气候制度，当前的国际气候传播须围绕以下几个核心要素开展工作。

（一）强调责任

要立足"共同但有区别的责任"及"历史责任"原则，依据各国历史排放造成的现实影响，积极宣传各利益攸关方要明确各自对减缓全球变暖所应共同承担的道义责任，使各国政府、各类国际组织和各个社会组织能够自觉地承担起自己的责任。

（二）兼顾能力

要注重各国的实际能力，积极宣传各国要根据当前各自的发展水平，遵循能者多劳的原则，充分考虑各国的经济发展阶段、减排技术水平及减排能力，来制订减排方案，推动各国实施减排行动。

（三）考虑需求

要充分考虑各国的实际需求，积极宣传各国要根据按需分配的原则，优先考虑基本需求的满足和最脆弱群体的利益，增进发展中国家和贫困群体的福利水平与可持续发展能力。

（四）计算成本

应对气候变化需要做好成本计算，要积极宣传充分利用自由市场机制，实现应对气候变化的成本和收益在不同国家、群体和个体之间实现最优分配。

（五）平等协商

要积极宣传平等协商的原则，宣传在谈判和决策机制上须坚持"一国一票"的原则，各缔约方须平等地行使权利并履行相应的义务。

（六）全体参与

要积极宣传"全体参与"的理念，确保绝大多数利益相关主权国家，能够平等、自愿地参与国际气候谈判，共同履行减排义务，参与全球气候治理。

张高丽副总理 2014 年 9 月 23 日在美国纽约联合国总部出席联合国气候峰会时发表的《凝聚共识 落实行动 构建合作共赢的全球气候治理体系》演讲中，对 2015 年《巴黎协议》的达成提出的三点倡议，就包含了对上述核心要素提出的要求。他提出：一要坚持公约框架，遵循公约原则。2015 年协议的谈判进程和最终结果必须坚持共同但有区别的责任原则、公平原则和各自能力原则，加强公约规定和承诺的全面、有效和持续实施。二要兑现各自承诺，巩固互信基础。这对 2015 年谈判如期达成协议十分重要。三要强化未来行动，提高应对能力。这些都是当前应对气候变化的一些紧迫要求，也是我们做好气候正义传播工作所需要遵循的原则和追求的目标。

"三国演义"：关于气候"暖战"的
一个分析模型

王明远，清华大学法学院教授，主要研究方向为环境资源法学和能源法学。（图为王明远）

陈兆熙，博士，主要研究方向为能源法学和环境资源法学。

一、发展阶段差异论

回溯历史，人类文明的发展和进步，其实就是技术革命和产业革命在一个社会相互作用的结果。① 只有当某项关键性科学技术突破产生了，才能导致一个产业的变革，而产业的革命则会进一步撼动一个社会在组织形式、生活方式、政治文化思想等各方面的变化。② 比如

---

① 参见君临:《"中国目前的经济水平是五年前的香港，十年前的美国"的说法正确吗?》，2015 年 9 月 8 日，见 http://www.bubuko.com/infodetail-684781.html。

② 参见君临:《"中国目前的经济水平是五年前的香港，十年前的美国"的说法正确吗?》，2015 年 9 月 8 日，见 http://www.bubuko.com/infodetail-684781.html。

说，两次工业革命是英国和美国发展崛起最重要的催化剂，也进而推动了欧洲和美国工业化和城市化的进程。我国工业化和城市化的步伐由此可借鉴这些老牌资本主义国家曾走过的历程，应当顺应经济发展的规律。而由工业化和城市化引发的气候变化治理，其分析模型首先也应考虑我国与西方发达国家在社会发展阶段的差异。

（一）1750—1850 年代英强美弱工业时代　v.1980—1990 年代中国

在 18 世纪中期到 19 世纪中期的"第一次工业革命"，棉纺织业蒸汽机的使用标志着人类从农业文明走向了工业文明。瓦特发明的蒸汽机技术首次在英国出现后，欧洲各国相继采用。最初的蒸汽机都是手工打造，每个零部件都有可能不同，在大规模推广使用后，一个新的工业部门诞生了，即用机器制造机器的机器制造工业。1840 年左右，英国的机器制造业实现了工业化，促使英国经济迅速发展。到1860 年，当时的英国虽然只拥有全世界 2% 的人口却几乎生产了全球40%—50% 的工业产品，独占世界经济国的鳌头。[1] 这与 1800—1850年的美国，依然是靠黑奴在南方农场生产棉花、茶叶等农产品为主要经济支柱的落后农业国形成了鲜明的对比，其以食品加工业和纺织业为主的工业也只萌芽在东部沿海一小部分地区。与美国类似，20 世纪80、90 年代刚改革开放的中国，也只在东南沿海地区有些工业化的出现，依靠大量加工纺织品，赚取一些微薄的利润。那时的美国和中国，基本上都是农业国，仅仅是触摸到现代工业文明的一些气息。

---

[1]　参见齐世荣：《创新是国家兴旺发达的不竭动力：历史考察》，《历史教学问题》2004 年第 2 期。

（二）1860—1900 年代美国工业攀升期　v.2000—2010 年代中国

第一次工业革命促成的自然科学发展同时也孕育了 19 世纪 60、70 年代到 20 世纪初期的"第二次工业革命"。在这段时间里，德国和美国涌现出了一批杰出的发明家，例如 1866 年发明电机的西门子和 1879 年发明电灯的爱迪生。这些发明最主要意义在于其可以直接利用于生产过程，因此电能的应用、电气工业的兴起和发展直接转化为先进的生产力，推动了新生产关系第二次工业革命的出现。

1895 年南北战争后，美国掀起西部大开发的热潮，钢铁铁路等重工业的变革促使工业在国民经济中居主导地位，美国因此在 19 世纪末完成第一次工业革命，并领先进入了第二次工业革命阶段。这几十年里，美国的钢产量从 1875 年还不到 40 万吨，猛增到 1900 年的 1018 万吨[①]，第一次超过了大英帝国，钢铁大王卡耐基也由此成为了"美国梦"的代表。铁路股票涨翻了天，整个华尔街经历了美国第一次大牛市，美国的 GDP 也跃居世界第二，仅次于德国。[②]

把这个时期的美国与 21 世纪初的中国对比，也能找到诸多共通点。在 2000—2010 年这十年，中国的经济飞速增长，无数农民放弃了农耕工作涌往城市打工，成为工业化的生产动力。密集的人口也促使城市扩张得越来越大，全国土地城市化率在 2013 年达到约 54%，[③] 大规模快速的城市化推动了房地产成为中国第一大产业，基础工业的

---

① 参见齐世荣：《创新是国家兴旺发达的不竭动力：历史考察》，《历史教学问题》2004 年第 2 期。

② 参见君临：《"中国目前的经济水平是五年前的香港，十年前的美国"的说法正确吗?》，2015 年 9 月 8 日，见 http://www.bubuko.com/infodetail-684781.html。

③ 参见韩康：《未来中国经济增长的三大动力》，《成都日报》2015 年 5 月 20 日。

蓬勃发展导致钢铁煤炭股票在 2005—2009 年经历了超级大牛市。[①]

（三）1900—1970 年代美国工业化鼎盛期　v.2010 年代中国

接下来是 1900—1930 年代的美国。借助第二次工业革命的春风，美国把制造业的生产动力由蒸汽机转变为电能和内燃机，引发了一系列的科学技术革新。石油能源的发现、证券业和金融行业的出现、汽车和飞机等新交通工具的涌现孕育了一批类似美孚石油、美林证券、福特汽车、波音飞机等这样的行业巨头企业。美国作为一个新崛起的经济强国，和德国、日本一起，追赶上了老牌工业强国英国、法国的发展步伐。尤其是在 1920 年代，美国发展历史上最黄金的 10 年，汽车的普及，大大提高了每一个劳动力的生产效率，经济发展和国民人均收都达到了欧洲发达国家的水平。但同时这也是纸醉金迷的 10 年，股票的持续牛市助长了华尔街虚空投机的风气，为 1929 年的大萧条埋下了伏笔。在社会层面，道德迷失、贪污腐败、环境污染等社会问题层出不穷，军事力量依然不敌大英帝国，科技水平也赶不上新贵德国，文化艺术上也尚未对世界产生影响，及至当时好莱坞最红的明星卓别林是个英国人。[②]

眼下 2010 年代的中国，和 20 世纪初的美国是如此相似。快速城市化带来的房地产行业热即将过去，工业化初期所大量需求的原始生产要素如钢铁、煤炭等重工业行业陷入低迷，逐渐淡出历史舞台，密

①　参见君临：《"中国目前的经济水平是五年前的香港，十年前的美国"的说法正确吗?》，2015 年 9 月 8 日，见 http://www.bubuko.com/infodetail-684781.html。

②　参见君临：《"中国目前的经济水平是五年前的香港，十年前的美国"的说法正确吗?》，2015 年 9 月 8 日，见 http://www.bubuko.com/infodetail-684781.html。

集劳动力的轻工业如纺织业在往东南亚转移。与此同时汽车也大规模进入中国家庭，沿海发达城市、内陆省会已经形成稳固的中产阶层。[1] 据国家统计局最新报告，[2] 中国 2014 年年初步核实的 GDP 现价总量为 636,139 亿元，GDP 同比增速为 7.3%。早在 2010 年中国就已经超越日本跃居世界第二大经济体，[3] 中国经济总量在 2012 年首次超过了美国一半，预计中国的 GDP 总量将在 2020 年超过美国，成为全球最大经济体。[4]

（四）1970 年后的后工业化美国　v. 中国第三次工业革命发展趋势

经历了 20 世纪 30、40 年代的工业化鼎盛时期，美国在 20 世纪 70 年代左右进入后工业化时期。后工业化时期是工业化完成之后的阶段，农业比重很小，工业比重占第二位，第三产业服务业则占第一位。此时经济保持相对稳定的状态，很难高速增长，一般处在中速甚至低速增长（3%以下）的范围。[5] 2014 年中国 GDP 总量比例第二产

---

① 参见君临：《"中国目前的经济水平是五年前的香港，十年前的美国"的说法正确吗?》，2015 年 9 月 8 日，见 http://www.bubuko.com/infodetail-684781.html。

② 参见国家统计局：《中国 2014 年 GDP 初步核实后同比增速为 7.3%》，中国能源网，2015 年 9 月 7 日。

③ 参见中国经济周刊：《GDP 居世界第二被指意义不大多领域落后》，2011 年 3 月 1 日，见 http://finance.huanqiu.com/roll/2011-03/1529791.html。

④ 参见蔡福金：《我国 GDP 总量何时超过美国：兼谈我国经济快速发展能持续多长时间》，2012 年 12 月 14 日，见 http://www.zgrwb.com/htm/people/baijia/2012/1214/996.html。

⑤ 蔡福金：《我国 GDP 总量何时超过美国：兼谈我国经济快速发展能持续多长时间》，2012 年 12 月 14 日，见 http://www.zgrwb.com/htm/people/baijia/2012/1214/996.html。

业占42.7%，第三产业占48.1%，[①] 如果仅仅从这几个数据中看，中国的工业化、城市化进程似乎与美国一样已经进入了中后期发展阶段。但若进一步深入和细致观察则会发现，中国大规模的工业化、城市化发展时期并未结束的一个主要关键因素，是区域和城乡发展的极大不平衡。

以我国31个省市自治区的工业产值比重为例，第二产业比例大幅下降和第三产业比例明显上升占主导地位的，只有北京、上海、西藏（应算特例）三块区域。[②] 再看我国城市化发展状态的指标：2013年全国土地城市化率约为54%，[③] 但这是一个平均水平值的计算。实际情况是，东部地区特别是长三角和珠三角地区，城市化率远远高于平均水平，而中西部地区尤其是一些西部偏远地区，城市化率则远远低于平均水平。因此我国实际人口城市化率只有40%—45%左右，并且我国的54%土地城市化率离发达国家的平均水平还有很大的距离：日本75%，美国78%，一般发达国家均达到70%。[④] 这些数据足以说明，中国经济社会发展还尚未进入"后工业化时期"和"后城市化时期"，更没有进入大多数西方发达国家的"中低增长阶段"。我国城镇化、农业现代化、城乡一体化，将继续有力地推动经济持续增长，而由此同时带来的环境、资源和能源压力也会持续，增加气候治

---

① 参见国家统计局：《中国2014年GDP初步核实后同比增速为7.3%》，中国能源网，2015年9月7日。

② 蔡福金：《我国GDP总量何时超过美国：兼谈我国经济快速发展能持续多长时间》，2012年12月14日，见http://www.zgrwb.com/htm/people/baijia/2012/1214/996.html。

③ 蔡福金：《我国GDP总量何时超过美国：兼谈我国经济快速发展能持续多长时间》，2012年12月14日，见http://www.zgrwb.com/htm/people/baijia/2012/1214/996.html。

④ 参见蔡福金：《我国GDP总量何时超过美国：兼谈我国经济快速发展能持续多长时间》，2012年12月14日，见http://www.zgrwb.com/htm/people/baijia/2012/1214/996.html。

理的难度。

各大发达国家的历史进程告诉我们，经济步入新常态实质上是生产要素结构发生了重大变化。[①] 随着工业进程的不断推进，经济的不断发展，"要素投入量"对经济发展贡献份额会越来越少，而"要素生产率"的作用则越加重要。[②] 在工业化初期，城市化让农业人口转化为产业工人，农村人进入城市提供劳力本质上是"要素投入量"的增长，保障了经济的发展。而"要素生产率"的提高则是工业化过程中的技术进步——技术革命和科技进步会大大提高每一个工人单位劳动力单位时间的经济产出。[③]

这同时也解释了为什么一场"第三次工业革命"很可能会改变国际格局。"第三次工业革命"这个概念最早是由美国未来学家杰里米·里夫金（Jeremy Rifkin）系统提出的。他认为，"第三次工业革命"的关键词是节能、低碳和可持续发展，其核心内容是借助互联网、新存储技术，开发和利用可再生能源。[④] 这种互联网和新能源相结合的新生产要素结构会引领一种新经济的到来，而中国完全有能力把握这次机会，大力发展新能源和低碳经济，如同英国搭乘了第一次工业革命的顺风，美国抓住了第二次工业革命的机遇，中国应借助第三次工业革命的浪潮一跃成为世界强国。从这个角度也阐述了为什么中国需要积极发展低碳经济，极力关注国际气候变化治理。作为全球气体排

---

① 参见刘鹏：《从国际比较看我国生产要素变化走向》，《上海证券报》2015 年 6 月 17 日。

② 参见刘鹏：《从国际比较看我国生产要素变化走向》，《上海证券报》2015 年 6 月 17 日。

③ 参见刘鹏：《从国际比较看我国生产要素变化走向》，《上海证券报》2015 年 6 月 17 日。

④ 参见杰里米·里夫金：《第三次工业革命》，中信出版社 2012 年版。

放大国，中国正处在角色变迁的重要历史时刻，从气候谈判被动参与者变迁为气候治理积极推动者符合当前的现实环境也有利于中国今后的长远发展。

二、"热战"、"冷战"和"暖战"等相关概念和理论

回顾世界近代史，第一次世界大战和第二次世界大战是处于"热战时代"，即赤裸裸兵戎相见的血腥战争行动、武装干涉。第二次世界大战以后的 1945—1990 年间，"冷战"是全球政治的主要特征。"冷战"是指当时以苏联为首的社会主义阵营与以美国为首的资本主义阵营的对峙。[①] 其具体的表现则是指除了全面战争（即"热战"）以外的一切对抗形式，其中包括以军备竞赛、外交围困、政治渗透、经济封锁、思想文化侵略等手段瓦解对手。[②] 换言之，"冷战"实际上是以"文攻"为主，"武伐"为辅，试图达到"不战而屈人之兵"，运用一切谋略"不战而胜"。

1990 年，苏联解体了，华约解散了，"冷战"随之结束。"冷战"及其结果，或可说明两点：其一，现代条件下，大国之间乃至世界不太可能再如第一次世界大战、第二次世界大战这样大规模的血腥"热战"了。苏美双方虽然当时多方"角力"，但在高科技的导弹核武、

---

① 参见百度百科：《社会主义阵营定义》，2015 年 9 月 10 日，见 http://baike.sogou.com/v7614923.html。

② 参见陶文庆：《世界从热战、冷战走向"衡战"》，2014 年 4 月 23 日，见 http://www.crntt.com/doc/1031/4/2/2/103142295.html?coluid=123&kindid=0&docid=103142295&mdate=0423105924。

保持互相"核威慑"的条件下，还是没有发生大规模传统意义上的"热战"。其二，虽然没有发生贴身肉搏"热战"，没有所谓的"热战"的胜利方，不等于没有"战"，没有"胜"。昔日，美苏在"冷战"中竞赛，苏联终于被自己击败，而使美国"不战而胜"了。[①]

反过头来看当今世界格局，尤其在中美欧之间的气候变化事务领域，则更有可能是处于"暖战时代"。所谓"暖战"，近似"冷战"，又不同于"冷战"，是一种持久的、搏平衡之战。这种"战"的对手方，比以往的"热战"方、"冷战"方，有更多的互相联系、依靠，甚至会有互相的示好，但又由于种种政治原因很难互信，彼此不能免于猜忌，国与国之间实际上仍在互相防范，互相竞争，明争暗斗，面和心不和，但至少在表面上想维持"平衡"。[②] 这种"暖战"胶合状态，也可说是一种"表面和平的经济、军事、政治竞争"状态。

世界从"热战时代"、"冷战时代"过渡到"暖战时代"，是因为明智的政治家们已经清楚意识到，在当今现实之下，再"热战"、"冷战"，互相缠斗，是没有出路的。但由于人的习性、人类文明的过去影响，以及现实利益，"暖战"一时难于完全避免，但人们可以尽可能"互知"，通过保持不同类型的均势，来以"平"致"和"，并在和平中竞争、发展。这样，"暖战"可能至少可有两个结果：在和平竞争（竞赛）中共同发展；或者在和平竞争中，促使、等待有某一方"被自己击败"而"不战而胜"。当然，在此竞争过程中，如果大国之间能

---

① 参见陶文庆：《世界从热战、冷战走向"衡战"》，2014 年 4 月 23 日，见 http://www.crntt.com/doc/1031/4/2/2/103142295.html?coluid=123&kindid=0&docid=103142295&mdate=0423105924。

② 参见陶文庆：《世界从热战、冷战走向"衡战"》，2014 年 4 月 23 日，见 http://www.crntt.com/doc/1031/4/2/2/103142295.html?coluid=123&kindid=0&docid=103142295&mdate=0423105924。

互相更多了解、理解，能不做、少做无休止乃至恶性循环式的竞争，减少为达"均势"做不必要的水涨船高式的耗费，则是各方之福。①

三、气候变化政治和外交领域的大国谋略

气候是指全球某一地区多年和特殊年份天气状况的综合。《联合国气候变化框架公约》（UNFCCC，以下简称《公约》）中将气候变化定义为"除在类似时期内所观测的气候的自然变异之外，由于直接或间接的人类活动改变了地球大气的组成而造成的气候变化"②。由此可见，人为的污染排放是导致全球气候变化的主要因素，而人类活动的污染排放往往与社会和国家的发展紧密相连。

全球气候变化治理最重要的工作目标是降低全世界温室气体的总排放量，然而在某个特定国际区域，市场和经济利益才是推动气候变化治理最根本的动力。③ 由于社会发展水平、受危害程度和应对能力的不同，气候变化对各国各地区的影响也有差别。对发展中国家例如中国来说，气候变化不仅是环境问题，也是关乎到工业化城市化进程的问题；而对于小岛屿国家来说，气候变化导致的环境影响则直接涉及其是否能继续生存的问题。由于这些差别而导致的利

---

① 参见陶文庆：《世界从热战、冷战走向"衡战"》，2014 年 4 月 23 日，见 http://www.crntt.com/doc/1031/4/2/2/103142295.html?coluid=123&kindid=0&docid=103142295&mdate=0423105924。

② 参见联合国：《1992 联合国气候变化框架公约》，2015 年 9 月 24 日，http://unfccc.int/2860.php。

③ 参见石晨霞：《区域治理视角下的东北亚气候变化治理》，《社会科学》2015 年第 4 期。

益和关注点的多样化，参与国际气候谈判的国家或集团逐渐呈现出"抱团"的碎片化倾向。联合国气候谈判的核心角力和博弈可以大致划分为美国、欧盟和中国三方，其他各种行为主体分别依附此三者，形成不同的集团影响着整体的气候政治和外交平衡。[1] 这种"三足鼎立"的局面类似中国古代的"三国演义"。然而，一个国家在国际舞台上的国际角色是长期处在动态变化框架内的。[2] 气候变化治理中各国的角色变迁过程也大致可以划分为四个阶段：

1. 第一阶段（1992—1997）

1992 年 6 月，联合国环境与发展大会在巴西里约热内卢通过了《公约》。并于 1994 年 3 月生效。《公约》制定了"共同但有区别的责任"的核心原则，即发达国家应率先带领减排，同时在资金技术方面为发展中国家提供援助。发展中国家在得到发达国家资金技术的支持下，采取措施减暖或适应气候变化。在谈判初期，欧盟和美国就形成了着两股不同的国际政治力量，美国基本控制了该《公约》谈判的结果，被视为气候治理的领导者，欧盟则是积极的参与者与推动者。

2. 第二阶段（1997—2007）

1997 年 1 月，《京都议定书》作为《公约》的补充条款在日本京都由《公约》缔约方制定。该议定书作为第一份有法律约束力的减排文件具体规定了发达国家在第一承诺期（2008—2012）的减排目标。欧盟及其成员作为一个整体要将温室气体排放量在 1990 年的基础上

---

① 参见于宏源：《中国应积极参与国际气候谈判》，《新华月报》2015 年第 2 期。

② 参见华炜：《欧美应对气候变化的角色变迁及其对中国的启示》，《理论月刊》2014 年第 11 期。

削减8%。欧盟国家于2002年5月正式核准了《京都议定书》的目标并将其纳入各国国内政策。美国的减排目标为7%，然而布什政府却于2001年3月宣布退出议定书。2011年12月，加拿大也在美国的带领下成为第二个签署但又退出议定书的发达国家。

《京都议定书》直到2005年2月才正式生效与美国在《公约》之后的消极表现有直接关系。而欧盟在《京都议定书》实施方面展现的突出执行力，使得欧盟成为其他发达国家的榜样，由此从应对气候变化的推动者一跃成为全球气候治理的领导者。

3. 第三阶段（2007—2014）

2007年的巴厘岛会议所制定的"双轨谈判机制"被看作是"后京都议定书"的谈判起点。"后京都时期"主要关注的问题是在议定书第二承诺期（2013—2020）间，发达国家应该如何进一步降低温室气体的排放，这也是2009年12月哥本哈根气候变化大会的主要议题。虽然国际社会已初步达成共识认识到控制气候变化的紧迫感，也都愿意加强国与国之间的交流和合作，但政治博弈也愈加复杂和激烈。新兴的发展中国家如中国、印度在经济上的崛起增强了其在气候谈判中的话语权，但也由于排放量过大备受国际舆论指责需要承担共同减排义务。

世界经济政治这种"东升西降"的格局打破了"京都时期"的"南北格局"，即基于发达国家与发展中国家在应对气候变化问题上承担"共同但有区别的责任"的谈判主线。欧盟在哥本哈根谈判上不断施压要求以中国为首的"基础四国"作出减排承诺，这反而使美国与"基础四国"联手，只达成不具法律约束力的《哥本哈根协定》。然而正是因为中美两国坚持试图寻求各方都能接受的妥协方案，才避免了大会彻底失败的尴尬局面，但是欧盟也由此意外地从气候谈判领导者身份沦为旁观者。①

4. 第四阶段（2014 年至现在）

2014 年被称为"气候行动之年"，美国也开始重新占据气候治理的领导者地位。②9 月份的纽约气候变化首脑峰会和年底的智利利马气候变化谈判大会都在为 2015 年就气候变化问题达成一项具有法律约束力的新协议奠定政治基础。美国页岩气和页岩油的发现和生产改变了美国能源结构，使得美国的"能源独立"不再是纸上谈兵。据《华尔街日报》报道，2011 年美国的石油自给率已达 72%。③ 页岩气革命在颠覆了世界油气地缘政治格局的同时，还有利地巩固了美国在低碳经济战略的影响力。奥巴马政府上台后在气候政策方面的调整使欧盟、美国、中国等发展中国家"三股势力"鼎足而立的形势发生了变化。随着美国政府气候外交更为积极主动，欧美趋同态势增强，美国有意图重写《京都议定书》，破坏《公约》中"共同但有区别的责任原则"气候谈判底线，特别是分化了发展中国家谈判集团，使得中国等新兴发展中大国的压力更大。④

---

① 参见 Hallding K, Jurisoo M, Carson M,& Atteridge A. "Rising Powers: the Evolving Role of BASIC Countries". Climate Policy,2013,13（5）:608-631。

② 参见于宏源:《"气候行动之年"和美国气候变化政策发展》,《当代世界》2014 年第 10 期。

③ Yergin D. "America's New Energy Security: Thanks to New Technology, the U.S. has Become Less Dependent on Petroleum Imports From Unstable Countires". *The Wall Street Journal*. 2011-12-12。

④ 参见范菊华:《全球气候治理的地缘政治博弈》,《欧洲研究》2010 年第 6 期;于宏源、柴麒敏:《奥巴马政府能源政策和中美关系》,《绿叶》2014 年第 7 期。

（一）欧盟的立场

对于欧盟为什么如此积极高举环保减排大旗有诸多分析，但在本质上还是脱离不了其历史发展背景和现实中的利益诉求。[①] 在众多缘由里面，其中有四点不容忽视：

首先最直接客观的因素是欧洲其特殊的自然环境和地理条件。由众多国土面积狭小的小国家所组成的欧盟如果不及时遏制气候变化所带来的环境变化，在各种自然灾害发生时，其抗御伤害的能力十分有限。20 世纪 90 年代，由气候变化治理不作为导致的全球环境恶化已经使欧洲在各种自然灾害的总数量上较之 20 世纪 80 年代增加了一倍。严重地影响了欧洲的经济生产和社会生产秩序。欧盟自 1997 年以来积极减排发展低碳经济，坚持可持续发展和重视环境法治其实是环境恶化倒逼的结果，以防止气候变化持续给欧洲经济和社会带来沉重打击。

其次是欧盟经济复兴的角度考量。[②] 欧盟大多数的成员国自然资源匮乏，发展经济所需要的重要能源资源长期依赖于进口。这迫使欧洲必须通过大力发展可再生能源以减少能源进口的依赖性，实现"能源独立"。大规模的开发利用绿色能源因此大大减少了以往化石能源所产生的二氧化碳。另外，纵观欧洲经济发展史，欧盟各国由于在 20 世纪 70 年代没能抓住第二次工业的机遇，在与美国和日本的经济竞争中多处于劣势。于是欧洲在当今急需寻求一种具有以下几个特点实体经济产业：自身有优势但竞争国家没有，可以促进自身经济增

---

① 参见杨培举：《欧盟航运减排的阳谋》，《中国船检》2014 年第 4 期。

② 参见杨培举：《欧盟航运减排的阳谋》，《中国船检》2014 年第 4 期。

长，同时还可以抑制竞争国家的发展。通过研究考量，"低碳经济"这个概念首次在 2003 年英国政府发布的能源白皮书《我们能源的未来：创建低碳经济》里提出。[1] 其重点是通过能源技术创新、制度创新和转变人类消费发展观念来控制能源输入端以达到减少全球温室气体排放的目的。[2]

再次，从实际操作环节看，目前低碳减排的关键技术大都掌握在欧盟国家手里。欧盟自《公约》以来积极的气候治理行动帮助其获得了先发优势和话语权，以及进一步地完善了整套减排计划。《京都议定书》还规定欧盟总体减排目标可以分摊各个成员国，并且允许全体成员国共享排放配额。先进的技术和共同承担的减排机制使得欧盟的减排成本低于大多数其他发达国家。

最后从欧盟长远的政治野心角度看。欧盟基于提前占领了"气候道义高地"的优势，通过双边和多边外交手段软硬兼施地向全世界推广低碳经济政策，迫使各国不得不采取应对气候变化的措施。欧盟不仅是全球低碳经济发展的最大受益人之一，而且还怀有强烈的成为气候政治领导的雄心，并试图以此为突破口，进一步谋求领导全球事务。控制下一轮世界经济发展的方向，这恐怕才是欧盟如此积极推动全球低碳减排的深层原因所在。[3]

---

[1]　低碳经济是低能耗、低污染、低排放的经济模式，以降低温室气体排放为主要关注点；基础是建立低碳能源系统、低碳技术体系和低碳产业结构；特征是低排放、高能效、高效率；核心内容包括制定低碳政策、开发利用低碳技术和产品、采取减缓和适应气候变化的相关措施。

[2]　参见苏振峰：《低碳经济、生态经济、循环经济和绿色经济》，《中国社会科学报》2010 年 4 月 23 日。

[3]　参见范菊华：《全球气候治理的地缘政治博弈》，《欧洲研究》2010 年第 6 期。

（二）美国的立场

就美国的气候博弈来看，作为全球二氧化碳排放的超级大国，美国并非一直热衷于对气候谈判主导权的争夺。克林顿政府到小布什政府时期，美国对气候谈判主导权的需求不大，在应对气候变化问题上基本上保持消极的态度，2001 年更是公然宣布退出《京都议定书》。奥巴马政府上台以后，在国内大力提倡发展新能源产业。为了重新树立美国在国际气候治理谈判中的领导地位，其政府在近几年的国际气候谈判中，开始积极主动地争取气候谈判会议的主导权。[①]

美国政治学家罗布特·帕特南（Robert D. Putnam）提出的"双层博弈理论"强调：美国的政治决策者作为一个战略行为体，其外交决策是对国际谈判压力和国内政治力量的权衡和取舍而得出的，因此只有将国际政治与国内政治双面结合起来分析，才能更好地理解美国在气候外交谈判中的行为和立场。[②]

国内政治方面，美国对外气候政策是国内不同利益集团进行政治博弈的结果。克林顿政府迟迟不将《京都议定书》交给国会批准是迫于国内工业界利益集团强大的压力。小布什政府上台伊始便宣布退出《京都议定书》，其主要原因是，如果美国按照《京都议定书》的"减排"目标采取措施，便会造成美国国内 4000 亿美元的损失，减少 490 万

[①] 参见王联合：《中美应对气候变化合作：共识、影响与问题》，《国际问题研究》2015 年第 1 期；宋军君：《试析后冷战时期美国气候外交政策走向》，辽宁大学，2012 年硕士论文。

[②] 参见庄贵阳、朱仙丽、赵行姝：《全球环境与气候治理》，浙江人民出版社 2009 年版。

个就业岗位。[①] 此外，美国民众消耗大量能源的生活方式由来已久，"减排"会影响到大量民众的生活，从而造成巨大的舆论和选票压力。奥巴马积极的气候治理政策则是和美国国内日益松动的气候政治环境关系紧密。小布什政府后期，美国的部分州政府已经开始采取措施应对气候变化，一些美国企业也因此开始调整经营策略，自觉"减排"，而美国民众也受到其他国家环保思想的影响，应对气候变化的意识也更加强烈。[②]

国际政治方面，美国气候政策的制定也受到自身在国际谈判中的地位的影响。小布什政府时期，美国更加重视军事安全，在对外政策上奉行"单边主义"（即指在处理国际事务中美国只根据自身的国家利益出发，独断专行，而不是根据国际社会的需求和意见来做有关全人类利益与安全的政策决定，这是美国追求世界霸权的一种表现）。这在一定程度上也影响到了气候治理政策。而奥巴马上台时，金融危机余波未平，美国经济严重震荡，随之而来的是国际影响力的下降。而欧盟在应对气候变化中的积极姿态，更加让美国在气候谈判中话语权减弱。因此，在国内形势与国际压力双重作用下，奥巴马政府选择"高姿态"地参与气候谈判。[③]

---

① 参见庄贵阳、朱仙丽、赵行姝：《全球环境与气候治理》，浙江人民出版社2009年版。

② 参见司琳：《国际"碳政治"博弈及中国对策研究》，吉林大学，2014年硕士论文。

③ 参见司琳：《国际"碳政治"博弈及中国对策研究》，吉林大学，2014年硕士论文；宋军君：《试析后冷战时期美国气候外交政策走向》，辽宁大学，2012年硕士论文。

（三）中国的挑战

而就中国的利益诉求来看，中国在气候变化政治博弈中主要面临以下三个挑战：

1. 缺少气候政治话语权

顾名思义，"话语权"包含两部分：一是它必须是话语为载体，二是其话语包含的权力来源于伦理价值观和意识形态等因素。① 因此，"气候政治"话语权的博弈背后实际上首先是伦理价值取向的博弈。当前在"气候政治"博弈中，欧盟等发达国家占有伦理道德上的制高点和主动权，并不断渲染新兴经济体国家的责任缺失，借此向中国等发展中国家发难，要求发展中国家同样承担"减排"责任。发达国家特别是欧盟之所以能够占有"气候政治"话语权的优势，原因主要在于，成熟稳定的国内经济为温室气体"减排"提供了良好的经济基础，先进的"减排"技术是承诺"减排"的技术后盾，积极主动的气候外交树立了良好的国际姿态。而中国以及其他发展中国家都是被迫加入减排计划的，因此面临着"气候政治"话语权缺失的局面。

2. 经济发展与能源消耗的对立

当前"气候政治"博弈中，中国还面临着经济发展与排放空间受限的不公平问题。如前文所述，欧美等发达国家已经历了经济发展和温室气体排放的高峰时期，完成了工业化和城市化的进程，并且由于

---

① 参见司琳：《国际"碳政治"博弈及中国对策研究》，吉林大学，2014年硕士论文。

低碳技术的发展和完善，"减排"能力与压力远低于发展中国家。而中国等发展中国家，正处于工业化和城市化的进程中，能源的高消耗和温室气体的高排放在一定程度上是不可避免的，并且中国等国的"减排"技术还不能同发达国家同日而论，不考虑不同国家的经济发展水平而定的"减排"空间限额是十分不公平的。[①] 更何况中国还为全球承担了大量高耗能高排放的制造产业，比如说德国太阳能光伏发电场使用的硅片大多数都是在中国制造，而硅的提炼和生产是属于重污染产业。在这种情况下，又让牛挤奶又不让牛吃草，让中国和发展中国家为发达国家买单是不公平的。

3. 面临日渐增大的国际社会压力

中国拥有世界上近四分之一的人口，尽管人均能源消费仅为发达国家水平的三分之一，[②] 但快速增长的能源需求与庞大的人口基数，使中国成为世界上第一大温室气体排放国，在国际气候应对中的一举一动都备受关注。特别是随着中国的崛起，中国被世界各国赋予了更多大国责任与义务的期望。在气候变化问题上，中国的气候政策制定与气候立场的定位都受到了世界各国的瞩目，特别是对发展中国家来说，中国气候政策的导向对其他发展中国家的政策制定有参考借鉴的意义。中国未来面临温室气体"减排"的巨大压力是显而易见的。

---

① 参见司琳：《国际"碳政治"博弈及中国对策研究》，吉林大学，2014年硕士论文。

② 参见中华人民共和国国务院新闻办公室编：《中国的能源政策》，人民出版社2012年版。

四、"三国演义"历史故事和博弈模式

《三国演义》是我国四大名著之一，其文学价值已经充分得到了世人的肯定，同时，古人的智慧还淋漓尽致地表现在将博弈对局中的策略互动与相互依存等思想融入生动有趣的故事中。书中的很多故事都可以作为博弈问题的经典案例来讨论，其中最著名的例子就是孙刘联盟的博弈问题。[①]

三国期间曹操实力最强，其南征荆州，势如破竹，大有统一整个中国的趋势。刘备实力最弱，都城失守后，求助实力排行第二的孙权。孙权当时面临着两个决择：要么帮助刘备，但有养虎为患的隐患，甚至有可能培养了一个竞争对手；要么不帮刘备，但又担扰曹操进而进攻江东，有唇亡齿寒之忧虑。而另一方面，刘备作为最弱的一方，虽然需要联合"次弱者"来对抗强敌，但却要留一个心眼不能完全消灭掉曹操，不然实力在其之上的孙权就有可能反过来将其消灭。因此对于弱者和次弱者，最优策略是维持三者的均衡态势，互相牵制、互相制衡的三角形结构才最稳固。最终，刘备和孙权结成了"孙刘联盟"，并有了"孙刘联盟"与曹操之间的著名赤壁之战。赤壁之战过后，三国鼎立的局面逐渐形成。[②]

将三国演义的博弈模型应用在国际气候变化政治中，可以观察到以下几个方面：

---

① 参见蔡朔兵：《〈三国演义〉中的博弈问题探讨》，《开封教育学院学报》2013年第 8 期。

② 参见蔡朔兵：《〈三国演义〉中的博弈问题探讨》，《开封教育学院学报》2013年第 8 期。

（一）主导权之争：欧盟与美国的博弈

总的来说，欧盟一直是气候变化全球治理的领导力量，掌握着先发优势和相当大的话语权。[①]虽然在2009年哥本哈根气候会议与2010年坎昆会议上，其领导地位受到了美国的严峻挑战，经济危机也或多或少影响了欧盟在气候治理方面的相关投资，但是欧盟并不甘心主动让出其主导权。[②]2011年德班气候大会上欧盟的表现突出，在其力促下"德班增强行动平台"顺利获得通过，为之后的气候谈判奠定了政治基础，欧盟在气候治理领域的领导力也因此迅速回升。在2015年年底召开的巴黎气候变化大会意义重大。该会议深入讨论了2020年以后全球温室气体排放控制和气候变化国际合作的具体方案。这对于欧盟来说将会是重拾昔日雄风的关键一步。在可预见的将来，美国与欧盟关于气候政治外交主导权的角力会日渐激烈。[③]

（二）责任之争：排放大国与排放小国的博弈

自国际气候谈判伊始，发达国家和发展中国家争论的焦点就始终集中在谁是气候变化的责任者、谁是"减排"义务的主要承担者两个方面。[④]《公约》和《京都议定书》明确了"共同但有区别责任"原则，然而随着近年来中国等新兴经济体的发展，发达国家不断要

---

① 参见朱松丽：《欧盟对内对外气候变化政策分析》，《当代世界》2014年第10期。

② 参见朱松丽：《欧盟对内对外气候变化政策分析》，《当代世界》2014年第10期。

③ 参见王文涛、刘燕华、于宏源：《全球气候变化与能源安全的地缘政治》，《地理学报》2014年第9期。

④ 参见王文涛、刘燕华、于宏源：《全球气候变化与能源安全的地缘政治》，《地理学报》2014年第9期。

求发展中国家履行严格的"减排"义务①，双方围绕责任问题的博弈在哥本哈根大会上达到了白热化的程度。原国际气候谈判主体发达国家和发展中国家之间的矛盾正逐渐转变为排放大国和排放小国之间的矛盾。②由于金融危机和技术革命，发达国家减排难度大为缩小。美国因出现页岩气革命，在2014年11月《中美气候变化联合声明》中首次提出到2025年温室气体排放较2005年水准整体下降26%—28%的目标，刷新美国之前承诺的2020年碳排放比2005年水准减少17%。③美国与中国一样都是备受指责的排放大国，美国现在的积极和决心给中国加大气候治理力度提供了动力，但也带来了更多的压力。

（三）资金援助之争：发展中国家之间内部分化

在过去的气候谈判中，发展中国家集团（77国＋中国）基本上是以整体的形式与发达国家进行谈判。然而，随着国际气候谈判进程的日益深入，由于发展中国家地理位置、资源结构的不同，以及经济社会状况的变化，使得集团内部也常常出现不同的声音和立场。④而发达国家也开始利用这点，故意"离间"发展中国家之间的关系，达到逼迫发展中大国如中国、印度等国"减排"的目的。例如，在2009年哥本哈根会议上，美国等发达国家宣称将在2020年前每年向

---

① 参见周绍雪：《中国的气候外交战略》，《前线》2014年第11期。

② 参见于宏源：《中国应积极参与国际气候谈判》，《新华月报》2015年第2期。

③ 参见王联合：《中美应对气候变化合作：共识、影响与问题》，《国际问题研究》2015年第1期。

④ 参见于宏源：《中国应积极参与国际气候谈判》，《新华月报》2015年第2期。

发展中国家提供 1000 亿美元的资金援助，但同时要求中国、印度等发展中大国必须作出"减排透明度"的承诺。为了得到资金，部分小发展中国家很快便将矛头指向中、印，要求这些国家也被纳入"减排框架"，这一趋势导致发展中国家内部的博弈也愈加复杂。①

套用中国"三国演义"的博弈模式和智慧，在国际气候变化政治博弈中，中国应当做到：

第一，加强与维护发展中国家之间内部的团结，避免被"间离"。当今世界，发达国家主导世界秩序，发展中国家整体处于劣势。在气候谈判中，单一的发展中国家在气候政治博弈中力量单薄，很难对发达国家施加影响，只有加强发展中国家的团结才能在与发达国家进行气候谈判的过程中增加筹码。这就需要中国通过南南合作、双边合作、一带一路等形式向小岛屿国家、非洲国家和最不发达国家提供资金支持，并让《公约》及其《京都议定书》所规定的资金流向这些国家，以支持他们的履约行动。② 就如孙权在三国中也愿意联合"最弱者"共同抵御最强者，维持互相制衡的局面。

第二，发展中国家还尚未完成工业化城市化进程，经济建设仍然是每个国家建设的首要任务。能源消耗是发展经济必要的生产要素，然而较高的人均国内生产总值，往往很难与低人均能源消费量对等。③ 因此，维护自身的发展权是中国参与"气候政治"博弈的前提，包括中国在内的发展中国家不应觉得在道义上被动，拒绝被

① 参见严双伍、肖兰兰：《中国与 G77 在国际气候谈判中的分歧》，《现代国际关系》2010 年第 4 期。

② 参见王文涛、刘燕华、于宏源：《全球气候变化与能源安全的地缘政治》，《地理学报》2014 年第 9 期。

③ 参见华炜：《欧美应对气候变化的角色变迁及其对中国的启示》，《理论月刊》2014 年第 11 期。

发达国家施行道德绑架。为维护好发展权，中国应坚持气候谈判"双轨制"，坚持"共同但又区别的责任"原则，避免"减排"责任与发达国家趋同。① 中国还应坚持发达国家需要向发展中国家提供资金援助与技术转移，以此达到要求发达国家承担历史责任的目的。

第三，但同时也要展现适当展现"减排"的诚意，与发达国家在一定程度上妥协。就如刘备也要拉拢曹操以牵制孙权，以达到博弈最优状态。中国的飞速经济发展是世界有目共睹的，习近平主席近期也重申中国作为全球大国应该对世界重大问题责任、有担当。② 中国在气候变化谈判中由参与者变为积极的推动者从长远发展的角度看有益的，一方面可以提高和推进国内解决环境治理问题的能力和进程，另一方面还可以获得更多制定国际规则的话语权，抢夺道德阵地，赢得国际美誉。③ 在 2014 年年底的利马气候会议上，中国首次正式提出一系列目标：2030 年左右中国碳排放有望达到峰值，到 2030 年将非化石能源在一次能源中的比重将提升到 20%。④ 这意味着中国工业化城镇化的增长"天花板"被量化确定了，还证实中国的顶层设计在国际气候谈判中立场正在发生转变。⑤

---

① 参见苏振锋：《低碳经济、生态经济、循环经济和绿色经济》，《中国社会科学报》2010 年 4 月 13 日。

② 参见观点中国—外媒：《中国的气候变化承诺是认真的》，2014 年 12 月 7 日，见 http://opinion.china.com.cn/opinion_20_117320.html。

③ 参见华炜：《欧美应对气候变化的角色变迁及其对中国的启示》，《理论月刊》2014 年第 11 期。

④ 参见王联合：《中美应对气候变化合作：共识、影响与问题》，《国际问题研究》2015 年第 1 期。

⑤ 参见观点中国—外媒：《中国的气候变化承诺是认真的》，2014 年 12 月 7 日，见 http://opinion.china.com.cn/opinion_20_117320.html。

由于发展阶段差异等原因，围绕着全球气候变化政治和外交，以欧盟、美国和中国三方为代表的相关气候谈判方基于各自的利益、立场和谋略，正在展开气候"暖战"，而不是传统的"热战"和"冷战"。本文借助"三国演义"历史故事和博弈模式，从不同的角度构建一个关于气候"暖战"的经典分析模型，有助于描述和分析欧盟、美国、中国等国家和地区在气候领域展开的三足鼎立斗争与合作。

哲学、伦理学的反思

ZHEXUE LUNLIXUE DE FANSI

气候和合学

张立文，哲学家、哲学史家，中国人民大学一级教授。现任中国人民大学孔子研究院院长、学术委员会主席，中国传统文化研究中心主任，兼任国际儒学联合会顾问、国际易学联合会理事、日本东京大学客座研究员等。

"气清更觉山川近，意远从知宇宙宽。"清新的气候，使人视界开阔，觉得山川离人更近；意志远大，胸怀全球，才知道宇宙的宽广。然而，当前人类与气候生态之间存在着严峻、全面的紧张，清新的空气已成稀有之物，人类已很难呼吸到；雾霾的气候常常突袭人类日常生活，山川被涂上污泥而不见。"清气澄余滓，杳然天界高。"陶渊明认为，唯有澄清空气中残余的渣滓、尘埃、雾霾，天空才会变得明净而遥远深广。

一、气候新兴学科的兴起

人类仰仗空气而活，空气清新，人无疾而长寿，空气污染，人患病而死亡。它关系人类的生存死亡，也关系万物的生死存亡。空气与气候互相蕴涵。人类要在这个星球上生存下去，必须有清新的气候，这是人类基本的生存方式，若生活在雾霾中，人类终究要走向毁灭。不管你属于哪个国家、民族、种族、宗教、文明，都呼吸着被污染了的空气，人人均不可逃。气候具有公共性、普遍性、共有性、全面性，它影响人类生存的方方面面。

就气候政治而言，它可以主宰国家、文明的兴衰和存亡。人类历史上辉煌一时的玛雅文明，其鼎盛与毁灭都与气候变化密切相关。雨量充足，农业丰收，导致人口膨胀，资源过度开采，随后出现越来越干旱的天气，导致资源枯竭，从而引发政治混乱和战争，锁定了玛雅文明毁灭的命运。[①] 中国楼兰文明也由气候变化而导致毁灭。今人在凭吊其文明遗址时，应深刻反思气候变化的巨大政治能量，它既可以造就一个文明，也可以毁灭一个文明，亦可以毁灭整个世界。近年来，关于气候学的研究方兴未艾，"气候政治学"[②]便是其中的一种。

气候变化对世界经济产生巨大影响。据德国、荷兰、瑞士、芬兰

[①] 参见《玛雅文明毁灭确与干旱有关》，《参考消息》2012 年 2 月 25 日、2012 年 11 月 10 日报道。

[②] 气候政治学，兴起于 21 世纪初，主要研究国际政治、全球治理与气候变化之间的关系，气候与国家安全、社区治理以及政治哲学中的正义问题。代表人物：安东尼·吉登斯、戴维·希尔曼、约瑟夫·史密斯。代表作：《气候变化的政治》、《气候变化与国家安全》。参见《中国社会科学报》2012 年 11 月 30 日。

等国研究人员共同组成的国际研究小组发现，欧洲若不采取有效应对措施，到 2100 年，由气候变化导致的欧洲森林经济损失将达到数千亿欧元。由政府间气候变化委员会（IPCC）提出的气候变化预估方案，因气候变化引起的植被分布变化将导致欧洲木材工业 1900 亿欧元的经济损失，而据其他三种气候变化预估方案，经济损失则最高可达到 6800 亿欧元。[①] 气候变暖将造成台风、飓风、干旱、洪涝等灾害。几十年不遇的"桑迪"飓风袭击了美国东部，造成巨大的生命财产和经济损失。60 年不遇的大旱使"非洲之角"的索马里、肯尼亚、吉布提、埃塞俄比亚大部地区受灾，1240 万难民待援。[②] 据不完全统计，气候灾害年均造成经济损失 2000 余亿元。[③] 于是在 20 世纪 90 年代初兴起了"气候经济学"新兴学科[④]。发展经济应与气候变化相协调、相适应。

从社会学的视阈以观气候变化，联合国气候报告草案显示，国际气候专家越来越认定人类对全球变暖、海平面上升和极端天气事件负有责任[⑤]。有悠久历史的南极冰架将在 2020 年前消失，从而导致全球海平面上升速度加快。[⑥] 人类既是气候变暖的治理者，亦是其制造者。

---

① 参见《气候变化将致欧洲巨额经济损失》，《中国社会科学报》2012 年 10 月 17 日。

② 参见《参考消息》2012 年 8 月 26 日。

③ 参见《人民政协报》2011 年 9 月 11 日。

④ 气候经济学主要研究气候对经济的影响、气候变化的经济学特征，以及经济学在理解和解决气候方面的作用等。代表人物是尼古拉斯·斯特恩、威廉·诺德豪斯。代表作是《斯特恩报告》、《均衡问题：全球变暖政策的选择权衡》。参见《中国社会科学报》2012 年 11 月 30 日。

⑤ 参见《专家认定人类活动导致全球变暖》，《参考消息》2012 年 12 月 16 日。

⑥ 参见《NASA 称南极万年冰架将在 2020 年消失》，《参考消息》2015 年 5 月 19 日。

"每年地球上的人口会向大气中排放大约 400 亿吨二氧化碳。"[1] 若按联合国环境规划署执行主任阿希姆·施泰纳估计，2050 年世界人口达到 90 亿，气候变暖制造者群体的扩大，必将增加气候变暖治理的难度。在南非德班召开的联合国气候变化框架公约第十七次缔约方大会的开幕式上，乍得总统代比说，乍得湖现在蓄水量不足储水能力的 1/10，影响 2 亿人口的生存。南非水利和环境部部长埃德纳·莫莱瓦说，气候变化已给非洲造成了饥荒和冲突。与此同时，缺少饮用水、霍乱和疟疾等疾病带来的威胁正在增加和流行。[2] 联合国机构绘制的全球变暖时代健康与气候交叉影响地图显示，自 2005 年以来，在撒哈拉沙漠以南非洲处于旱季时，每周脑膜炎发病病例都会增加，10 年来，在这一个地区估计已导致 2.5 万人死亡；自 1998 年以来，登革热的疫情在热带和亚热带地区出于暴雨季节时发病率会增加，每年导致大约 1.5 万人死亡。[3] 气候变化直接危害全球人的生命，中国亦不例外，在政府出台的首个有毒化学品环境及健康风险防控规划称："近年来……有毒有害化学物质造成多起急性水、大气突发环境事件，多个地方出现饮用水危机，个别地区甚至出现癌症村等严重的健康和社会问题。"[4] 譬如山东淄博金南村[5]。由于人类在世的人为活动造成气候变化，而危害人的生命存在最低限度的生存环境，由此带来种种疾病，影响人的安居乐业。疾病患者陷于痛苦，一般居民在担惊受怕中度日，生活质量和幸福感下降。在此背景下，21 世纪初气候社

---

① 《NASA 拟用卫星监视各国碳排放》，《参考消息》2015 年 5 月 19 日。

② 参见王硕：《博弈德班》，《人民政协报》2011 年 12 月 1 日。

③ 《联合国绘制健康与气候关联图》，《参考消息》2012 年 10 月 31 日。

④ 《环保部承认污染导致癌症村》，《参考消息》2013 年 2 月 23 日。

⑤ 参见《污染造成淄博村庄患癌症者增多》，《参考消息》2013 年 4 月 5 日。

会学兴起。① 经历过疾病痛苦的人，一定会觉得无病是最珍贵、最幸福的。

若使气候政治学、经济学、社会学得以落实和实施，必须有法律体系的保障，使气候文明建设有法可守、可依、可用。当前务必要改变气候文明无法可守、可依、可用的状况，世界各国为使人的生命须臾不可离的空气得到改善，应把多年来气候文明实践中所形成的成功有效的经验和措施转变为法律，制定气候文明建设的法律法规；完善气候文明的标准体系，提升产业准入的能耗、水耗、物耗、环保、终端用能产品能效、建筑节能、汽车燃油经济性、低碳产品、废气排放等标准。② 强化气候文明执法监督和执法机构的责任，全面提升公民气候文明法律保护意识和教育，建构气候法学学科。

气候政治学、经济学、社会学、法学关系的协调以及其理论思维的指导是气候哲学。气候哲学是指人类在反思自身在政治、经济、文化、科技、社会各项活动中价值、伦理、公平、正义等的和合。它主张：主客融合、会通，摒弃排斥性的主客二分；事实与价值互渗，而非截然对立；气候动变本身具有生命性、创造性，世界并非是简单的物理实在的总和；求真的真诚是探索真理的必要条件之一，逻辑程序是一种方法。③ 气候哲学具有现代性。

---

① 气候社会学以社会学的立场、观点和方法考察气候与社会互动关系，如气候变化给社会学的挑战、社会制度对气候的影响等。代表人物：乌尔里希·贝克、詹姆斯·加维。代表作：《为气候而变化：如何创造一种绿色现代性》、《气候变换伦理学》。参见《中国社会科学报》2011 年 11 月 3 日。

② 参见解振华：《绿色发展：实现中国梦的重要保障》，《光明日报》2013 年 4 月 15 日。

③ 参见卢风：《生态文明建设的哲学依据》，《光明日报》2013 年 1 月 29 日。

二、气候和合学的义蕴

气候变化系统既与政治、经济、文化、社会、科技等差分、冲突，又与其交织、融合。就其差分、冲突而言，有必要对气候变化系统做分门的研究；就其交织、融合而言，则有必要对气候变化作整体完善研究。前者是殊相的、多元的，后者是共相的、一体的。犹如中国哲学上讲的"理一分殊"。就其分门别类的殊相多元进路来说，是试图通过对各气候变化具体学科的探索，使气候变化与各学科的发展相协调、相平衡，避免由冲突带来的损害，这是一种"逆向"的方法；就其共相一体来说，是试图通过对各学科关系的梳理，探究其宗旨的共相，以寻求化解气候变化所造成的冲突与危机，这是一条"顺向"的方法。

气候和合学探索统摄共相与殊相、多元与一体，以建构气候变化何以与自然科学、人文社会各学科的联系、冲突与融合，研究回答其影响、作用如何，气候和合何以可能等。

所谓气候和合学是指气候动变与社会政治、经济、文化、伦理、法律、科技、宗教等诸多形相、无形相的冲突、融合，以及在冲突融合而和合智慧的指导下化解诸多形相、无形相的冲突危机，而获得通体的平衡、协调、和谐。

气候动变与社会政治、经济、文化、法律等，都是一种形相、无形相的质能现象，质能现象便具多质能，所以有差分，差分而异，异而有冲突，包括自身的与相互间的。冲突是对既有质能现象或结构形式的突破、破坏，也是对固有秩序结构、秩序方式的冲击、打散。由其无构、无序、无式而需重建结构、秩序、方式、形式。

重建的过程就是"融合","融"有明亮、融化、流通、和谐的意思;"合"有融洽、聚合、符合、合作的含义。融合是指气候动变与社会各学科的质能现象在其差分或继存过程中,它们各自的生命潜能、力量、价值、交往均有赖于多方聚会、会通、充实和支援。融合在差分、冲突中实现,无差分、冲突,何以融合?融合的生命必与冲突相关。即使是气候本身,其冲突的内涵和表现形式亦是多样的。譬如"天有六气,降生五味,发为五色,征为五声,淫生六疾"①。其形相产生的质能现象的效果与影响亦差分,其冲突的形式亦异,融合的形式也殊。如六气"分为四时,序为五节,过则为灾"②。气候动变多样、多元性,因之气候和合学回应、化解的方法也非单一、一元。气候和合学统摄了冲突与融合,作为冲突融合的和合体,是一种超拔和提升,使原来的冲突融合进入一个新的领域或境界,而获得继续发展的价值。

"天地万物本吾一体者也"③,王守仁所言与朱熹所说"盖天地万物本吾一体"④同,气候动变对于天地万物以及人类的影响和作用是一体的、共同的,一损俱损,一荣俱荣,这便是气候和合学之所以能统摄错综复杂的气候动变与自然、人文社会各学科的根据所在。由于气候动变的"天地万物本吾一体"的一体性,构成了"其视天下犹一家"的人类命运共同体,便赋予世界各国、各民族、各宗教以共同应对、化解气候动变危机的责任和义务。严格遵守与实施其责任与义务,需

---

① 六气为阴、阳、风、雨、晦、明;五味为辛、酸、咸、苦、甘;五色为白、青、黑、赤、黄;五声为宫、商、角、徵、羽;六疾为寒、热、末、复、惑、心。参见《昭公元年》,《春秋左传注》,中华书局1981年版,第1222页。

② 《昭公元年》,《春秋左传注》,中华书局1981年版,第1222页。

③ 王守仁:《传习录·中》,《王文成公全书》卷2。

④ 《中庸章句》第一章,《四书章句集注》,世界书局1936年版。

要放弃其为了既得利益或个体利益而不顾人类的公共利益和世界利益的行为，维护人类命运共同体利益，也即是"天下犹一家"的利益，这便是气候和合学所欲要的气候动变的和生、和处、和立、和达、和爱的"和利"。

气候和合学实现"和利"的过程，是在气候动变中冲突融合而由和合智慧指导下实施的。这个实施是通过自然选择的过程。诸多形相、无形相在气候动变中的大小、强弱、优劣不同，其在不同时代、不同民族、不同个体，由于其价值观的差异，其价值标准亦分殊，对何为大小、强弱、优劣，可以作出截然相对或相反的判断。如何做到公平、公正，这是能否维护在气候动变中保障人类命运共同体利益的价值原则。此价值原则可分为两个层次：一是现实层面，即公平、正义、合理；二是超越层面，即真、善、美。

所谓公平，是指人们基于某些共同点来衡量气候动变中对于满足人类和自然、社会共同的基本需求，以及实现人类和自然、社会共同合作双赢、发展繁荣所达到的认同水平。公平不是先入为主或先确立某种价值观，而是在气候动变中各形相、无形相以及各方，都应遵守"以他平他谓之和"①的原则，各方的他与他者之间都以机会、权利、规则平等地参与气候动变的"和利"建设。这种平等是彼此间具有尊严和独立品格的互相尊重、理解和信任，而不被外在的权威所控制和威胁，也不被内在的某种绝对理性、绝对价值所左右和支配。这是气候动变的公平原则，是符合全人类整体利益，有利于人类永续发展的。

正义在古希腊亚里士多德那里，主要指人的行为。从气候和合学

---

① 《郑语》，《国语集解》卷16，中华书局2002年版，第470页。

视阈而观，是指从气候动变整体角度，协调、化解气候动变中诸形相、无形相之间的不正义，及由于各种原因而造成的不平等、不公平现象，除去由于自然、社会、人际、心灵等偶然任意因素，而造成气候动变对某些形相、无形相不公平、不合理的选择。气候动变的正义原则，包括平等自由原则、机会公正原则、机遇公平原则、合作共赢原则以及互相间的会通、融合。就正义的平等自由原则而言，每一形相、无形相对他者的形相、无形相拥有与最广泛的基本自由体系相容的类似自由体系，都应有一种平等的权利；就正义的机会公正原则而言，气候动变中的诸形相、无形相以及参与各方在碳排放空间的分配正义公正、国际气候的正义公正，即包括当代人之间、当代人与未来人之间的气候正义公正，在融突而和合中，使最少受惠者能获得最大参与气候和合的机会，使气候动变正义公正得以发扬光大；就正义的机遇公平原则而言，发达国家把高排放、高污染的企业、工厂转移到发展中国家，而造成气候动变，却把责任推给发展中国家，发达国家享受消费发展中国家的产品，造成不公平现象，这就要求生产与消费应该机遇公平，责任义务应该同时与共，使正义公平原则得以贯彻；就正义合作共赢原则而言，发达国家与发展中国家应该相互借鉴、会通、学习、交流、融合，实现互利互惠，合作共赢。发达国家的先进环保技术应支援发展中国家，共同维护地球气候动变，维护命运共同体利益。

合理是指对于气候动变中的诸形相、无形相以及其价值原则、气候伦理的选择是合乎道理、事理、群理、和理的，是唯变所适于自然、社会、人际、心灵及文明所需要而作出的选择。它在气候动变中诸形相、无形相的选择中，获得自然、社会、人际以及气候需求的制约、协调、调剂功能；它能排除外来干扰，或一切非理性的选择。合理选择使公平、公正、正义原则得以贯彻或实现。和理就是合乎理性的、理智的、公正的、平等的规则和原理，排除感性的、偏见的、私欲的、等级的规则和原理。我们要立足于全球未来的维度，使气候动变向真、善、美方向发展。

真是指真实，即真实的或的的确确的。如气候动变的真实性质、状况，而不是假的、伪的。真不是官觉或官能所私有或主观的，所以是实，实即具有客观性，它不仅是现象层面的客观性，而且是内涵意蕴层面的客观性。发达国家与发展中国家在气候动变中应该根据实际情况与能力，采取共同但有区别分阶段应对原则。唯有如此，才能作出正确应对之方以及救治之策，做到名与实相符。这个正确应对、救治气候动变之方之策的真，是一种理解方式和认知方式的过程，真与假、伪相对待，求真才能做到实事求是，实事求是的目标便是求真。

善有吉、好、正的意思。善是指吉祥、美好、公正、正义的价值体系和合乎道德原则的事或行为，"人之初，性本善。性相近，习相远"。儒家孔孟主张人性善。孔子在回答季康子问政时说："子为政，焉用杀？子欲善而民善矣。"① 您治国理政，为什么要从事杀戮？您想用善政治理国家，百姓也会从善。孟子认为，善是人通过道德修养活动而所追求实现的目标，"穷则独善其身，达则兼善天下"②。从个人的独善扩展到兼善天下，这是一种救世、救天下的情怀。在全球气候变坏的情境下，各国、各民族、各宗教团体，应超越独善其身，而共同合作，兼善天下，才能化解气候动变的危机，创造一个完善美好的生存环境。

---

① 《颜渊》，《论语集注》卷6。
② 《尽心上》，《孟子集注》卷13。

气候和合学不仅主张唯有和平、合作，才能实现兼善天下，而且倡导创造一个美的艺术境界。气候和合学所谓美的艺术境界首要是对生命的尊重，是生命在瞬间的愤怒、悲哀、忧郁、焦虑、苦恼、微笑、快乐等情感艺术的强化。从东汉"弋射收获"画像砖的刚健有力的弋射动态中，可感悟到人的有意识、有目的生命活动和人在劳动实践中实现了人的自觉及人的力量；从阿炳的《二泉映月》中，我们可以领悟到生命搏动和与命运抗争的旋律；从张旭的《古诗四帖》、《肚痛帖》的迅疾奔放、连绵萦绕、翻腾跌宕、奇诡多变的笔迹中，可以体会到笔的挥洒和生命内在律动的融合，强烈喷发出的生命情感。美是生命情感的感受，是生命存在所需的天蓝地绿、气新水清的审美价值要求。气候的动变应把人类带入"以大和为至乐"之美的艺术境界。"大和"境界中的"至乐"，是一种超越气候动变的质能现象和食色欲相的满足，而达到精神自由、"从心所欲"的至善至美的气候动变的"大和"之境。

气候和合学的价值原则和目标，便是公平、正义、合理和真、善、美。这是对于困囿于气候动变危机的主体精神和道德心灵的解放，具有超私欲、私利的特征。唯有胸怀公心、善心、真心、美心，才能美人之美，美美与共，共享气候动变的美好、和美的生态。

三、气候和合学的建设

在气候动变中形成人与自然、社会、人际、心灵、文明的诸多冲突危机之际，如何落实建设美丽中国、美丽世界之时，气候和合学发挥其智能创造性，以和合学理论思维为主旨，以经济为基础、以政治为机制、以道德为规范、以制度为保障，创新气候动变建设。

气候和合学理论思维价值主旨是达致自然、社会、人际、心灵、文明间的和合。人类在尊重自然、顺应自然、保护自然中，应以自然是养育人类父母的心情，敬畏、赡养人类的父母。"乾称父，坤称母……故天地之塞，吾其体，天地之帅，吾其性。"①《周易·说卦传》称乾为天，坤为地。天地自然构成人的身体与天性。气候动变作为天地自然质能现象的生命体，应遵循和生原理，以"天地之大德曰生"、"和实生物"为原则。若气候动变正常，则风调雨顺，万物丰长；若气候动变恶劣，则南涝北旱，戕害生物。天地万物既为生命体，气候动变也为生命体，人类基本道德是尊重生命，各生命体应和谐共处，"万物并育而不相害"的和处，若不遵守和处原理，气候动变可能引起社会动乱。人类与气候动变应遵守和立原则，"己欲立而立人"，人类的建功立业与气候动变密切相关，天时地利，事业成功，天时突变，就能毁灭事业。人类的发展发达亦与气候动变相关联，玛雅文明发展与衰落，气候动变是主因，应遵循和达原则。气候动变既然是决定人类命运的原因之一，人类就应以"仁民爱物"、"民胞物与"的胸怀，尊重气候，爱护气候，保护气候，实现人类永续发展，而生生不息。

一是开放包容，认同共识。在人类共同面临气候动变严峻危机之时，为了人类命运共同体的利益和福祉，我们应提升气候文明意识，增强开放包容精神，如在治理气候动变时先进的、发达的与不先进、不发达的国家，应无保留地开放，相互包容，而不是排斥，应互相交流，而不是封锁。唯有世界各国、各地区共同治理，才能化解气候动

---

① 《乾称篇》，《张载集》，中华书局1978年版，第62页。

变危机。一国的先进、发达，不能也不可能治理世界的气候动变，所以必须凝聚共识，共同治理。在当前分学科研究治理的情况下，必须认同共识，培育气候政治学、经济学、社会学、伦理学、法学、哲学的融突和合意识，使其成为人类的自觉意识和价值观的重要内容，引导全球以气候文明指导公众的生活方式，成为现代公共体系，不是各学科单打独斗，而是全球气候动变大系统共同应对治理。这是以气候和合学为主旨的思想建设，它继承和发展各国与中华的优秀思想文化中气候文明的资源，使全世界公民自觉意识到，气候文明建设人人有责，是对人人有益的千秋大业，不能以个体或某个国家之利，而干扰气候文明建设。

二是和合经济，节能减排。必须培育有利于气候动变的经济发展模式。在气候和合学指导下的经济发展模式，即为和合经济学[①]模式。和合经济学旨在协调、和谐、融突人类与自然、社会、人际、心灵、文明间的物质、能量、信息交换关系，以化解人类衣、食、住、行、用等的冲突和紧张。和合经济学的逻辑结构具有三种基本类型和六种基本学科。再生型经济和合体（生存世界）：中和经济学与环境经济学；互利型经济和合体（意义世界）：制度经济学与结构经济学；创新型经济和合体（可能世界）：信息经济学与虚拟经济学。气候经济学可融入环境经济学。在当前要优化产业结构，发展绿色环保产业；要协调节能减排，开展低碳行动，执行建筑等行业节能标准，推广新能源交通运输装备；发展循环经济，构建覆盖全社会的资源循环利用体系；节约集约利用水、土地、矿产等资源，加强全程管理，降

---

① 参见拙著：《形下和合与和合经济学》，《和合学——21 世纪文化战略的构想》，中国人民大学出版社 2006 年版，第 721—772 页。

低资源消耗程度。① 改善空气质量，大力治理雾霾，避免对人类和万物生命带来威胁。和合经济学既促进经济发展，又使人人都能呼吸到清新空气，以造福人类。

三是合作共赢，诚信协商。必须加强各国政府和合治理气候动变的效能。气候动变超越国界，影响全球，必须各国、各团体、各企业、各组织诚信协商、团结合作，以应对、治理、化解气候动变的威胁。一国、一方不能也不可能治理全球气候动变问题。当前气候动变已对人类的生命财产、日常生活、经济发展、环境污染等带来严重危机。如果全球气温上升4℃，人类将面临沿海城市被淹没、食品短缺、干旱加剧等灾害。② 当下全国人民生活在"幸福的坟墓"中，既没有"免疫力"，也逃不脱。面对气候动变的紧迫性、危急性，各国政府应放下自己一国之利，放眼全球，加强合作。唯有合作，才能获得共赢。各国应以谋人类命运共同体之利的胸怀，无私开展互帮互助，以"己欲立而立人，己欲达而达人"的己立立人、己达达人的精神，共同为化解气候动变尽心尽力。但由于各国发展阶段、技术水平、管理能力的差别，其治理气候动变的力度也差分。如何在气候国际会议上加以公平、正义、合理的协调，既明确气候动变治理是所有国家的主体责任与各国政府的基本义务，也承认有差别、分阶段地努力实现的现实，以充分发挥各方面力量与效能，而有利于后嗣。

---

① 参见《中共中央国务院关于加快推进生态文明建设的意见》，《光明日报》2015年5月6日。

② 美国国家海洋和大气管理局2015年5月6日发布，2015年3月全球范围内监测的大气中二氧化碳浓度达到创纪录的水平，第一次超过400ppm，这是全球变暖的重要事件（《全球二氧化碳浓度首超400ppm》，《参考消息》2015年5月8日）。这是对全球发出严厉的警告；若继续下去，人类唯有走向时时刻刻呼吸毒气的时代。

四是道德义务，物我一体。必须修养气候动变道德良知和德性人格。《大学》讲格致诚正，修齐治平，强调"自天子以至于庶人，壹是皆以修身为本"①。修身是实践"内圣外王"的关节点。"内圣"在于加强道德良知的修养，"外王"要以"王道"精神治理气候动变危机。在"生态兴则文明兴，生态衰则文明衰"的时代，与人类生态道德价值观严重失落和道德工具理性片面膨胀的时下，必须重建生态、气候价值体系以及道德关系，必须用和合人文道德良知精神挽救人类极端自利化的道德工具理性，实现人类和自然生态的气候动变道德和合。其气候动变和合的道德价值原则：首先，内外不二的公正道德价值原则。要求在人类与气候动变的关系中，行为与责任、权利与义务、地位与作用之间，遵循正直、合理、适宜，即互相尊重对方的生态规律，共同爱护天地万物与人类的生命存在，相互努力共建人类自然生态家园和气候文明环境。"投我以桃，报之以李。"换言之，公正道德价值原则便是天人交泰的道德基础和伦理前提。其次，物我一体的无私道德价值原则。人类与万物性理合一，气质圆通，这要求人类的道德意识、道德心理应当以自然天地万物生命为胸怀，以参赞化育自然万物为己任。这就是说，人类应当具备一颗"仁民爱物"之德心、爱心。仁的"生生之德"流行不息，便是大爱流行，普惠人类万物。再次，责利圆融的平等道德价值原则。人类作为智能主体是道德权利与责任、道德期望与奉献的和合体。人类与气候动变朝夕相处，若能自觉按公正、无私、平等道德价值原则认知与践行，就能人文化成、天人同伦、物我同乐，否则气候恶化、天人反目、物我成敌、生意不塞、人物毁灭。人类与气候动变

---

① 《大学章句》第一章。

同呼吸、同命运、同生死。① 在公正道德价值、无私道德价值、平等道德价值三原则基础上，人升华为"生态人"，使人格生态化，培育德性气候人格，它包括法权、心理、道德人格等内涵。

五是有制可循，依法治气。必须加紧气候动变监管体制机制建设。气候文明体制机制建设是气候文明建设的重要保障，它为其提供了规范标准、监督机制、价值导向。首先是促进气候文明的民主机制建设，发挥各国民众自觉参与气候文明建设的积极性和主体作用，使民众具有气候文明建设的参与权、知情权、监督权、决策权，使气候文明建设既充满活力，又满足民众的需求。其次，气候文明法制建设，在完善法律法规体系建设的同时，应摒弃、清理各法律法规不利于气候文明建设的法规、条约。各国、各级领导应起楷模作用，并加强法律监督、行政监察、舆论和民众监督，坚决追究有法不依、违法不究、执法不严的责任查处制度。再次，建立责任评价考核制度，使之具有科学性、完整性、严密性、可操作性。建立基本管理制度、资源有偿使用和气候生态补偿机制、科技创新机制、资金投入机制等。最后，积极推进气候动变的国际合作机制。全球共同面临气候动变严峻挑战和全球灾难，营造气候文明是各国、各民族、各宗教的利益聚合点，发扬各方和谐包容、坦诚互助、互利共赢、合作发展的精神，加强世界各国之间互相借鉴、交流、学习，提升应对、化解气候动变威胁的能力和水平。

气候和合学的宗旨是和平、发展、合作、共赢，为世界人民谋福祉。科学证明，气候动变所造成的危害，责任在人类自己。人类要继

---

① 参见拙著：《道德和合与和合伦理学·人对自然的道德责任》，《和合学——21世纪文化战略的构想》，中国人民大学出版社 2006 年版，第 565—587 页。

续在这个星球上生活下去，就必须克制、约束自己。"克己复礼为仁"，克服人类自己的私心、私欲、任性、恶性的膨胀，恢复或重建"礼仪之邦"的道德规范和尊重、敬畏、爱护天地自然的礼仪，弘扬中华民族"王道"的仁爱精神和"道法自然"精神，使气候成为最公平的公共产品和普惠众生的福祉。气候和合学将为世界人民奉上气清、天蓝、地绿、水净的美丽家园。

气候变化与道德责任

——《礼记》中"天地"概念的当代伦理价值

姚新中，中国人民大学哲学院院长、伦理学教授。

今天我们所谈的气候变化问题是在现代世界特别是 20 世纪以来人类追求发展过程中产生的，也是在现代化和全球化背景下提出并日益紧迫的问题。从人类的角度来讲，气候变化的提出标志着我们关于可持续发展的新哲学，是人类对当前利益和长期利益、各国关切与全球价值关系的新认识。在操作层面上看，我们要解决气候变化的问题，既要考虑到发达国家与不发达国家之间的平衡，也要考虑到发展中国家初级发展所带来的排放物总量与人均排放物之间的平衡、气候变化的始作俑者与后起国家责任之间的平衡。气候变化涉及全球每一个人、每一个国家的根本利益，涉及当代人与未来无数代人。目前气候变化所产生的环境问题已经非常严峻，单个国家和地区的发展诉求必须放到全球气候变化的整体中加以考虑。但我们面临的现实是由于每一个国家都在追求自身物质利益最大化，由此所导致的气候变化在不断加剧，如温度升高、物种多样性减少、旱涝灾害频繁，所有这些都表明地球及其大气层正在遭到不可修复性的破坏，人类生存环境压力日益增大。因此，采取必要、切实有效的行动已经成为当务之急。

中国作为快速工业化和现代化的最大发展中国家，所面临的气候变化和环境问题尤为严峻。① 越来越多的有识之士提出必须采取有效行动，治理由于水源污染、空气污染、土壤污染、生物多样性锐减和气候急剧变化所带来的自然生态环境的改变和各种各样的自然灾害。尽快恢复人类家园的自我修复能力，制止生态系统问题的进一步恶化，还自然环境以本来面目，重新建立人与自然的和谐关系。这是人类面临的关乎存亡的问题，也是一个具有重大道德责任的问题。本文将通过下述三个方面的论述在气候变化与道德责任之间建立必要关联：一是气候变化的实质不是技术问题而是一个价值问题；二是论证儒家经典之一《礼记》中的天地概念是儒家传统中解决气候变化问题的重要价值资源；三是具体解释我们应该如何从儒家优秀传统中汲取营养，为人类共同解决气候变化问题提供一个中国进路。

---

① "2007 年，我国的二氧化碳排放总量超美国，位居世界第一（Zhou et al., 2013）；按人均计算，中国将于 2017 年超过欧盟，2033 年超过经合组织平均水平；而这主要是由于改革开放下我国快速发展的城市化和工业化引起的（Lamia et al.,2009）。与此同时，能源消费的增加使得环境污染问题日益严重，直接影响到我国城市的宜居性和可持续性（China National Human Development Report, 2013）。"（虞义华、张惠：《我国城市化与居民生活用能消费的动态关系分析》，中国人民大学国家与战略研究院，专题系列研究报告，2015 年 7 月，总第 49 期）

一、应对气候变化问题的价值层面

应对气候变化表面上看是纯技术和政策问题，可以通过节能减排、技术推广和政策强化来解决，气候变化的全球正义可以通过国际合作和谈判、实现国与国之间、发达国家与发展中国家在排放和治理方面的大致平衡等手段来实现。《中国应对气候变化的政策与行动》、《中美气候变化联合声明》以及"全球气候变化专家团"所提供的《全球气候变化义务奥斯陆原则》等文件对这些方面均提出了具体的措施和安排。这些技术和政策措施是必要的，是经历了艰巨细致工作之后采取的，更需要各国、各阶层、各行业付出更大努力才能真正落实，标志着我们在实际操作上迈出了重要的一步。[①] 但同时我们也必须看到仅有技术和政策层面的努力是不够的，因为气候变化危机的解决最终取决于我们对于人与人、人与社会、人与自然、人的物质需求和精神理想之间关系的认识，也取决于我们对于国与国、文明与文明、文化与自然之间关系的评价，而这样的认识和评价则与我们根深蒂固的价值观密切相关。

在价值层面，气候变化危机源于我们颠倒了人与自然的关系，否定了自然存在的价值并把自然完全从属于人自己需要的满足，把人对自然的价值前置曲解为人对自然的绝对支配，无限夸大并追求人作为自然主人的权利而忽视或放弃或曲解人对自然的责任。换句

---

① 据 BBC（英国广播公司）报道，2015 年 8 月 3 日美国政府公布了修正的《清洁电力计划》(*The Revised Clean Power Plan*)，计划在今后 15 年里减少美国发电厂温室气体排放近三分之一，更多利用风力、太阳能等可再生能源。但是，这样一个方案阻力重重，受到美国既有能源产业巨头的抵制。（新华网）

话说，是人的过度自利行为、对环境的无限制掠夺、对自然资源无节制使用导致了气候问题。越来越多的学者、思想家、政治家都明确指出气候问题是道德责任问题①，提出解决气候变化危机的根本在于人的道德觉醒。比如，诺贝尔文学奖获得者莫言在2010年"东亚文学论坛"上指出：人类的贪欲导致对地球的疯狂索取，这样的索取不可避免地引发生命危机、生态危机甚至人类与自然的生存危机。对于如何解决这些危机，莫言呼吁文学必须有所担当："在这样的时代，我们的文学其实担当着重大责任，这就是拯救地球拯救人类的责任。"②

对我们来说，拯救地球、拯救人类的责任不仅仅是文学的，更重要的是政治的、伦理的、宗教的。观念指导行动，价值决定导向。如果不能在价值层面分析、理解导致气候变化的原因并且从根本上转变现有对待自然的价值取向，人与自然的张力只能会越来越大，造成气候问题的原因不能根除，气候变化的趋势也不可能从根

① 习近平在2010年4月10日出席博鳌亚洲论坛开幕大会发表主旨演讲时表示：应对全球气候变化关乎各国共同利益，地球安危各国有责。当前，中国正处于全面建设小康社会的关键时期，正处于工业化、城镇化加快发展的重要阶段，发展经济、改善民生的任务十分繁重，但我们仍然以最大决心和最积极态度，按照联合国所确定的共同但有区别的责任原则，参与全球应对气候变化共同行动。

据报道，美国总统奥巴马说："我们是第一代人感受到气候变化的影响，也是最后一代人能够对此采取行动 [改变其趋势]。"他明确地把采取坚定立场制止气候变化称之为"道德的责任"moral obligation。参见 http://www.bbc.com/news/world-us-canada-33753067，2015年8月3日。

② 莫言指出："在人类贪婪欲望的刺激下，科技的发展已经背离了为人的健康需求服务的正常轨道，而是在利润的驱动下疯狂发展以满足人类的——其实是少数富贵者的病态需求。人类正在疯狂地向地球索取。"对于如何解决这样的危机，他认为文学必须有所担当："在这样的时代，我们的文学其实担当着重大责任，这就是拯救地球拯救人类的责任。"参见莫言在东亚文学论坛上的演讲（2010年12月4日）。

本上得以扭转。要解决由于人的过度活动而导致的气候变化，要寻求在全球正义框架下彰显生态保护的重要性，我们就必须重新理解人与自然的关系，重新界定人在自然中的地位和人对自然的道德责任。

把气候变化与道德责任联系在一起，是迈向解决气候问题的根本。人类活动的出发点不应该仅仅是个人满足自己需要的权利，还要兼顾个人对他人、对人类、对整个地球和世界的责任，实现权利与义务的统一。而要做到这一点，需要我们重新理解和解释人在自然中的地位。我们要反思和批判自近现代以来人在科技革命、工业化、城市化发展过程中所极度膨胀的利己主义和对自然的藐视、蔑视或不以为然的态度。我们需要从不同进路来寻找克服人类中心主义的工具，比如我们可以从当代科技发展、价值观变革中寻求出路，20世纪应运而生的生态伦理学、环境伦理学、生命伦理学、地球伦理学、宇宙伦理学等都是在这方面的积极探索和学术成果。但任何现代的新方法都是以不同的方式汲取和发展人类文明中的优良传统。在这一方面，具有两千年历史的儒家传统包含着卓越的思想资源，我们应该认真加以继承和发扬。儒家思想博大精深，可以从很多不同的方面来审视其对于当代生态文明建设的意义和价值。下面的则只汲取一个小的方面，即根据《礼记》中关于"天地"概念的使用，来解释"天地"的本然地位和价值，人在"天地"中的地位和人对"天地"的责任，帮助我们重新建立起对"天地"的敬畏之心和责任感，驳斥完全从人的权利出发来看待自然和气候变化，构造一种新型的生态自然观，从而为全球气候问题的根本解决提供一个价值思路。

二、《礼记》中的"天地"

中西方多数学者认为,《礼记》中的大部分篇章属于秦汉时期的作品,① 然而新近出土的文献证实其中有些乃战国时期所作,② 记录了儒家早期思想中关于人与自然关系的论述,对于儒家生态观的形成和发展具有重要意义。《礼记》对于人与自然的论述是深邃的和全方位的,是通过一系列概念加以展开的。对于本文来讲,其中最重要的一个概念就是"天地"。

"天地"作为一个专门术语在《礼记》中共出现过 84 次。③ 作为一个合概念 "天地"所具有的内涵和外延显然要大于"天"和"地"分开来使用,在多数场合具有明显的价值性,可以说是儒家生态伦理的基石,也是我们理解儒家关于人类道德责任的出发点。"天地"概念所包含的远远超过了"自然"这个当代概念的所指。分析"天地"概念的内涵和使用方式,可以帮助我们在形上学、宗教学、认识论和伦理学层面上,了解儒家的人生态度、社会理念、世界观和宇宙观,克服今天人们习以为常的价值取向,为重新建立具有全球公正意义的生态价值体系,并进而解决全球气候变化问题提供一个中国进路。

---

① 参见 Michael Loewe (ed.). *Early Chinese Texts*:*A Bibliographical Guide* (Berkeley, CA: The Society for the Study of Early China,1993)。西方学者在研究《礼记》中所提出的问题和采取的研究进路,参见 Michael David Kaulana Ing 的 *The Dysfunction of Ritual in Early Confucianism* (New York: Oxford,2012):219-24。

② 王锷:《〈礼记〉成书考》,中华书局 2007 年版。武汉大学的郭齐勇教授在其一篇会议论文中明确指出他也赞成这样的结论。

③ "天"作为单独概念在《礼记》全书中出现了 150 次,"天子"313 次,"天下"126 次,而"地"作为单独概念则出现了 102 次。

三、"圣人参于天地"

现代世界是一个高度世俗化、极具功利性的时代，人们更多想到的不是生命的价值和意义，而是如何更多、更好、更快地满足自己当下的物质需求，寻求个人权利的实现。自然、自然物和自然存在在这一过程中扮演的只是实现物质利益满足的手段和客体而已。这种世俗化、庸俗化的人文主义是人可以为所欲为的，直接导致了严峻的生态危机和气候变化危机。与之相反，通过考察《礼记》中的"天地"概念的含义和使用，我们会得到一种新的灵感和启发，可以帮助我们重新审视对自然的态度，确立对自然的敬意和尊重。

虽然在一般使用中，"天地"常常被用作自然或自然界的代名词，但《礼记》中"天地"具有更广泛的含义，也具有比"自然"更深层次的精神价值。第一方面，"天地"在许多场合是在宗教和精神层面上使用的，指的是超越人类的力量，是祭祀的对象，要求人对之怀有敬仰和崇拜。在《礼记·王制》篇中我们读道："天子祭天地，诸侯祭社稷，大夫祭五祀。"表面上看来，这似乎只不过是礼仪的等级规定，但通过把"天地"立于宗教礼仪的金字塔尖，《礼记》凸显了"天地"对人的终极意义。这一终极意义奠定了儒家关于人的本质的理解：人的来源与归宿不能是人自己而必须是超越具体个人的"天地"。

第二方面，"天地"作为人生终极意义使得人可能具有神圣性，也为儒家的人生不朽提供了精神资源。儒家把天地作为人永恒的精神保证，认定人到达道德的极致而成为圣人，而圣人与天地相通、与鬼神并存。"故圣人参于天地，并于鬼神，以治政也。"（《礼记·礼运》）由此而言，"天地"绝不仅仅是价值中立的自然存在物，天地是人类精神福祉的源泉，是人类价值的根源，也是人类永恒的保证。对于"天地"，人类唯一必须具有的态度是敬仰和尊敬，唯有如此，人类社会自身的秩序才能得以保证和可能。

四、"以天地为本"

《礼记》中的"天地"不仅仅是精神性的，更是本体性的；是人类生存与发展之本，也是人类世界秩序之本，更是衡量和评价人类所有行为和秩序的尺度。这样的认识与西方的观点是完全不同的。西方现代性的标志之一就是确立了人是世界的主人。在此价值基础上所形成的人类中心主义，既使得人的主体性得到高扬，也是人与自然对立、对抗的价值依据。古希腊的普罗太哥拉最先提出："人是万物的尺度，是事物存在的尺度，也是事物不存在的尺度。"自此以后，西方哲学主流一直用"人的尺度"来对待自然，指导人们对自然的行为。人的尺度超出一定范围必然会导致对自然的滥用，而对自然资源肆无忌惮的掠夺在现代科技革命、工业革命之后愈演愈烈。

受西方这种哲学和价值观的影响和不甘于帝国主义侵略的屈辱，中国大部分知识分子和政治家也急于实现自身的现代化以达到富国强兵。20世纪80年代加速工业化、现代化，以前所未有的规模开始了对自然的开战（"与天奋斗"）和索取，似乎完全忘记了中华传统中关于"天人合一"的智慧。这样在短短的几十年间，人与生态环境的张力急剧增加，虽然带来了物质的富裕和生活的方便，但代价是蓝天白云、青山绿水不再，雾霾、污染和气候急剧变化随踵而来。

《礼记》中的"天地"在精神层面上为人提供了超越的理想，而在本体论上则是人之所以为人的物质根据。"天地"直接塑造人的体质、影响人的性格。《礼记·王制》说:"凡居民材,必因天地寒暖燥湿,广谷大川异制。"因此人类须"以天地为本"。根据天地变化而产生的四季来调整人类的活动和政令。《礼记·礼运》中说:"圣人作则,必以天地为本。"以天地为本,"本立而道生"。(《论语·学而》)人道要循天地而动,政令也要因天地变化规律而定,因为如果逆天地而行,则不但给人自己而且会给整个自然界带来毁灭性灾难。如《礼记·月令》明确指出的:"季秋行夏令,则其国大水,冬藏殃败,民多鼽嚏。行冬令,则国多盗贼,边竟不宁,土地分裂。行春令,则暖风来至,民气解惰,师兴不居。"如果我们以天地为本,就会顺天应人,实现天下太平。"天地顺而四时当,民有德而五谷昌,疾疢不作而无妖祥,此之谓大当。"(《礼记·乐记》)这些虽然表面上看是原始的天人感应轮,但其中所蕴含的价值确是值得我们深思的。人在世界上不能为所欲为,而必须以天地为依归,以天地大法指导我们的行为。《礼记·礼运》明确地把天、地、亲、师作为治国理政的根本依据:"故天生时而地生财,人其父生而师教之:四者,君以正用之,故君者立于无过之地也。"

五、"天地合而后万物兴"

《礼记·郊特牲》中说:"天地合而后万物兴",这句话我们可以看作是儒家生态价值观的基石,也是儒家在人与自然关系问题上独特的贡献,因为它从人的有限性和人权并非神授两方面反驳了人类中心主义的价值观。自从弗兰西斯·培根以来,"知识就是力量"一直是现代人的信条，而力量的表现就是征服自然，做自然的主人。做自然的主人是现代性的根本追求，其宗教根源则在于犹太—基督教关于人权神授的基本信仰。在《圣经·创世纪》中我们可以读道："神说，我们要照着我们的形象、按着我们的样式造人，使他们管理海里的鱼、空中的鸟、地上的牲畜和地上所爬的一切昆虫。神就照着自己的形象造人、乃是照着他的形象造男造女。神就赐福给他们，又对他们说：要生养众多，遍满地面，治理这地；也要管理海里的鱼、空中的鸟和地上各样行动的活物。"（《圣经·创世记》1.26–28）关于神授予人之管理和使用自然万物的权利后来被无限放大，为人征服、滥用自然提供了神学依据，因而可以视为当代生态危机和气候问题的价值根源。

《礼记》关于"天地合而后万物兴"把万物的生成定义为一个自然过程。天地自然而有，不依赖于神的创造，万物的产生乃是天地之气和合而成。整个过程既不依赖于人，也不需要人格神，人与万物的关系自然也不是因为神赋予人以管理和使用自然万物的权利而形成的。因此，天地万物本身具有价值，而不依赖人的意志和愿望。自然变化来源于天地之间能量的转化，《礼记·月令》开篇讲的是"孟春之月"，"天气下降，地气上骞，天地和同，草木萌动。"而在孟冬之月，天地的变化相反："天气上骞，地气下降，天地不通，闭塞而成冬。"由此推理，正常的气候变化是一个自然过程，人可以而且必须顺应。气候变化之所以成为一个问题，不在于气候本身，而在于人的干预并总想通过人为的办法来改变气候和环境。气候问题的根源在于人类活动的后果，而这些后果所带来的影响又造成了气候变化，使得气候变化超出了自然的承受能力。在这个意义上说，气候问题本质上是一个人的问题，而解决气候问题则需要人们充分意识到自己的道德责任。

六、气候变化与道德责任

既然气候问题是人的问题，那么它就必然是一个价值问题和道德问题。儒家对于气候变化的道德责任来自于其对自然万物与人的关系的理解。《礼记》的天地观是一元论的，气候变化只不过是天地本身变化的表征。万事万物必本于太一。"大一分而为天地，转而为阴阳，变而为四时，列而为鬼神。"（《礼记·礼运》）在这样的宇宙一元论中，天地具有自身的价值，天地之气的交合产生万物，左右万物的生长、发展和死亡，气候变化乃自然而成。天地不依人的好恶而存在，反而是人之存在的根本，人必须遵循天地四时变化而活动。如果人逆天地而动，则会给自然和人类世界带来灾难。《礼记》把人与自然关系放在天地、礼仪、人类活动交互影响的大框架中来理解，所以礼仪就不仅仅是人为的规范，而是依据天地规律而形成的自觉意识，是人之所以为人的本质。①

通过对《礼记》中"天地"概念的解读，我们对气候变化问题的价值根源有了新的认识，对气候变化的解决与道德责任也奠定了新的价值基础。在思考气候变化的原因和解决气候问题的根本途径中，我们可以得出如下结论：

气候变化应该是一个自然自我更新过程。但当代的气候急剧变化

---

① 《礼记》以礼的形式为我们阐述了一个自然生成观和以自然为本的礼仪观。"礼"并非纯粹人的发明，而是本源于天地，因而是人们之行为处事的根本依据："是故夫礼，必本于大一。分而为天地，转而为阴阳，变而为四时，列而为鬼神。其降曰命，其官于天也。夫礼必本于天，动而之地，列而之事，变而从时，协于分艺。其居人也曰养，其行之以货力、辞让、饮食、冠昏、丧祭、射御、朝聘。故礼义也者，人之大端也。"（《礼记·礼运》）

不是自然现象，而是人为过度活动造成的。工业、商业活动产生了太多的地球自身无法化解的二氧化碳，打破了几亿年形成的大气构成，使得地面温度升高。而要控制这样的过度活动，仅仅靠节能减排是不够的。必须要从根本上控制，我们就要颠覆自现代以来在价值观上以人为本而以天地为末的价值导向。如果我们能重新置换这样的价值观，转而以天地为本，把人看作天地的一部分，我们才会自然形成"尊天而亲地"的情感，从而遏制住造成气候变化的原始动因。

人类追求自身物质利益无可厚非，满足自身需要也顺理成章。但如果这样的追求超出了人类生存和必要发展的界限，超出了自然的承受能力，那就变成了贪婪，以贪婪来提高人对自然的控制，必然会带来严重的生态后果。因此，如果我们以天地为本，把人看作自然的一部分，就可以帮助我们限制人的自私自利行为，从而减少不必要的生产活动，尤其是减少那些造成环境污染的生产，从而减少对生态的损害而帮助把气候变化限制在合理范围。

人类工业化、商业化活动不应该以利益最大化为唯一的原则。人的活动并不仅仅影响到他人和社会，而且会影响到自然和环境。因此指导人活动的规范（法律的、职业的、道德的）必须考虑到人与自然的关系。在最根本的意义上，天地的存在是人存在的根本，天地规则应该是人制定规则的依据。任何忽视天地存在和天地规则的方案、行动计划，不但是不可行的，也是不可取的，更不能从最根本上解决我们所面临的气候问题。

单个人存在是暂时的，每一代人只是人类存在与发展长河中的一个环节。因此，个人或每一代人都必须考虑到人类的整体利益和长久利益。任何损害天地的行为都是对人类整体利益的损害，必须加以制止。为了加快社会发展、满足人的更多需要而消耗超出地球承载能力的能源，本身不仅是一种浪费，也是对后人的不负责任，是对天地的不正义行为，必须以道德的和法律的程序制止之。气候变化影响到人类的整体，更损害了天地的根本属性，给未来人类生存与发展带来不可预料的后果，因此我们必须要有紧迫感，尽快制订出切实可行的方案，缓和并最终加以解决。

《礼记》中的"天地"概念不仅倡导以天地为神、以天地为本，而且建立起尊天敬地的价值观。在以天地为本的价值观基础上所提出的天地与人一家的观念，特别强调人对天地万物和保护物种的道德责任。儒家以家庭道德为基础，对天地的道德责任也以家庭道德的方式展开。曾子曰："树木以时伐焉，禽兽以时杀焉。'夫子曰，断一树，杀一兽，不以其时，非孝也。'"（《礼记·祭义》）这也就是说，在儒家看来，天地、万物、人是一个大家庭，但人作为有道德意识的家庭成员对待天地万物负有高度的道德责任，我们必须要像对待长辈那样以恭敬之心对待自然物。任何给天地万物带来损害或不宜其时使用自然资源的活动都是不道德、或反道德的。通过伦理的"好德"与"恶德"来强化人对生态万物的伦理责任。儒家实际是要表述传递这样一个深度生态观，即人与天地是一体的，对待自然就要像对待自己的亲人一样，保护自然万物、保护生态多样性也就是保护人类自身、保护家庭众多成员。这样的人与天地万物一体的思想为后来儒家进一步发展成为儒家世界观、生态观提供了价值基础。这是儒家的优秀思想资源，是我们今天思考气候变化与全球责任问题时所应该加以认真汲取的。

Reflections on Climate Change from Philosophical and Ethical Perspectives

Thomas Pogge

Although I traveled to many countries, I am always very happy to be in China. It's a wonderful atmosphere here, and I can learn a lot from my Chinese colleagues and also from policy makers here in many ways, which is a refreshing contrast to talking to American policy makers, who are often much harder to communicate with.

In my attempt to examine the climate change problem from a larger perspective, I can start off, more or less, from where my predecessor left us. Human history is a history of great progress, and this progress has been largely propelled by competing forms of social organization that were instantiated in different countries. Differently organized countries have been competing with one another, and countries that were better organized at a given time were able to outcompete countries that were not so well organized. Better forms of organization therefore prevailed.

This is a big driver of progress because the countries that were less well organized had to either reorganize themselves and adopt better forms of organization or they were swallowed up, they were losing in the competition in history.

Now, this driver of progress, which has been with us for at least 10,000 years, is now coming to an end through two different phenomena ; one is the phenomenon of globalization, where, although we still have competing societies, these are no longer organized in fundamentally differently way. We are well on the way toward becoming a single, global society that is uniformly organized. As a result, we increasingly stand and fall together as one global civilization.

The second point is that we are also now in much greater and more immediate danger than we have ever been before. In history, when a society made a mistake and collapsed, then this was very bad for that society, but it wasn't such a big deal for the world. There were plenty of societies that collapsed for ecological reasons, there were plenty that collapsed because they could not internally find a harmonious way of living together.

Such collapses happened, but they were not a catastrophe for the world. In fact, they were good for the world, because the fittest societies survived and the weaker societies, the poorly organized societies, were filtered out.

But once we became one single global society, our freedom to make mistakes has become much diminished. If we make a big mistake in this century, we can all be dead. Our human civilization can come to an end. And this is not just something that can happen through mistakes with regard to the environment, but it can happen in other ways as well: there is the danger of nuclear war, there is the danger of new technologies such as artificial intelligence-there are various dangers on the horizon that, if we mishandle them, can bring catastrophe for all of humanity.

If we can no longer progress through competing organizational forms instantiated in different societies, then we need to find a new way of making progress, we have to rely more on deliberation, on conscious thinking together, and less on the mechanism of group-based natural selection, of "the survival of the fittest," than we have done in the past.

Now it's trivially obvious that we need cooperation, collaboration, peace, harmony. Of course we need these! But the problem is: what kind of peace and collaboration and rule of law do we need? And how can we achieve them? These are the really difficult questions.

Now, there are two different models of cooperation, collaboration, peace, rule of law. And I want to introduce these two models. One model is a model where the rules under which the different participants coexist are determined through bargaining and threat advantage, where the strongest participants shape the rules to their own benefit, and so the rules are not just or fair, but they reflect the power, interests and vulnerabilities of the various parties.

We are very familiar with this model, for example, from the history of Europe. Europe was a very divided continent with wars all the time, where the rules of the European continent were shaped by the strongest powers. And if the power equilibrium changed, if one state became stronger and another one became weaker, then the rules were adjusted in favor of the strengthening state, because everybody wanted the rules to be stable. The rules are stable only if all states have sufficient reason to comply. And to ensure that strengthening states continue to have sufficient reason to comply with the rules, you must modify these rules so that they give such strengthening states extra advantages.

Now, an arrangement along the lines of this bargaining model can sustain a kind of peace, and a kind of collaboration, but such peace and collaboration will always be fragile. They will always be fragile because they are compatible with the very worst outcomes for the participants.

We can see this by realizing that, in such an arrangement, every participant is endangered by a death spiral. It can happen that one becomes a little weaker and that the stronger powers then change the rules against one. It is rational in such a case to accept new rules less favorable to oneself, because one has less power, is less able to fend for oneself if the arrangement breaks down. With less power, one has more need for the peace to be maintained.

But as the rules are shifting against a weakened participant, this participant will be weakened even further, because its benefits under the rules will be smaller than they were before. And as it becomes weaker once more, the stronger powers will again seek to shift the rules against it – and so, over time, one becomes weaker and weaker, and the rules become more and more unfavorable to oneself, and in the end one may disappear from the map altogether as many countries in Europe have disappeared from the map.

So, in this kind of peace and collaboration, which I call a *modus vivendi*, in this sort of peace, nobody is protected against even the very worst outcomes. A country that is today's strong can gradually become weaker and weaker and can eventually become ever so weak and be completely sidelined or even erased.

The analysis of a *modus vivendi* shows that, in order to have true peace and true harmony, we need a scheme where the rules are not based on the current and always shifting distribution of power and not always adjusted according to changes in this distribution of power. We need a peace that is based on rules that are firmly anchored in shared values, where everybody is committed to protecting the weak, even if there is no good reason from the point of view of strategic advantage for doing so.

Now, this is not a great insight, because this is exactly what we have already in the most advanced societies in this world. We have it in China for example. In China we have the rule of law, and in China we have the protection of the weak, we have a well-organized state where, if you have a dispute with your neighbor, for example, it doesn't matter whether the neighbor is physically strong or weak, whether s/he is a big man or a frail old woman, whether he has a knife or other weapon – all of that does not matter ; the dispute is examined by the police and by the court, and it is decided according to the rules of the law irrespective of the individuals.

Now, I know that this is not always strictly true, I know there are some problems with it here and there in every society, but this is by and large what the situation is within the most advanced countries, and certainly what most citizens of such countries demand. And so, we already have a model, on the national level, for how we might arrange the world so as to ensure enduring peace and harmony.

This model depends on some equivalent to what domestically is called patriotism: the sentiment that, however much we may be committed to our own family, and our own city, and our own province, as citizens we will prioritize the just arrangement of our own country, the justice of China. This patriotism is perfectly compatible with seeking advantage for ourselves, for our family, for our province, in competition with others. But we will seek such partisan advantage only insofar as such competition takes place on terms that are just and fair. A patriot will never do anything to undermine the fairness of the rules of his or her society for the sake of gaining some advantage for him/herself or his/her friends or relatives.

This sort of patriotism is what we demand of our politicians. We demand that those who accept a national office in Beijing will vigorously defend the rule of law and justice even in those cases where the interests of their own family or province are at stake. In their private lives, of course, they are free to favor their children, they are free to spend money on sending their children to a good school and supporting them. But in their role as public official, they must be strictly impartial. And the same is true for all members of society insofar as they act in their role as citizens. They are expected to accept, as their supreme responsibility, the requirement to maintain the justice of the rules of their society.

This shared priority commitment to justice is a great civilizational achievement. It took many centuries of struggle to get to this point within countries. And how did we do it? I think we did it in part, as I said at the beginning, through competition. The societies that managed to be harmonious in that way, that managed to build a sense of justice and to raise an elite willing to put the interest of their own friends and families second to the interest of their society -these societies had a great advantage over other societies that continued to be divided along family lines, tribal lines, and so on. So, harmony benefits the whole group, the willingness to sacrifice, to be impartial with regard to your own relatives and family is something that ultimately benefits everybody.

Now this is what we must learn at the international level. At the international level we also need to develop rules that are impartial and we need to have people who are impartial in applying these rules. We need to have rule-making processes, rules, and international agencies that put the interest of humanity first.

The problem of climate change is one aspect of this. We can solve the problem of climate change harmoniously in two different ways. We can solve it, on the one hand, on the basis of bargaining and threat advantage, which would lead to the absurd result that rich Switzerland, which has very little to lose from climate change, pays almost nothing and poor Bangladesh, which because of its low-lying areas has a lot to lose from climate change, pays a lot.

This bargaining solution achieves a kind of harmony, a kind of peace, but this is the wrong type of harmony. What we need, I think, is a stable, collaborative solution that is just and fair, that takes account of the contribution that the various countries are making to the problem of climate change and distributes the cost in proportion to these contributions.

So I see the problem of climate change as a danger, but also as a great opportunity. If we can solve the problem of climate change in a truly harmonious way that is fair and based on shareable values, then we can continue to make progress in the direction of a world whose basic global rules are shaped in such a way that they are just, that they take equal account of the interests of all human beings worldwide.

Of course, from today's point of view, all this is very utopian, because the global rules today are very far from taking account equally of the interests of all people. They don't take account of the interests of the people of Africa as much as of the people of the United States, for example. But impartiality of the global rules is what we should aspire to for the future.

Let me conclude by saying briefly what I think a reasonable solution to the challenge of climate change might look like. Humanity is currently emitting around 37 billion tons of CO_2 equivalent into the atmosphere and, if we continue business as usual, there will be catastrophe before the end of the century. We must dramatically reduce these emissions.

Scientists tell us that we have to stay below a 2 degree increase from pre-industrial levels, and that we can emit roughly another 800 billion tons without breaching this limit. That means that we have to start reducing our emissions soon and consistently. If we reduce emissions by roughly 5% a year from now on, then our future emission will stay below 800 billion tons of CO_2 equivalent and our planet will stay below that crucial 2-degree threshold.

YEAR	CEILING	CUMULATIVE TOTAL
2015	37.00	37.00
2016	35.15	72.15
2017	33.39	105.54
2018	31.72	137.27
2019	30.14	167.40
2020	28.63	196.03
2021	27.20	223.23
2022	25.84	249.07
2023	24.55	273.62
2024	23.32	296.93
2025	22.15	319.09
2026	21.05	340.13
2027	19.99	360.13
2028	18.99	379.12
2029	18.04	397.16
2030	17.14	414.31
2031	16.28	430.59
2032	15.47	446.06
2033	14.70	460.76
2034	13.96	474.72
2035	13.26	487.98
2036	12.60	500.59
2037	11.97	512.56

YEAR	CEILING	CUMULATIVE TOTAL
2038	11.37	523.93
2039	10.80	534.73
2040	10.26	545.00
2041	9.75	554.75
2042	9.26	564.01
2043	8.80	572.81
2044	8.36	581.17
2045	7.94	589.11
2046	7.54	596.65
2047	7.17	603.82
2048	6.81	610.63
2049	6.47	617.10
2050	6.15	623.24
…	…	…

In order to achieve such a 5-percent annual reduction worldwide, we must win the collaboration of every country in the world – all must participate in this project. And I think a just and fair solution for distributing the burden would be to require that all countries should respect the same glide path, we should all reduce emissions step by step, on a per capita bases.

Currently, the world emits about 5 tons CO_2 equivalents per person per year, and so, if we reduce this per capita amount by 6% every year, we will keep future emissions below the 800 billion ton ceiling. (The required rate of reduction in per-capita emissions is a little higher because of ongoing population growth.) We should, I think, accept this glide path of 5 tons reduced by 6% each year as a common ceiling and aspiration for all countries. All national societies should try to respect the same glide path, should stay on or below this glide path. We should all reduce our emissions every year until we get to somewhere around 1 ton per person per year in the year 2041.

So this is my favored idea for how to solve the climate problem in a way that is truly based on shareable values, truly equitable and impartial, rather than based on the threat advantage or the bargaining power of the various countries.

Thank you very much.

【参考译文】

关于气候变化的哲学和伦理思考

尽管我去过很多国家，但我一直很喜欢来中国。这里的交流氛围非常好，在这里，我可以同我的中国同僚们以及政策制定者们尽情畅谈，这与我同美国的政策制定者之间的交流截然不同，因为同他们的交流要难得多。

我想从一个更大的视角来探讨这个问题。我可以或多或少地，以前面发言人所讲过的内容出发，继续我的发言。我认为，人类的历史是进步的历史，在很大程度上来讲，这种进步是由社会组织之间的相互竞争来驱动的。不同的国家采用了不同的社会组织形式，它们之间不停地相互竞争。在某一特定时间内，组织形式较有优势的国家将会胜出，而那些组织形式处于劣势的国家将会被淘汰。这样，较好的社会组织形式就得以流行开来。

这样的竞争驱动着社会的进步：那些组织形式处于劣势的国家或者需要进行组织形式上的变革，以采用更具优势的组织形式，或者将直接被历史的洪流所吞噬，在竞争中一败涂地。

然而现在，社会进步的驱动者，这种已存在上万年的社会组织形式之间的竞争却通过两种现象即将宣告完结：其一是全球化现象。尽管仍存在相互竞争的社会，它们的组织方式却不再存在根本性不同。我们正在走向一个单一的、齐一化组织的全球社会。结果是，我们越来越在一个全球文明下同呼吸、共命运。

其二是日渐紧迫的全球形势。同过去相比，我们现在面临着更加直接的威胁及挑战。在历史上，如果一个社会出现差错并分崩离析，对于该社会而言实属灾难，但于全球而言，是不足为虑的。因此，那时不断有社会由于生态问题，或由于其内部成员无法和谐共处而走向消亡。

而这样的消亡并无损于世界的发展，相反地，它是一个较好的现象，因为最适宜的社会组织形式得以存活，不良的社会形式终被淘汰。

然而，一旦我们成为一个单一的全球社会，我们就不能再轻易地犯下任何错误。在 21 世纪，若我们犯下严重过错，我们所有人都可能面临死亡。人类文明将就此终结。而我这里所言的错误不仅仅是指在环境方面的错误，其他方面亦如是，包括核战争和人工智能等科技带来的威胁。当今社会存在着多种多样的危险，如果我们不能妥善处理，那么整个人类都将面临灾难与浩劫。

也就是说，如果我们不能运用不同社会之间的竞争来驱动进步，那么我们需要寻求新的方式来驱动社会的发展，我们应该更多地依赖共同商议和理性思考，而非过去我们所一直遵循的大自然"适者生存"的法则。

当然，我们需要的是合作、协作、和平及和谐，但我们更应该明确，我们需要什么样的和平、协作及法则？我们如何才能实现这三个目标？这才是难以回答的问题。

目前存在两种不同模式的合作、协作、和平及法则。我在此将介绍这两种模式。第一种模式是，不同的参与者之间通过讨价还价以及威胁优势的权衡来制定法则，其结果就是，实力最强的参与方得以建立起最符合其利益的法则。因此，这里的法则不存在公平或公正性，它仅仅是反映了不同参与方之间实力、利益与脆弱点。

事实上，我们对这一种模式是非常熟悉的，纵观欧洲历史，不乏此模式的范例。欧洲一直都是一个四分五裂的大洲，几经战争洗礼，而欧洲大陆的法则也被欧洲实力最强的国家所左右。一旦权力的均衡状态被打破，即一方兴起，另一方衰落，那么法则也将随即调整，因为对任一方而言，法则的稳定性都至关重要。法则只有所有国家都有充足理由遵从时，才能维持稳定，为确保强国继续有理由遵从法则，必须修订法则，让强国获取更多利益。

通过这样的方式，我们可以获得一种和平，一种协作，然而，这样的和平及协作是脆弱且不堪一击的，因为它永远要以牺牲部分参与者的利益为代价。

这样的结果就是，所有的参与方都在死亡旋涡的边缘徘徊——一旦一方实力减弱，实力强大的一方就会变更法则，使之对其不利，出于理性，更弱的一方只能接受不公平法则，因为联盟一旦破裂，弱者难自存。作为弱者，更需要维持和平。

但是，随着法则的不断改变，弱者实力将被进一步削弱，因为环境与其而言愈加恶劣，弱者的利益被不断践踏，弱者的实力也不断被减损；而这时，强大的一方又再次改变法则，落井下石。长此以往，弱势实力越来越弱，法则对其越来越不利。最后，其将如同其他许多在欧洲版图上消失的国家一样，走向消亡。

在这样的和平里，没有哪一方可以避免面临最坏的结果。今天强大的国家其势力可能随时间的推移实力不断被减弱，并且最终被历史的洪流吞没。

因此，这样一种和平协作模式，我称之为"临时协订"。从对"临时协订"的分析表表明，为实现真正的和平及和谐，我们希望能够达到一种状态，即法则的建立不以国家之间实力的分配为基准，并且不会随着实力分配的变化而变化。真正的和平需要以基于共同价值观的法则系统为支撑，各方都应致力于保护弱者的权利，即使从战略优势角度出发这样的"保护"于己方并无任何好处可言。

这并非天方夜谭，因为在当今世界的许多发展较为完善的社会中，这样的模式已经被付诸实践，中国就是一个例子。中国推崇法治、保护弱者、管理有序。在中国，如果你同邻居发生争执，无论他是否强壮，无论他是彪形大汉还是虚弱老妇，无论他是否手持利刃或其他武器——这些都不重要——你们的争执都将被交与警方处理，接受法庭的审判，而法律不会以个人的意志为转移，将对此作出公正的判决。

当然，我知道任何情况下都有特例，我也清楚每个社会都存在这样那样的问题，但总的来说，最先进的国家都采取这种模式，这也是大多数公民要求的。我们已经在国家层面拥有此模式，应在世界范围

内加以推广，以获得永久的和平与和谐，

　　在一个国家内部，这样的模式得以建立的前提，是我们称之为爱国主义的情绪。之所以在一个国家的内部能够形成这种协作的关系，是因为社会中的每一个个体都不仅仅关注自己家庭、自己城市、自己省份的利益，同时，还致力于保护国家的利益，致力于保卫社会的公平和正义，这种爱国主义与保卫自己家庭、城市、省份利益相协调，与其他国家竞争。但只有竞争公平时，爱国主义优点才能体现。一个爱国主义者绝不会为自己或亲朋私利破坏社会规则。

　　这种爱国主义正是我们对政治人物的要求。我们要求他们即便是在处理涉及自身利益的事件时，也不会偏向自己的家人或自己的省份。当然，在私底下，你可以偏爱你的儿女，你可以斥巨资送他们去最好的学校读书，并给他们最好的生活；但是，当你以公众人物的身份出现时，你就必须做到大公无私。他们必须履行其至高责任，维护社会公正。

　　将公正致于优先位置是社会文明高度发达的成果。在世界范围内实现这样的社会形式，是几百上千年历史沉淀的结果。我们究竟是如何一步步走到今天的呢？我想，这离不开我之前所讲的，社会组织形式之间的竞争。那些能够实现和谐社会的国家，那些在社会范围内成功建立起法律公平正义的国家，拥有一批大公无私的人民，他们能够做到先人后己，将国家和社会的利益置于一己私利之上。这样的国家相比于其他国家而言有着巨大的优势，不会像其他国家那样，由于不同家庭、血统、宗族之间的矛盾而分裂、争斗；这种和谐使得整个国家及整个社会群体都受益匪浅，这种勇于牺牲个人利益、大公无私的精神最终也使得社会中的每一个人都得以安居乐业。

　　而在国际层面，我们也应当从这些国家内部的经验中汲取精华，在国际社会之间也建立起这样公平的法则；同时，我们也需要崇尚公平正义的人们来贯彻落实这些法则。我们需要建立起中立的国际性组织，致力于维护全人类的利益，并建立起基于人类共同利益的国际性法则。

而我们所讲的气候变化问题，也仅仅是国际社会需要处理的问题当中的一个方面。我们可以和谐地通过两种迥然不同的途径来解决气候变化问题。一种是，我们可以通过我上述提到的基于讨价还价和威胁优势的谈判得出解决途径，那么，这将导致一个荒唐的结果，瑞士这样的富国完全可以对此问题袖手旁观，而孟加拉国这样的穷国，由于其海拔较低，最易受气候变化问题的威胁，则需要将一切应对措施照单全收。

这也不失为一种和谐，但却是一种错误的和谐形式。我认为，我们需要的是一种稳定的、相互协作的解决途径；它应该是公平公正的，并且以各国为应对气候变化问题所作出的贡献为基础，根据贡献的大小进行成本分配。

因此，我认为气候变化问题对全球而言是一个巨大的挑战，但同时，也是一个巨大的机遇。如果我们可以以一种真正和谐的、公平的、基于共同价值的方式来妥善应对此问题，那么，我们也可以实现人类社会的进步。我们将得以建立起一个世界范围内的基本法则体系。体系公平、合理，并且能够以全人类的利益为出发点。

诚然，在当今世界，这种想法看似过于理想，甚至是乌托邦式的，因为当前世界范围内的法则系统并不是公平合理的，也不能做到一视同仁，它不会像重视美国人民的利益一样去关注非洲人民的利益。然而，公正的全球法则始终应当是我们在长期范围内追求的目标。

最后，我想简述一下对于如何合理地应对气候变化问题的个人看法。目前，我们（每年）大约要向大气排放 370 亿吨二氧化碳当量，若我们维持现状，对我们所面临的气候变化问题置之不理，那么在21 世纪末，我们将迎来一场浩劫。因此，我们应当最大程度地减少二氧化碳当量的排放。

科学家们指出，我们需要将温度控制在比工业化前水平高 2℃以内，也就是说，若想维持在该基准线以下，我们仅能再排放大约8000 亿吨的二氧化碳当量。这意味着我们必须持续减排。若我们能将此排放量每年减少约 5%，那么，我们则可以使温度升幅保持在2℃以内。

为了实现每年 5% 的排放量缩减，世界上的每一个国家都应当参与到这一行动中来。我认为，在世界范围内，实现这样的责任均摊，是公平的，也是公正的。世界各国都应当加入这个减排行列当中，脚踏实地，一步一步地，以人均排放基础为出发点，减少二氧化碳当量的排放量。

当前，世界人均二氧化碳当量的排放量约为 5 吨，如果我们能够将这个排放量以每年 6% 的速度进行缩减，那么我们就可以使二氧化碳排放量低于 8000 亿吨。我认为，世界各国都应当参与其中，（基于人口持续上涨，这对人均降排量要求更高一些）携手应对这一全球挑战，这样，在 2041 年，我们才有望达到每人每年 1 吨的排放量标准。

这即是我最喜观的应对气候变化问题的一种方式，它并非以威胁优势和讨价还价的谈判为出发点，也不受各国之间实力强弱的影响，而是基于共同价值，并且以真正的公平为原则，实现了真正的和谐。

谢谢大家。

Some News, a Challenge and a Proposal

Thomas Pogge

Since the hotel has no Internet today, many of you may have missed the big news, which was the first item of the newscast even in the Chinese CCTV Channel. A court in the Netherlands has found that the Netherlands' government has legal obligation to reduce carbon emissions of the Netherlands by 25% from the 1990 level by 2020. The government had already planned to reduce it by 16%, but the court found that this is not enough, and the government is now required to reduce emissions by 25% in this 30-year period.

So yesterday evening, when the Internet was working, I had several urgent interview requests from media such as the BBC. Everybody was asking, you know, what is your comment. I'm sure the other co-authors of the Oslo Principles also had similar e-mails. But with the Internet down, we have not been able to respond to this.

You should be aware of the fact that this is not the highest court of the country, this is a lower court, and so its judgment can be, and likely will be, appealed by the government. It may not be the final word. But it is still pretty sensational news. This is the first time in any country that a court has prescribed to the government action on climate, and there are other cases pending – in Belgium, Norway and the United Kingdom, for example – which may be affected by, at least be symbolically affected by, this important case.

Needless to say, this is very much relevant to the Oslo Principles, and vice versa, the Oslo Principles are very relevant to this judgment. The court's judgment is essentially saying what the Oslo Principles are saying: that governments are not legally free to continue business as usual, that their existing legal commitments require them to take the problem of climate change seriously and to do something about it.

That was my first point. My second point is related. Scientists are telling us that we should stay below the 2 degree guardrail, we should not allow the average global surface temperature of the world to go up by more than 2 degrees Celsius above the pre-industrial level.

And they are also telling us that, in order to respect this guardrail, we can only emit another 800 gigatons, 800 billion tons of CO_2 equivalent. Now, currently, the world is emitting around 37 giga-tons. So, if we continue at the present rate, we will use up the remaining 800 gigatons in less than 22 years.

In order to stay below the 800 gigaton threshold, one thing we can do is to reduce our annual emissions by a constant percentage each year. This constant percentage would have to be somewhere around 5%. With this sort of annual reduction, we would be down to 20 gigatons by 2027 and would go on to halve global emissions roughly every 13.5 years.

So here is my question concerning China. China is currently emitting somewhere around 10 or 10.5 gigatons per year, and if China peaks sometime between 2025 and 2030, it will peak at maybe 13 or 14 gigatons. But if, assuming a constant annual percentage reduction, we need to be at 20 gigatons by 2027, then, if China is at around 13 gigatons at that time, then China alone, with its 1/6 of the world population in 2027, would account for 2/3 of the 20 gigatons that the whole world can emit in 2027. Clearly, if China will emit 13 gigatons in 2027, then the world will not achieve its target of 20 gigatons that year.

So my question is, how can China fit an emissions reduction plan that would keep all future emissions below the 800 gigaton ceiling?

So this is my challenging question to you. 800 gigatons is the total that humanity can still emit and, to respect this cumulative total, humanity must reduce its emissions by roughly 5% a year, which would get our annual emissions down to 20 gigatons by 2027. How much of these 20 gigatons of permissible emissions does China claim for itself? Is China happy to accept the global plan? And what does China propose as its fair share of these 20 gigatons in 2027?

Here is my third point. This third point starts from a question I raised yesterday, namely, what if we thought about the climate problem as if all of humanity were one single family, one single country? Then we would say: we can emit another 800 gigatons of CO_2 equivalent and we should try to get as much energy as possible out of these 800 gigatons. This is so because, per unit of energy extracted, coal produces more CO_2 emissions than oil does and oil in turn produces more CO_2 emissions than natural gas.

So, we should, as far as possible, use gas, and secondly oil, and no coal. Because, even with the gas and oil reserves we know about, we will already produce these 800 giga-tons of CO_2 emissions. The rational thing to do for us as humanity, is to stop using coal altogether, to prioritize gas and use a good bit of oil insofar as we don't have enough gas to produce 800 gigatons of CO_2.

But how can we make that happen? The problem is that many countries including China and India have a lot of coal, and of course they want to continue using their coal because they have that on their own territory and thus do not have to spend money on imports.

One way in which we could nonetheless realize the globally efficient solution is by guaranteeing oil and gas supplies to those coal-rich countries that phase out coal, that is, by offering to compensate at least poor countries for leaving their coal in the ground.

So, I want to see whether this is a plausible way forward: to simply pay off any private owners of coal and any poor countries that have large coal reserves. So, phase out coal with compensation.

One model, a historical model, where something like that has worked is the abolition of slavery. We remember this as a heroic act of Great Britain: taking the lead in abolishing slavery, but few people remember that the slave holders were paid very large amounts of compensation.

Politically, it was impossible for Britain to abolish slavery against the resistance of its rich elites without paying a large amount of money to them to compensate them for the loss of their slaves.

At present we face a similar problem in regard to coal. We face a huge amount of resistance from fossil fuel companies, very understandable resistance, because of course they have a lot of coal that they already own. We have resistance also from those countries that have large coal reserves. In Europe this is Poland, for example. Internationally India is another country that is building its future on coal, and Australia also has huge coal reserves.

The collectively rational thing might be to say to India: leave your coal in the ground, we will guarantee you oil and gas supplies, so that you can feed your power plants with other fossil fuels, insofar as you cannot make the transition to renewable energies, which of course would be even better. And we will also compensate you for the in situ value of the coal that you contractually promise to keep sealed below ground.

So, in exchange for payments made to India, India would promise contractually not to touch the coal reserves that it has in the ground. Again, the advantage of a scheme like this, if it could be devised, is that we would get more energy out of the 800 giga-tons of CO_2 pollution that we can still emit as a species instead of wasting some of that emissions allowance on coal, which is inefficient. We will be using up this emissions allowance predominately on gas and oil, which are more efficient where we get more energy for the same amount of emissions.

Thank you！

【参考译文】

今天酒店没有网络，因此许多人可能都错过了一则重大新闻。该新闻在中国中央电视台都登上了头条：日前，荷兰一法院颁布决议，判定荷兰政府应履行其法律义务，到2020年，将其碳排放量在1990年的水平上削减25%。荷兰政府认为，依据目前的政策，到2020年，荷兰只能减少16%的排放量。但是法院认为，该数字并不能令人满意，政府应当在30年内将排放量减少25%。

昨天晚上，在酒店的网络尚能运行时，我收到了来自BBC等几个媒体的紧急采访请求，大家都向我提问，针对此新闻，我有何评论。我相信奥斯陆方面的负责人一定也收到了类似的电子邮件，但是由于后来网络崩溃，我们尚且无法对此作出回应。

大家应该了解到，宣布该判决的并不是荷兰的最高院，虽然法庭已经宣判，但是荷兰政府应该会提起上诉，因此，该判决也许并非最终判决。但即便如此，该做法也足以轰动一时。在一个国家内，第一次有法院针对气候行动向其政府作出了判决。鉴于该事件的象征意义，本次判决也许会为一些悬而未决的案件，例如，给比利时、挪威和英国带来深远影响。

毋庸置疑，这对于奥斯陆方面的负责人而言意义重大，同样，奥斯陆方面对于该判决的最终结果也影响至深。该判决在本质上体现了奥斯陆方面所提出的一种观点，即政府在气候变化问题上不应获得豁免，它们也应当承担相应的法律责任；法律要求它们更加严肃认真地对待气候变化问题，并且及时采取行动。

这是我今天想要表达的第一点。我想要阐述的第二点也与之有关。请各位同我一起回顾一下科学家们针对气候变化问题提出的建议。他们认为，我们应当使气温增幅保持在2℃的上限内。我们应当阻止气温进一步上升，应当将地表温度维持在比前工业水平高 2℃ 以下的水平。

科学家们同样指出，为达到这样的目标，我们仅能再排放 8000 亿吨，即 8000 亿吨的二氧化碳或二氧化碳当量。如今，世界每年约排放 370 亿吨气体，如果我们继续将排放量保持在 370 亿吨的水平，那么在不到 22 年内，我们将达到排放量的上限。

为了将排放量维持在上限之下，我们唯一能做的就是以固定比例逐年削减年度排放量。该固定比例大约为 5%。也就是说，到 2027 年，我们的排放量应降至每年 200 亿吨，而此后，每 13.5 年，我们应当将排放量削减至当前的一半左右。

这就引出了我的问题，也是我对于中国的担忧。目前，中国的二氧化碳当量年排放量约为 100 亿吨或 105 亿吨。若中国的排放量在 2025 年或 2030 年到达峰值，那么意味着，其峰值排放量应约为 130 亿吨或 140 亿吨。如果我们的目标是依照固定比例实现排放量的逐年削减，那么到 2027 年，世界的排放量应降至 200 亿吨。而在 2027 年，若中国的排放量为 130 亿吨，那么，全球将不能达到排放量 200 亿吨的目标。

那么，我的问题就是，为维持在 8000 亿吨的排放上限之下，针对全人类正在进行的减排计划，中国应当出台怎样的政策，以同世界减排的大趋势相适应？

这就是我对你们提出的富于挑战性的问题。8000 亿吨是全世界碳排放总量的上限，我们应当每年减少排放量的 5%，以实现到 2027 年，年均排放量达到 200 亿吨的目标。问题就是，在这 200 亿吨的排放总量中，中国的排放量应为多少？中国是否会接受全球减排的计划？中国为实现 2027 年排放 200 亿吨的目标将会作出何种努力？

接下来就是我想要讲的第三点，这点可以联系到我昨天的发言，也就是，在应对气候变化问题时，我们应当做到团结一心，从全人类的角度出发，作为同一个家庭，同一个国家，同一个集体来与之进行斗争。那么我们就会想到，现在我们仍然拥有 8000 亿吨的碳排放量，我们要做的就是将这 8000 亿吨的排放量价值最大化，争取以该排放量创造出最多的能量。因为，产生同样的能量，煤排放的二氧化碳比石油多，石油排放的二氧化碳比天然气多。

但是要怎样才能做到这一点呢？问题就是，包括中国和印度在内的许多国家均拥有丰富的煤炭资源储备，理所当然地，他们希望能够继续使用煤炭来进行能源的转化，因为在他们的国境之内就拥有丰富的煤炭，他们无须依赖从他国进口石油。

那么，让他们放弃使用煤炭的方式之一，就是向这些国家保证，会为其提供稳定的石油及天然气资源；同时，对于一些相对贫穷的国家，还应给予他们适当的补贴，以作为不使用煤炭资源的补偿。

所以，我想知道这个方法是否可行，是否可以通过向私人拥有者购买油田或者向贫穷国家发放不使用煤炭资源补贴的方式来淘汰对于煤炭的使用，即通过补偿方式杜绝使用煤炭。

从废除奴隶制的历史经验中，我们可以借鉴一二。大家都应该记得，英国当年率先颁布废除奴隶制规定的行为极其英勇，但是却很少有人记得，实际上，在废奴制度的背后，奴隶主们都收获了大量的补偿款。

从政治上来讲，如果英国当年不支付大笔的补偿金来安抚作为富有精英阶层的奴隶主，那么废奴法令根本无法施行。

而当前，在煤炭问题上，我们又面临类似的问题。我们将会遇到来自化石燃料公司的巨大阻力；当然，他们的抵制情有可原，因为他们的确已经拥有了丰富的煤炭。并且，我们也将会遭到那些煤炭资源储备丰富的国家的抵抗，比如欧洲境内的波兰。或者从国际角度来讲，印度——该国的未来就构筑在煤炭资源之上，澳大利亚也有巨大的煤炭储备。

所以，从理性角度出发，我们应该向印度表明，请放弃使用煤炭，若你方不能立刻实现向新能源（也是更加可取的能源）的转化，那么，我们至少保证对你方石油和天然气的供应，以便通过其他的方式为电厂提供能源。并且，我们还将向你方提供资金，作为对你方放弃使用煤炭并让资源长眠地下的补偿。

如此，印度便可以在接受补偿的同时以合约形式承诺不再使用其地下的煤炭资源。如果我们可以设计出这样一种方案，那么它的优点就在于，我们可以将这 8000 亿吨碳排放的价值最大化，以人类共同的角度来进行排放量的削减，而不是将这 8000 亿吨中的部分浪费在煤炭这种低效的能源上。我们将充分利用这一排放量，优先使用高效能的天然气及石油，在有限的排放量范围内，实现最大化的能源产出。

谢谢大家！

从中国哲学反思气候问题[①]

白彤东，复旦大学哲学学院教授。

　　自党的十八大以来，在国际关系领域，中国政府采取了更加主动和积极地面对气候问题的态度，其中的一个具体的事例就是 2014 年中美之间签署的《中美气候变化联合声明》；[②] 在国内，执法日渐严厉。但是，我们应该首先意识到的一点是，在气候与环境问题上，发展中国家和发达国家首先关注的问题是不同的。这种不同不仅仅是经济发

　　① 本成果是基金项目，上海高校特聘教授（东方学者）岗位计划；上海哲学与社会科学规划一般课题（中国传统政治哲学的现代意义）；教育部基地课题（古希腊罗马政治伦理研究 12JJD72001）。

　　② 参见 http://politics.people.com.cn/n/2014/1112/c1001-26011031.html，2014 年 11 月 12 日。

展和保护环境之间的张力冲突，就排放问题本身来说，中国等发展中国家首要关注的是污染及其后果（雾霾），而发达国家关注更多的是二氧化碳等温室气体排放的问题。

本文试图给出哲学教授对环境与气候问题的一些想法。哲学家所擅长的是愿景式的、规范性的讨论，即这个世界应该是怎样的，或者我们应该如何应付气候问题。有了这种应该的图景之后，如何实现，这是政治学家和政治家的问题。笔者从中国哲学出发谈谈如何应对气候问题。

关于中国哲学与环境，常说的就是天人合一的观念，代表着中国人的和谐观；与此相对，西方人强调竞争，是环境恶化的根源，因此，如果我们复归中国的和谐观念，环境问题就可以得到解决。但是，中国与西方都有着几千年的文化传统，其中的哲学思想与现实的关系极为复杂，而社会现实也都经历了很多天翻地覆的变化。所以，上述的说法，是非常空洞、非常大而无当的说法。比如，就天人合一的观念本身，在中国思想史上，就有很多不同的理解，而有些理解与环境问题并没有直接关系。[①] 汉代儒家董仲舒所讲的是天人感应，而这种学说的主要目的是通过自然现象来对人间政治进行干预（为皇权背书或是挑战皇权）；另外一种儒家所讲的天人合一，是在将儒家的道德提高到天道的前提下，与这种永恒的道德的合一，并非与环境的和谐；即使是道家，《道德经》里面对人为的批评，对自然无为的推崇，也有很强的政治意味，其所关注的，也不是对环境的保护。当然，这种对人为的批评，可能是最能被引申为环境保护意义上的天人合一的。下面，笔者先考察从《道德经》的天人关系出发如何解决环境问题，之后根

---

① 对天人合一多重意思的梳理，参见 Csikszentmihalyi（文稿）。

据儒家思想的理论，给出对环境问题更好的、更可能的解决办法。

一、《道德经》的环境哲学

泛泛地讲中国思想如何如何，是大而无当的。同样，泛泛地说道家，也同样成问题。那么，下面我们考察《道德经》。首先，这本经典中的思想，能否给出解决环境问题的方法？[①]《道德经》中一个重要观点，是自然与人为的对立，要求人类要顺道、自然、无为（无人为，而保持自然的顺道而为）。引申到当代，我们可以说，对环境的破坏，来自于我们的人欲膨胀。如果我们能够顺道而行，那么我们就能达到对环境的保护。但是，这里的问题是：顺道而行的具体内涵是什么？毕竟"道可道，非常道"（《道德经》第一章）。[②] 也就是说，道的内涵很难用通常的办法讲出来并成为明确的行动指南。在道的内涵无法化成具体行动指南的情况下，我们如何克制人为呢？并且，我们怎么知道，顺道而为不会导致气候变暖、人类毁灭呢？毕竟，"天地不仁，以万物为刍狗"（《道德经》第五章）。以为天道要维持人类的永续存在，这可能恰恰是人类自大傲慢的妄想。

为论辩起见，让我们把这些理论问题先放在一边。我们可以接着问，如果顺道而为是可能的，那么《道德经》能给出的对环境问题的

---

① 文中相关论述是笔者在《旧邦新命——古今中西参照下的古典儒家政治哲学》（北京大学出版社 2009 年版）一书对《道德经》的无为而治这样的政治哲学的分析的相关论述的摘要。请参见《旧邦新命——古今中西参照下的古典儒家政治哲学》第五章。

② 本文所引《道德经》均根据陈鼓应：《老子今注今译》（参照简帛本最新修订本），商务印书馆 2003 年版。

解决是否就是让每个人都去顺道而为呢？笔者的理解，《道德经》对民众是没有这么高的期望的。如果一个世界已经是人欲横流的世界，民众只能会随波逐流，而不可能通过对自然无为的认识而自觉地"复归于婴儿"（《道德经》第二十八章）。这种对顺道的自觉，只有少数的道家精英才能做得到。[1] 因此，用克制人欲来保护环境的说法，从《道德经》的角度，只能说是太过天真。

当然，虽然民众没有能力去"复归于婴儿"顺道而行，但是，他们也没有能力靠自己来制造一个欲望膨胀的世界的。这样的世界要靠奇技淫巧来支撑，要靠欲望强烈的人为推手。因此，如果我们能够阻止这些"坏精英"、坏榜样的出现，我们就可以避免一个人欲横流的世界的出现。[2] 但是，无论是《道德经》成书时的春秋战国，还是当今的世界，都是人类激烈竞争、欲望膨胀的世界。如刘殿爵在他《道德经》英译本的介绍里所说："如果道家的哲学家可以访问我们的社会的话，毫无疑问，他会把普及教育和大众广告（mass advertising）看作现代生活的孪生祸根。前者使人们从他们纯真的无知中堕落；后者创造了新的物质欲望。如果这些欲望没被创造出来的话，没人会觉得缺了点什么。"[3]

那么，除非我们能用某种手段，彻底拔除这些现代生活的祸根，否则指望通过精英的顺道而为、民众的"浑浑噩噩"来达到自然无为的状态，就根本不可能。对这种状态的达到，还不能依靠英雄般的努力和严刑峻法，因为这些都是人为的表现，为《道德经》所反对。[4]

---

① 参见《道德经》第二十章里近道的"我"与众人之间的对比。

② 那些认为《道德经》是反精英的，是将其中对坏精英的反对当成对所有精英的反对。就笔者的理解，《道德经》自身的精英主义是非常明显的。

③ Lau, D.C. Tao Te Ching, Baltimore, MD: Penguin Books, p.xxxi.

④ Lau, D.C. Tao Te Ching, Baltimore, MD: Penguin Books, p.xxxi.

撇开如何达到这种状态的难题，即使我们达到这种状态，我们又如何控制人欲不再一次膨胀起来呢？笔者认为，《道德经》第八十章所给出的，不是对过去的思乡之情，而是认为能够维持这一状态的唯一可能途径。在第八十章所描绘的世界里，先进的技术（什伯之器、舟舆、甲兵）虽然有，但是却被置之不用。这说明这里所描绘的，不是理想的原始社会，而是通过某种手段从技术进步、竞争激烈的社会中复归"原始"的社会。并且，更关键的一点是，它是一个小国寡民、与外界不相往来的社会。这一点之所以重要，因为在一个广土众民、联系紧密的大国里面，攀比、财富积累、技术进步等相互作用，是必然会导致欲望膨胀与竞争的。《道德经》的作者可能敏锐地感觉到了这个问题，并且不拒绝这样的社会形态，但我们认为，在其内部改良的做法（儒、墨、甚至法家）是饮鸩止渴，不能从根本上解决问题。因此，《道德经》虽有顺道而行，甚至天人合一（实际上是去人而归天）的思想，但是它只是用空喊来改变世道人心。让所有人都通过自然无为来保护环境，这些都是好听而无用的说法。虽然《道德经》给出了这种理想实现的非常现实的条件（复归原始的小国寡民），但是，对那些推崇以道家的天人合一、自然无为来处理环境问题的人，我们不得不问：你们准备好让整个社会付出这么大的代价了吗？如果愿意，你们能给出让人类社会复归原始的蓝图吗？就笔者看来，《道德经》的这种解决太过激烈，很难让人接受，也很难实现（除了人类继续肆意下去，最后天道让人类灭绝，或只剩下环境大灾难后的无法维持技术的隔绝的小共同体）。从道家出发解决环境的问题，恐怕也都还停在让人民都变成道家精英的不现实的梦幻中。

二、儒家对环境的态度[①]

上面论述了以《道德经》为代表的道家解决环境问题的局限。下面，让我们来考察一下儒家解决环境问题的可能性，并进一步论述这些解决方法可能更具有现实可操作性。

以孟子及其后学为代表的儒家的一个核心观点，是通过推己及人，将恻隐之心遍及四海之内。宋儒张载的"民吾同胞，物吾与也"，即对所有人都宛如亲戚、对万物都宛如朋友的关爱，是这种境界的很好表达。但同时，这种普遍的爱由内到外，要有差等。就环境问题而言，儒家这种普遍的爱当然包括对环境的关心，但这种关心是排在对人类关心之后的。与一些极端环境主义以环境本身的福祉为独立自为的原则不同（上面提到的《道德经》以及后来的《庄子》里，都有与此类似的态度），儒家在这一点上是以人类为万物的中心，将人类的福祉置于环境之上的。但同时，儒家又有推恩的思想，因此这种人类中心主义不是对环境的罔顾。

虽然以人类的福祉优先，但是儒家所理解的自我利益中的"自我"，是一个放大的自我。它不仅包括短期的物质利益，还包括精神需要，比如五伦。引申来讲，可以说，儒家不可以接受生活在一个有空调的房间里，但窗外却满是烟囱，以及从中冒出来的黑烟。青山绿水是人们精神需要的一部分。更重要的是，儒家的自我

---

① 儒家有着悠久的传统，流派各异。因此，说"儒家如何如何"，恐怕也是空洞随意的说法。笔者下面所谈到的观点，主要出自孟子。但因篇幅和方便起见，不做具体区分，也不会引太多原文。其中很多观点的具体讨论，散见于笔者的几篇文章，尤其是《旧邦新命——古今中西参照下的古典儒家政治哲学》第三章。

必须是与外界相联的，是在"己欲立而立人"（《论语·雍也》）的原则指导下与他人发生关联的自我，特别是与祖先、与后代相联的自我。这就意味着，儒家要求人类考虑自己的福祉的时候，要对得起祖宗，还有给后代留下足够的可享用的资源。"子子孙孙永宝用，世世代代传香火。"同时，我们还要考虑到亲属或者国人之外的他人的需要。

总之，从儒家的立场看，人类应该爱护环境，有以下几个理由：第一，我们自己对过一个体面的（物质和精神需要都能满足的）生活的要求；第二，为对得起祖宗和后代；第三，不破坏能够提供给外国人享受体面生活的自然资源和良好环境；第四，人类推恩而产生的对环境本身的关爱。这些理由，既不是以环境本身出发的、"饿死事小，环境事大"的很难为多数人接受的激进环境主义的观点，但也还是提供了丰富的保护环境的理由。包括气候问题的环境问题的起因，恰恰是人类为了满足短期、狭隘的物质需要的经济发展而去牺牲构成人的体面生活的环境；人类为了这一代人的幸福，毁了祖传的家园，不给后代人继续享受体面生活的可能；我们为了本国人的福祉，忽视其他国家为环境作出适当克制的呼吁，甚至是将本国的环境污染转嫁他国、尤其是弱小、贫穷国以及我们对环境本身的关爱的缺乏。因此，儒家的理念很好地应对了环境问题产生的根源。

三、解决环境问题需要新的政治模式：混合政体与天下体系

但是，正如我们前面对《道德经》的克制人欲的美好理想的挑战一样，我们还要问：这样好的理念如何成为现实呢？一种回答，就是

让每一个人都有这样的道德自觉，这也可能是某些儒者的态度。但第一这样的说法也会遭遇到同样的挑战，即这是一厢情愿、太过迂腐的想法；第二这也与《论语》、《孟子》中充斥的对人民能力的保留、对精英贤能作用的强调相违背。当然，这不是说，我们就不要用这些儒家思想教化人民，而是说，除了教化之外，我们还要有其他手段，尤其是制度化的手段。

那么，从政治制度的角度看，为什么气候变化问题如此难处理？专制与权威政体可能因为领导者或领导层的意志，可以迅速地把有利于环境的政策执行下去。但其危险是这种意志不好控制。如果领导者们忽视环境，就没有办法了。但民主政体也有很大的问题。最关键的是，在这样的政体下，国家政策最终要由每个选民投票决定，而选民往往会根据自己眼前的利益和价值判断投票。但是环境问题尤其是二氧化碳排放问题，对选民的短期利益没有直接影响，而是事关将来世代的权益。我们可以说，通过国家的教育，可以提高选民的道德（尤其是与环境相关的道德）意识，以至于他们可以为超出自己看得见、摸得着的利益去投票。但是，越来越多的政治学研究表明，选民可能连为了自己的短期物质利益进行理性投票的能力都缺乏。① 为什么作为一个整体，选民的智识与道德无法提高到合理的程度？对于这个问

---

① Caplan, Bryan（2008），*The Myth of the Rational Voter: Why Democracies Choose Bad*，*Policies (New Edition)*. Princeton, NJ: Princeton University Press. 陈鼓应：《老子今注今译》（参照简帛本最新修订版），商务印书馆 2003 年版。Csikszentmihalyi, Mark（文稿），"Disunities of Unities: A Critical Survey of Some Recent Works on the 'Unity of Tian and Ren'"。Lau, D. C.（1963），*Tao Te Ching*. Baltimore, MD: Penguin Books.Rawls, John（1999），*The Law of Peoples with "The Idea of Public Reason Revisited"*，Cambridge, MA: Harvard University Press.《张载集》，中华书局 1978 年版。

题，篇幅所限，我无法展开。① 我们姑且把它当成一个事实。这就意味着，一人一票的制度本身是制定具有长远眼光、为将来世代和外国人的权益考虑的环境与气候政策的障碍。同时，从国际角度来说，当一个国家为了一己之私利而罔顾环境与气候责任的时候，如果主权是神圣不可侵犯的，那么国际干预能起到的作用也是有限的。国际社会不能代表全世界人民尤其是其他国家的人民来干预这个国家的内政。因此，撇开专制与权威体系不谈，哪怕是在由强调主权的自由民主国家组成的世界体系里面，其国内政治的一人一票的制度与国际政治的绝对主权观念，都为良好解决气候与环境问题制造了根本性的制度障碍。

对这些制度上的问题，儒家恰恰能够解决。从国内政治来看，《孟子》等先秦儒家经典里面明确地给出了民为邦本的思想。政府的存在，要为满足人民的物质与精神需要服务。至于人民是否对政府满意，要由人民决定，即所谓"天视自我民视，天听自我民听"（《孟子·万章上》）。也就是说，人民不能感到幸福；他们对政府和政府所制定的政策是否满意要由他们自己自由地表达出来。结合当代的民主经验，我们可以说，这种意见表达可以在法治与言论自由保护的基础上，通过一人一票的方式，由民选的民意代表表达出来。但是，如我们对教化人民的界限和一人一票制度的担心一样，先秦儒家也是对人民的道德与智识有很大保留，而认为儒家士大夫应该在政治决策上起

① 参见白彤东：《旧邦新命——古今中西参照下的古典儒家政治哲学》，北京大学出版社 2009 年版；《主权在民，治权在贤：儒家之混合政体及其优越性》，《文史哲》2013 年第 3 期；《恻隐之心的现代性本质——从尼采与孟子谈起》，《世界哲学》2014 年第 1 期；《民族问题、国家认同、国际关系：儒家的新天下体系及其优越性》，《人大法律评论》（待出版）。

到关键作用。这在孟子的大人与小人之辨中被明确地表达了出来。这些精英是能够满足我们所描绘的道德要求的，并有能力把他们对人民与环境的关爱付诸实践。在这篇短文里，笔者无法展开对这种精英的选拔办法的详细讨论。[①] 让我们假设这样的精英可以选拔出来，那我们就可以让他们成为国家的根本机构即立法机构的成员。我们可以把前面提到的民意代表放到立法机构的下议院，而让这些精英组成上议院。对政府人员的任命、法律的制定等事务，由两院投票，并根据明确的法律安排来作出决定。

这样的一个混合政体，就回应了无法教化全体民众，使他们自觉为自己长远的福祉、精神需要、将来世代、乃至外国人考虑的问题。并且，虽然我们谈到儒家、谈到士大夫，但是这里所讲的可以是一个一般的概念，即拥有上述道德心与智识的人。这样的一个混合政体，也就因而适用于所有人，是普世的。通过这些精英的干预，我们可以希望，也许，更合理与负责的环境政策就能够制定出来。但它又是在一个宪政与法治的框架下并且由精英组成的上院要被民意院所制衡。这样，这种混合政体就有了权威政体的一些好处，但是回避了权威政体里，持有这种权威的人没有制衡的问题。

在国际上，我们看到，从欧洲威斯特伐利亚条约体系以降逐渐发展出来的主权国家，现在成了解决气候与环境问题的一大障碍。一个可能的理论解决，是取消所有主权国家，组成一个全球政府。但

---

① 参见白彤东：《旧邦新命——古今中西参照下的古典儒家政治哲学》，北京大学出版社 2009 年版；《主权在民，治权在贤：儒家之混合政体及其优越性》，《文史哲》2013 年第 3 期；《恻隐之心的现代性本质——从尼采与孟子谈起》，《世界哲学》2014 年第 1 期；《民族问题、国家认同、国际关系：儒家的新天下体系及其优越性》，《人大法律评论》（待出版）。

是，国家的存在，有历史与文化的根源，也有管理上的方便。并且，国家之间发展水平的巨大差距，也为这样一个全球政府造成了几乎不可逾越的困难。现实中，我们看看欧盟的例子就可以知道。让世界所有国家达到欧盟成员国的经济水平，恐怕是很遥远的事情。并且，即使达到了这样的水平，从希腊等国的债务危机，我们看到欧盟这样的有限地超越国家的努力也是失败的。那么，有没有既有限地承认国家主权，又能对其有着温和限制的国际体系呢？笔者认为，儒家的天下体系是符合这种要求的一种体系。① 根据先秦的一些儒家经典，我们可以引申出来儒家的理想世界秩序。儒家可以认可国家的存在。在本国和他国的利益上，本国的利益优先。之所以如此，是爱有差等的要求。但同时，我们不可以为了本国利益不择手段（比如以邻为壑），罔顾其他国家人民的福祉。其原因，是因为儒家的民胞物与的泛爱理想。一般地讲，对仁的考虑是在国家主权至上的。我们不能为了一己之利而对他国不仁。类似的，当一国对本国人或者外国人不仁的时候（暴政、侵略、对气候不负责任），这个国家的主权就应该受到限制。也就是说，国际社会就可以对其进行干涉。

那么，这样的国际干涉，由谁来承担呢？早期儒家进一步给出了一套国际秩序体系，即如《春秋公羊传·成公十五年》里所说的："《春秋》内其国而外诸夏，内诸夏而外夷狄。"将其延伸到当代的国际环境，我们可以想象儒家会支持如下的新天下体系。在这个体系中，地理、历史、语言、风俗等情境性因素构成国家认同之基础。在国家之上，所有的文明国家，在对文明的共同认同上，应该也有内在凝聚力，并

---

① 篇幅所限，笔者无法论证这确实是个儒家的体系以及关于它的很多细致安排。详见白彤东：《民族问题、国家认同、国际关系：儒家的新天下体系及其优越性》，《人大法律评论》（待出版）。

且作为一个群体，要捍卫文明，防备与改变野蛮。在这个广义的华夏体系里面，某文明国家的人民应该"内其国而外诸夏"，而所有文明国家的人民应该"内诸夏而外夷狄"。就环境与气候问题而言，这个体系的安排意味着，那些负责任的国家形成联盟，可以正当地干涉那些不负责任国家的内政。当然，这种干涉应该首选道德典范感召的方式，但也不排除经济压力和其他制裁措施。

当然，这里的一个关键问题，是如何定义负责任的国家，并且这样的国家如何结盟而成为"诸夏"。对此，笔者另有文章讨论，这里不再赘述。天下体系的关键一点，是对当今以主权国家为基础的万国体系的否定。在以联合国为代表的这一体系下，对国家主权没有明确的限制，而联合国决议缺乏约束力（因为缺乏强力的执行者）。各个国家是平等的参与伙伴，不管它认可国家责任与否。我们已经看到，这种体系对气候问题的解决有着根本的局限。而儒家的新天下体系，试图在国际社会建立起一个以道德责任为基础的等级体系，这与儒家在国内政治里面试图建立起来的等级体系是对应的。但是，这里要澄清的一点是，这个等级体系不是依据实力，也不是固定的。而是应该在某种明确的原则下依照程序产生的。这个世界领导核心（"诸夏"），是可进可出的。其进出依赖于国家是否尽责。那些尽责的国家将是国际秩序（包括气候问题）的仲裁者和维护者。其实，美国政治哲学家罗尔斯给出了一个类似的等级体系。在其晚年的《万民法》一书中，也旁证了儒家关怀的普世性。

总之，在本文中，我们看到，泛泛地说中国的天人合一思想能够解决环境问题，在学术上并不严谨，并且彻底没有考虑实际政治运作的困难与问题。《道德经》里提出的自然无为的解决，最终是要求人类作出巨大的牺牲，因此也不是解决环境问题的现实办法。从先秦儒家的思想出发，我们可以给出独特而有益的解决环境问题的一套观念。并且，儒家的混合政体与天下体系，还可以在制度操作层面实现对有关气候与环境的良好政策之制定的政治困局的解决，是一套结合了理想与现实的中道。

让中国智慧为应对全球气候变化提供新思路

——兼评"奥斯陆原则"*

彭永捷，中国人民大学哲学院教授，中国人民大学孔子研究院副院长。

《旧约·创世纪》第 11 章讲述了"巴比通天塔"的故事：人类本来都说着同一种语言，他们团结一致，可以创造任何奇迹，包括计划修建一条通天之塔以显示人类的团结和力量。耶和华担忧人类团结的力量会挑战神的统治，于是施魔法变乱了人们的口音，使通天塔的建

* 2015 年 3 月 1 日，《全球气候变化义务奥斯陆原则》由"全球气候义务专家团"拟定，该原则由一般原则和具体义务两部分组成。谨慎原则被确立为一般原则，基于该原则而采取的措施，只要能够成比例地减少温室气体排放，均应严格地执行。具体义务为国家和企业基于谨慎原则而采取紧急的必要措施来避免气候变化及其带来的灾难性影响，主要包括国家和企业联合开展的温室气体减排义务，接受本《原则》下义务完成情况的可诉讼或可仲裁、政府信息公开等国家义务，信息披露、环境影响评价和碳收评估等企业义务。

设者无法沟通，也无法团结一致，从而导致通天塔建设的失败。收录中国上古政治文献的《尚书》，记载了据今四千余年前帝尧时代洪水滔天，尧先后命令鲧及其子禹治水，终于消除水患。历史学家们确信，治水在古代中国的国家形成过程中起到了关键性作用，正是禹在协调各个部落共同治水的过程中，联结成一个紧密的政治共同体。

这些古代典籍中讲述的故事或者历史，对今天人类思考全球性事务，依然有着启示意义。人类经历了数次全球化，但至今人类仍然无法真正形成一个整体。无论是古代陆地和海上丝绸之路上所开展的贸易全球化、明代伟大航海家郑和的"七次下西洋"、西方航海家的"地理大发现"、西方工业和贸易强国在全球的殖民扩张以及当代世界贸易、资本、工业生产和信息的全球化，还是一些全球性组织的出现，都没有从根本上改变人们从一个个具体的国家、种族、宗教、地域、团体等角度来看待这个世界，正如建设通天塔的人类被分裂成操着不同语言的团体一样。但是全球性问题的出现，诸如恐怖主义、跨国犯罪、能源危机、环境恶化、传染性病毒等，正在使人类朝着联合的方向迈进。全球性问题超越了国家、民族、宗教的范围，使得全球人类不得不共同面对，而基于中国历史文化传统的政治智慧，可以为应对诸如气候变化这样的全球性问题提供新的解决之道。

温室气体排放所导致的全球气候变化，已经成为促使人类有必要团结一致的新的全球威胁。来自国际科学界的一种主流观点认为，温室气体排放会导致地球表面温度升高，如果地球平均表面温度比工业化前水平超出 2℃，将对人类以及地球上的其他生命到目前为止赖以生存的唯一家园——地球，带来后果难以估量的恶劣影响，甚至危及人类自身的生存。为了避免灾难性的后果，人类应当采取坚决、有效的行动以将地球平均表面气温上升控制在 2℃以内。虽然全球气候究竟会怎样变化仍存在着不确定因素，全球气候是否会上升在科学家群体中仍存在着不同意见，但是对于科学界作出的攸关人类生存的灾难性后果的预警，人们却不能轻松大意，也不敢轻易试错，而是"宁可信其有，不可信其无"。这也是一群怀有全球责任意识，来自国际法、环境法、人权法和其他法律领域的专家、学者们于 2015 年 3 月 1 日达成的《减少气候变化全球义务奥斯陆原则》（以下简称《奥斯陆原则》）中，将"谨慎原则"当作唯一的一般性原则的立场。法学家们在文本中这样来表示"谨慎原则"："有清晰而可信的证据表明人类活动造成的温室气体（GHGs）排放使气候产生重大变化，且该种变化会对现在和将来的人类、包括其他存活物种和整个自然栖息地的环境以及全球经济产生不可挽回的伤害的风险。"

《联合国气候变化框架公约》从 1992 年提出力求将温室气体的大气浓度稳定在某一水平从而防止人类活动对气候系统产生负影响以来，已举办了数次缔约方大会，每次大会相关缔约方都聚集在一起激烈地讨价还价，以确定世界各国应当承诺的减排目标和应当拥有的排放总量。由于温室气体排放关系到许多国家的发展权益，所以应对全球气候变化的缔约方大会，与世界贸易组织（WTO）举行的关税及贸易谈判就很相似。同时还有一些国家从中看到了交易排放权的商业利益，更把减少温室气体排放的国际缔约方大会变成了瓜分全球温室气体排放权益的游戏。因此，围绕着应对全球气候变化，各种"阴谋论"也无可避免地甚嚣尘上。虽然在过去二十余年中，在《联合国气候变化框架公约》主导下应对气候变化不无成就，但重新检讨《联合国气候变化框架公约》应对全球气候变化的思路亦十分必要。全球气候变化是全球性问题，需要各个国家团结一致，共同应付，但从目前的进展来看，却并未有效地把人类凝结成一个命运共同体，并未有效地组织全球人类共同应对气候变化。

《联合国气候变化框架公约》思路存在的问题是：第一，将应付气候变化的任务分解给各个国家，将全球人类共同面对的问题转换为各个国家独自面对。虽然各个国家是不可避免地要成为承担减少温室气体排放的责任主体，但却不能让各个国家去独自面对应对气候变化问题。联合国应当成立类似世界卫生组织（WHO）这样的应对全球气候变化的组织机构。世界卫生组织对联合国系统内卫生问题进行指导和协调，领导全球卫生事务，拟定卫生研究议程，制定规范和标准，阐明以证据为基础的政策方案，向各国提供技术支持，监测和评估卫生趋势。但是联合国却并未建立起一个领导、协调、支持世界各国有效应对气候变化的国际组织，而是将工作重心放在分割排放权益和减排目标的讨价还价上。假如世界卫生组织不像现在这样工作，而是将提高全球健康和医疗水平、防控疾病工作的重心放在世界各国讨价还价上，又是怎样一番情景呢？联合国在应对气候变化方面，应当借鉴世界卫生组织的经验，建立一个旨在能源策略、减排技术、排放标准、科学研究等方面领导和协调世界各国、产学研各方的国际组织，在加强各国减少温室气体排放的能力方面给予有效帮助，成为各国积极应对气候变化的有力后盾。第二，各缔约方之间面临着当前排放与历史责任、发达国家与发展中国家、主要工业生产国家与非主要工业生产国家、工业品生产国家与工业品消费国家（排放国际转移）、排放总量与人均排放、经济规模大小等众多因素，因此各种分割减排任务与分配排放权益的方案需要考虑和平衡的因素过于复杂，都很难做到公平和正义，许多方案显得简单、武断、蛮横，很难为世界各国心甘情愿地接受，也直接影响到许多国家控制温室气体排放的积极性。古希腊神话中的正义与法律女神，一手持着天平，另一手持着利剑，象征着公平和由法律保护的正义，然而在全球气候变化领域，谁又能合理地权衡公平与正义呢？第三，由于沿着分割减排责任和分配排放权益的道路前进，而不是沿着帮助世界各国加强减排能力建设的思路前进，因而发达国家与发展中国家在应对气候变化时应遵守的"共同但有区别的责任"，不是被恰当地理解为"世界各国负有共同减排责任但对帮助其他国家加强减排能力方面负有不同责任"，而是被错误地理解为"世界各国负有共同减排责任但在实际减排力度方面因能力不同而负不同责任"，所以许多发展中国家或不发达国家因得不到来自发达国家的支持也无法有效履行减排责任，由此必然影响到全球人类共同应对气候变化的努力效果。

《奥斯陆原则》虽然参照了根据联合国发展政策的定义和分类为最不发达国家应对气候变化的义务，但在总体上并没有反思和突破联合国气候变化框架条约实践中所奉行的分割气候变化责任和分配温室气体排放权益的思路，只是在这一思路支配下，力图将这一思路法律化、明晰化，希冀迅速、具体地落实为政府和企业的义务和责任。笔者将这一努力评价为"方中画圆"：截至到目前的应对全球气体变化的实践思路已经限制了人类展开有效行动，限制了人类最大限度地朝解决问题的方向趋进。

让我们在反思已有思路的基础上，尝试提出新的思路，引入新的原则。

第一，需要引入的是命运共同体原则。截至到目前的应对全球气候变化政府间谈判主要由欧洲国家主导，然而欧洲国家由于其哲学观念和生活世界的限制，天然就不适合作为引导人类解决全球性问题的领导者。由古代希腊哲学家德谟克利特提出的"原子论"，支配着欧洲人的思维，欧洲人习惯于将人视作独立的个体，将国家和社会视作独立个体的联合体，比如著名的英国哲学家霍布斯提出的"自然状态"说，认为在自然状态中真实存在的只是一个个的个人，存在的是一个人反对一切人的战争，每个人都通过否定他人的方式来肯定自我个体的存在。在生活世界中，古希腊城邦国家成为欧洲人思考政治问题的起点，他们优先思考的是单个个人与小国寡民的单个政治实体的利益。应对全球气候变化，这本应当是将人类作为一个整体去共同面对的全球性问题，但欧洲人则由于受看待事物的思维方式限制，他们习惯性地把这个全球性问题看作是与每一个单个的国家相关的事，习惯性地把气候变化理解为国家间政治博弈的一个新领域。恰好欧洲国家的工业化进程在现阶段温室气体中占据着有利地位，因而温室气体排放对于欧洲来说是一个在国家间博弈占据主动性的话题。根据此种思维方式，我们看到的就是在哥本哈根回合谈判中一些欧洲国家表现出的鼠目寸光的视野和借机渔利的贪婪。如此看来，若想真正有助于推动解决应对全球气候变化一类的全球性问题，必须要由具有国际视野的全球性大国，诸如美国、中国，携手担负起领导作用。对比于古代希腊仍处于城邦时代，同时期的中国则早已进入广土众民、分封建国的庞大王朝。中国人很早就具有了超越小共同体的广阔视野，以"协和万邦"的和合智慧将具有差异性的小同体凝聚在一起，应对共同面临的普遍性问题，如大禹治水。在应对全球气候变化这件事上，我们从中国的历史文化传统出发，很容易去理解"人类命运共同体"的概念，并将人类命运共同体作为一个原则，从人类的角度而不是单个国家的角度来理解全球性问题。

当然也有人会反驳说，按照分割责任和瓜分权益的思路来处理全球气候变化问题也是必要的，因为毕竟需要把具体任务分解给各国政府，然后由各国政府来具体落实减排义务。从人类命运共同体的角度来理解应对全球气候变化，确实具有哲学的高度，但却充满理想和浪漫色彩，无法操作。笔者的看法却与此正好相反：分割责任和瓜分权益的思路，假定了一种可以通过博弈"合理"解决或可以明确地强加于人的"公平"，因而实际上才是充满理想和浪漫色彩的。目前为止的数次政府间谈判都无法达成一致，说明这种思路是缺乏可操作性的。更为严重的是，这种思路严重耽搁和延误了人类采取行动以有效减缓全球表面气温升高所需要的富贵时间，因而是非常谬误的。相反，从人类命运共同体的角度出发来思考全球气候变化问题，却有可能把问题的解决引向全球人类共同采取行之有效的共同行动，如抑制过度消费的现代文化，加强所有国家共同减排的能力建设，建立领导全球应对全球气候变化的领导机构。

第二，需要引入的根本性原则。中国传统思想注重区分事物之间的本末关系、先后关系，主张"本立而道生"（《论语·学而》）、"知所先后，则近道矣"（《大学》）。全球气候变化是由温室气体排放引起的，但仅着眼于温室气体排放本身，则并未抓住事物的根本。我们必须追问：温室气体排放是如何产生的？为什么我们要排放如此多的温室气体？答案是：没有消费，就没有生产。我们的工业生产是受消费方式支配的，而消费方式则构成了人类文明的重要方面。率先工业化的西方国家把人类带入工业时代，西方工业和贸易强国在全球的殖民掠夺让非西方民族深切感受到"落后就要挨打"的丛林法则，成为工业化强国是许多国家的强国梦想。现代化本身像磁石一样吸引着一切尚未现代化国家的人民，西方国家的生活方式在全球有着示范效用。无所不在的广告工业刺激着人们的消费欲望。如果现代文明不能在人类欲望横肆的道路上回头，人类的未来只能企盼在快速消耗完一切不可再生资源前幸运地躲过灭亡，从而不得不返朴归真，重新回归田园牧歌式的生活。反思和改变人类对于自身生存以及生产和消费方式的理解与生成，才是从根本上解决全球气候变化问题。

当许多发展中国家好不容易实现工业化目标后，资本和物质生产的全球化，又让当前所有应对全球气候变化义务和分配排放权益的方案毫无正义可言，即便按人均排放量来计算依然毫无正义可言。既有煤矿、又有铁矿的一些国家，为了避免污染自己，这些国家并不去炼钢，大量炼钢而产生严重污染的国家却在支撑着全球钢铁供应。一些国家的经济生产处于产业链的上游，但却依赖处于产业链下游的国家提供生产材料。如果发达国家一方面享受着发展中国家以牺牲环境为代价所生产的廉价商品，另一方面却以排放权为借口要求发展中国家支付资金来购买超额的排放权，这又有何公平可言呢？在我们意识到有必要从抑制过度消费的现代文化以从根本上控制温室气体排放的时候，我们思考控制温室气体排放的对策，就不仅是眼睛盯着工人辛勤劳作以生产消费品的企业，而是首先要考虑由这些产生排放量的消费品的消费者来为产生的温室气体埋单，比如根据碳排放量的多少从消费品中征收碳排放税。

第三，需要引入的是能力原则。有效控制全球大气中温室气体浓度，人们有许多事情可做，比如尽量减少使用化石能源而采用清洁能源，提高能源利用效率，采用合理的垃圾处理方式，植树造林和保护森林等。所有这些措施，都和各国经济生产能力和科学技术能力相关。各国在减排能力方面并不平衡，各国减排目标也处于不同发展阶段。当发达国家把关注点转向控制温室气体排放时，类似中国这样的发展中国家，还仍在把控制有毒气体排放和控制雾霾当成更具优先性的头等大事。发达国家在上述各个领域中拥有先进技术，但这些技术往往是在企业手里，发展中国家如果要采用这些先进技术，需要花费大量资金来购买，而发展中国家的企业往往缺乏购买技术的资金或者无力承担采用新技术、新设备的成本。由于发达国家实行的技术壁垒政策，发展中国家即使有能力购买发达国家的先进技术，往往也无法买到。生产企业又连着依靠企业过活的产业工人，应对气候变化不是一个简单地给各国政府和企业施加压力、诉诸法律强制的问题，而是关系到民生、发展和能力的问题。在得不到有效帮助的情况下，发展中国家只能从符合自身能力的角度来解释"共同但有区别的责任"，从而影响全球应对气候变化的实践效果。如果在联合国框架下建立一个类似于世界卫生组织的应对全球气候变化的领导机构，负责来协调各个国家和地区、协调产学研各个环节，由发达国家、排放大国以及其他国家提供经费，统一购买先进技术，或者向相关科研部门和生产企业提供资助以研发新技术和生产新设备，向发展中国家提供各项生产能耗标准、技术人员培训、先进技术和设备转让、能源策略和新能源技术支持……总之是采取帮助各国提高控制温室气体排放的能力，远比当前奉行的分割义务和分配权益的方式更能在促进人类和谐、团结、发展、合作，从而推动人类应对气候变化更加有效。在联合国框架下应对全球气候变化的国际组织，只局限在科研组织和政府间气候谈判组织，却缺乏一个强有力的协调和领导各国共同加强能力建设的领导机构。在即将到来的巴黎会议政府间气候谈判中，如果中国政府代表团能适时提出建立应对全球气候变化的领导机构的建议，完全可以从根本思路上引导全球应对气候变化工作，摆脱由欧洲国家主导的导致国家间无休止博弈、制造更激烈矛盾的应对模式，体现出全球性大国看待和解决全球性问题的高度和视野，展示在人类面临普遍威胁时团结和领导全体地球人共同面对和解决问题的国际领导力。

第四，需要引入的是可操作性原则。国际条约依赖于各缔约方的参与和承认，各主权国家有权力不参与、不承认或者随时退出国际条约。应对全球气候变化，毫无疑问是要落实在世界各个国家和每一个生产企业的生产活动中。正因为如此，就必须考虑每一个方案的可接受性和可操作性。只有相对公平的方案，才是人们乐于接受的。然而关于减排义务和排放权益的讨价还价，目前看来是很难在公平性方面获得各方一致认可。即使世界各国都认同应对全球气候变化的迫切性和采取行动的坚决性，但是如果一些国家缺乏减少温室气体的必要能力，或者减排与发展利益严重相背，那么在实践中也难以切实采取有效行动来达成减排目标。应对全球气候变化思路的转换，可以将世界各国从对减排义务和排放权益的计较和争吵中摆脱出来，致力于相互合作，加强能力建设，团结一致应对全球气候变化。

总之，我们从中国历史文化传统看待应对全球气候问题，认为解决全球性问题必须具有超越单个国家的全球性思维。面对因大气中温室气体浓度上升所导致的全球气候变化，我们必须意识到人类是一个"命运共同体"。在应对气候变化这样的全球性问题时，我们所采取的解决之道，必须有利于将全球人类凝结为一体，而避免采取分离、孤立人类整体的思路和对策。以反思文明作为根本性和长远性目标，以帮助世界各国加强能力建设为核心，以国际性组织为纽带，使减排责任和人类的和谐、合作、发展一致，为有效应对全球气候变化提供新的可能思路。

气候谈判：技术理性的反思

秦天宝，珞珈特聘教授、博士生导师，武汉大学法学院副院长。

　　谢谢彭老师的溢美之词，首先感谢中国宋庆龄基金会给我们提供这么好的机会，进行气候变化领域的交流与合作。我今天给大家报告的一个主题是关于气候谈判这个价值理论观的一种思辨，这个是我自己在从事气候变化领域相关研究的过程中一种不成熟的感性认知。我知道在座的各位很多人都是研究哲学、伦理学的专家和教授，我在这里谈这个问题是班门弄斧，但是我确实对这个问题有很多年的思考，谈谈我的看法，求教于大家。

　　这个报告大概有三个方面的内容：第一，关于气候领域相关国际谈判中价值取向的一个新的转变，它是从最早的伦理价值观到一种技术价值观的转变；第二，这种转变对现在的气候谈判到底产生什么样的影响；第三，我想在这个背景之下试图能给出一个解决的路径。

根据我自己不完全的考察，在工业革命（第三次工业革命，20世纪四五十年代）之前，相关的国际谈判，不仅是在气候变化领域，一般是关注于国际和地区的和平和稳定、战争的人道化、利用和保护海洋，等等。我们会看出来，在这个时期强调人性的本质，普遍的道德理念，这个是国际谈判的一个主导的价值观。但是随着科学发展的不断推进和技术创新的不断发展，就导致人们出现了一种叫作唯技术观或者唯技术论的一种倾向。这种倾向对国际谈判也产生了影响，它不仅对谈判的方式产生了影响，而且对谈判的内容也造成了很多影响。

所以我们就会看到，比方说原来最早的时候，像外层空间的利用、保护，航天器的飞行、地球径直轨道的合理利用等这些问题都已经被扩展；它们因为技术的开发和应用被拓展引入了国际谈判的一个领先的领域。而且对传统以伦理关怀为价值观的谈判领域，比方说海洋，就开始对公共海底区域这种技术性的领域进行探究。

那么我们就会看出来在这种情况下价值观念转变的变化，对我们的气候变化也带来了影响。这个谈判我们大家都知道，实际上最早是从20世纪70年代开始，从科学家之间开始谈，逐渐进入政治领域，到现在已经有二三十年的时间了。1992年通过了《联合国气候变化框架公约》，1997年通过了《京都议定书》。我们可以看到，虽然我们有《联合国气候变化框架公约》，也有具有法律约束力的《京都议定书》，但是并没有解决气候变化问题，甚至可以用恶化这个词来形容，并产生了更多的环境问题。这个原因到底是什么？为什么会出现这样的一种现象？为什么法律越来越多问题反而也越来越多？

这就是根据我自己的一个不太成熟的观察，我认为这种价值取向上的变迁，导致了全球气候变化的一种无为，无所作为。也就是说对于技术理性的崇拜，导致了在谈判中大家对伦理性的价值观的一种忽略，或者是一种摒弃。然后人们在讨论环境问题的时候，越来越多地讨论技术问题的重要性，而忽略了伦理关怀。

那么在这个背景之下怎样才能解决这样的问题呢？我作为一个法学者，有一些大概的想法。

第一个是我们要更多地利用造法性条约模式。所谓造法性条约模式，是相对于执行性的条约而言的。造法性条约的优点在于条约规范具有原则性和抽象性，对确立全球气候变化各方的共同伦理追求有所帮助，提供了很大的一个空间。

造法性条约对共同关注的原则性和抽象性规定，不仅能够减少各方的摩擦，而且也更容易使各方达成一致。也就是说各方可以对一个原则性的、共同追求的价值目标很容易达成一致，而不在一些细节技术等问题上过于纠缠，使双方更容易采取相同的一种立场和路径，解决相同面临的难题。

第二个是在谈判的模式上，要更多地采用这种自下而上的模式。自下而上式的模式是我自己给它定义的，是我从 WTO 的谈判中所总结出来的。这种谈判主要特点包括：首先是它对所有成员方的义务做了一定的区分；一种义务是一般义务，所有成员方都要承担的义务；另外一种就是具体义务，也就是说有个别的或者是特定的成员方要承担一定的义务。其次是这种对义务的履行，是在设定一个目标以后对于义务的履行，是在充分尊重各国差异性基础上的一种循序渐进的义务设定。而不是说在同一时间，要求所有的国家完成或者履行相同的义务。

那么我们就可以很容易地看到，在气候变化领域，如果我们也能适用相同的这样一种谈判模式的话，就会比较有利于谈判的这种进展和各个国家的接受程度。所以这就是说，我们可以借鉴 WTO 在这个领域中相对成熟的经验，然后来适用于气候变化领域。这个主要的原因就在于：在气候变化领域，各个国家对气候问题形成的原因、现状、影响以及本国对这个问题所可能带来的回应等，都有不同的认知和看法。

那么在这种背景之下，从这种伦理谈判的模式，也就是说共同关注大家共同关心的价值观，而不是从更具体的、更细节的这种技术部分出发，就会比较有利。

所以我们可以看到，从某种意义上来讲，可能我们要摒弃过去的所谓的工具理性又或者说技术理性，而回归到传统的这种伦理理性或者是价值理性。

那么回到操作层面上，这就带来了一个最关键的词，也就是"共同但有区别的责任原则"。我在这方面想再多谈谈。

为什么说共同但有区别的责任原则是气候谈判的一个关键呢？从历史的角度来看的话，有些国家对温室气体的排放，在过去几十年的一个积累，或者说上半年的一个积累造成了当下环境问题，是气候问题的一个主要的原因。有些人可能会说，这是因为中国人的历史比较久远，我们都比较习惯从一个历史的角度来看问题，但是这种看问题的角度并非没有它的正当性。这个正当性在于，现在的问题到底是什么时候形成的，如果说我们找不到根源，只是讲现在的一个结果，实际上对很多当下国家的义务和努力，是不太公平的。

另外，有些国家在自己已经排放了很多年的情况下，无论是从国家的发展情况，还是个人的人权角度来讲，都应当注重公平问题。从权利平等和人权保护的角度来讲，也就是说对这种后进国家的权利保障问题。

那么，具体怎么样理解共同但有区别的责任原则呢？我给出一些看法，请大家指教。

第一个，包括中国在内的很多发展中国家，印度、巴西，甚至南非，都成为国际谈判中的一个焦点，都是一些承受着很大压力的发展中国家。好像是说如果中国不承担有约束力的绝对减排义务，中国就有很多问题，中国就在道德上失去了制高点。但是我的理解是，对于共同但有区别的责任原则，不是一个简单的 yes 或 no 的问题，不是说有或者没有的问题。我们可以从很多角度来理解这个问题，从义务的数量上来讲的话，我们是不是可以讲有的国家可以多承担一些，而后进国家或者是转型国家、或者是发展中国家可以相对少承担一点点义务，这是一种可能性。

第二个，减排有绝对减排和相对减排。那么是不是可以更多地从人均减排，或者是强度减排这个角度来理解中国所做的减排努力和贡献，而不一定是说绝对减排。

第三个，即便我们设定相同的减排义务，可不可以像 WTO 一样，给予这种后进国家、发展中国家以一定的宽限期，三年、五年、十年、二十年，然后它再来履行相关的义务。

第四个，我们是不是可以对发展中国家某些特定的产业、特定的行业给予一定的宽限期。我们早期在 WTO 里面也有类似这样的情况，就是对于民族产业要进行一定的保护，当然这个领域不一定是民族产业，而可能是相对特定的其他产业。总之就是说，这个共同但有区别的责任原则并不是绝对的有责任或者没有责任，而是说可以有很多维度去理解。

最后一点我想强调的是，我实际上对这个共同但有区别的责任原则，做了一个历史性的考察和一个横向的对比。我也研究了在生物多样性领域、在臭氧层消耗领域等的情况，我发现了一个很有意思的现象。特别是在臭氧层消耗领域，它有一个很成功的国际经验，其中一个很重要的因素就在于，发达国家的团结互助义务。也就是说，发达国家要在这个方面履行相关的技术援助和资金援助义务。中国是世界上温室气体、臭氧层物质生产最大的国家，也是转型最成功的一个国家。为什么中国能够这么快的转型，并且成为国际上的一个典范？究其原因，它与国际社会比较持续的、有约束性的技术援助和资金援助是分不开的。换句话说，包括中国在内的所有发展中国家，如果要它们承担相应的减排义务，或者说其他相关的义务的话，那么相对应的这些发达国家的团结互助义务也是不可忽视的。

应对气候变化的法律策略

Key note presentation

Jaap Spier[1]

贾普·斯皮尔，荷兰最高法院法律总顾问。

It is a great privilege and honour to deliver a key note speech at this important conference, attended by so many eminent and distinguished academics and politicians.

I greatly admire your beautiful country. You are blessed with leaders who belong to the front runners in the international debate about climate change. I am impressed by the way China aims to come to grips with the Gorgon Medusa called climate change.

Over the last 15 years or so, we have come to realize that climate

---

①   Jaap Spier, Advocate General in the Netherlands Supreme Court.

change is an extremely serious threat to humankind, the environment, bio-diversity and in the upshot the global economy. The fatal consequences already materialize, despite the fact that the increase is still below 1 degree Celsius.

Ever more countries experience excessive drought, rainfall or devas-tating hurricanes. According to Munich Re, one of the major re-insurers, (insured) losses could top US$ 1 trillion "in a bad year". Unilever, just one multinational, assesses its annual climate change-related loss in the range of € 400 million. This is only the very beginning. The global temperature will increase, even if we would be able to reduce our GHG emissions to zero by tomorrow. Experts sound the alarm: if we stick to business as usual, global temperature will increase by more than 4 degrees and, more likely than not, 6 degrees or more. The life and well-being of billions will be jeopardized ; the global economy is doomed to collapse.

A small minority of skeptics challenges the predominant view. I am prepared to believe that they might be right, but we cannot afford to lend our ears to their noisy pleas. For moral and legal reasons, we cannot but ig-nore their view. We are entirely on the same page in this respect.

Not surprisingly, politicians have tried to stem the tide. Sadly, the avenue towards the bitterly needed binding international instruments has proven fraught with difficulties. The short term interests of the respective countries diverge not insignificantly. As a matter of fact, short term views and interests rule the waves. There are a few exceptions to this rule. China is one of them. Your leaders understand the urgent need to stem the tide. Hence, they are keen to take up the gauntlet and to fight climate change.

But this admirable stance is only taken by few other countries.

Part of the story probably is that many countries are entrenched to their positions. The debate seems to go round. Once again, your stance is different. Earlier speeches emphasized the need to listen to each other. I could not agree more.

Over the years, it has rained pledges. At many occasions world leaders have expressed their concern about climate change, the need to take appropriate action and their willingness, if not eagerness, to join forces. Two weeks ago the G7 has issued a "Leader's Declaration G7 Summit": Think Ahead. Act Together. The leaders are after "ambitious results". According to the Declaration, they have "agreed on concrete steps" with regard to, among other issues, climate change. One cannot but admire these bold statements and these most laudable intentions. How are they cast?

Climate Change

Urgent and concrete action is needed to address climate change, as set out in the IPCC's Fifth Assessment Report. We affirm our strong determination to adopt at the Climate Change Conference in December in Paris this year (COP21) a protocol, another legal instrument or an agreed outcome with legal force under the United Nations Framework Convention on Climate Change (UNFCCC) applicable to all parties that is ambitious, robust, inclusive and reflects evolving national circumstances.

"(⋯) This should enable all countries to follow a low-carbon and resilient development pathway in line with the global goal to hold the increase in global average temperature below 2℃.

(⋯) Accordingly, as a common vision for a global goal of greenhouse gas emissions reductions, we support sharing with all parties to the UN-FCCC the upper end of the latest IPCC recommendation of 40% to 70 % reductions by 2050 compared to 2010 recognizing that this challenge can only be met by a global response. (···) we also commit to develop long term national low-carbon strategies.

(···) We remain committed to the elimination of inefficient fossil fuel subsidies (···)"

As a matter of fact, many know that these goals cannot be achieved. The US may serve as an example. There is no chance that President Obama will get the support of the majority of the House and the Senate. This leaves untouched that the President can achieve not unimportant reductions without this support. But it will not be enough.

Legal strategies

Hence, the chance that the COP meeting in Paris, later this year, will be(come) fully successful is remote. In light of the looming catastrophes that will materialize if GHG reductions will not be reduced significantly in the very near future, it seems useful to explore alternative strategies for countries and enterprises unwilling to meet their obligations. Legal solutions might contribute to a solution, although it would be utterly unrealistic to claim that they are, or even could, be the ultimate answer.

Legal strategies require a clear picture of the legal obligations of the major players in the realm of climate change. These obligations should be fair. They should strike the right balance between the conflicting interests. They should respect the common but differentiated responsibility maxim. Last but not least, they require a sound legal underpinning. A group of lawyers from all continents has tried to map these obligations and to provide a sound legal basis. The Oslo Principles are the fruit of their work.

Back to legal strategies. One could think of various kinds: the right to information or public participation. No doubt, these are important features. But they won't stem the tide. Our hope and by the same token our focus should be on the reduction of GHG emissions. As long as most countries are unwilling or unable to assume their responsibilities and international negotiations get stuck, we need to discern a sound legal basis for reduction obligations. According to the Oslo Principles, there is such a basis: an amalgamation of international law, human rights, environmental and tort law.

The role legal strategies could play

So far, the legal obligations to reduce GHG emissions are rather in the clouds. That is a pity. Countries, politicians and enterprises, willing to comply with their obligations do not have a clue what they are supposed to do. Mapping these obligations provides guidance. It also creates a level playing field, at least on paper. A better understanding of the obligations in point are also vital for auditors and investors. Investors get increasingly worried about the looming catastrophes. They are keen to act, f.i. to put pressure on "their" enterprises and to invest in enterprises that take climate change seriously. One could imagine that they would be(come) reluctant to buy bonds issued by non-complying states. Last but not least, they foster the bargaining position of poor and developing countries. After all, the major part of the reductions has to be achieved by the richest nations.

The best solution

Legal strategies may and hopefully will work. But they are not the best nor the most attractive way ahead. Bold international agreements to the effect that we will not pass the 2 degrees threshold are the better option. Pressure form countries keen to stem the tide may help. China could play an immensely useful role to reach this goal.

Prevention should be the key word

Climate change has become an emerging market, also for lawyers keen to reap the alleged low hanging fruit. Armies of attorneys are ready to go. Their goal is a legal battlefield about compensation. That may be understandable seen from their narrow minded perspective – often advocated under the banner of serving the good cause – it will do more evil than good. If we are unable to stem the tide compensation is unaffordable. After all, the losses will be(come) astronomically high. The bill would have to be settled by the next generation that did not cause the mess. Hence, we should put emphasis on prevention, i.e. reduction of GHG emissions to the extent needed. Thus, we would avoid human suffering of many millions of people and, in the longer term, even billions. We could also avoid colossal damage to the global economy.

A bitterly needed and extremely useful exchange of thoughts

The aim of this conference is to exchange thoughts and ideas and to learn from each other. Most members of our group are from the wealthiest countries. All of us are very keen to avoid the looming catastrophes if we stick to business as usual. We have tried to square the circle and cast the squared circle in legal obligations. Legal obligations require not only a legal, but also a convincing moral basis. As to the latter, opinions may diverge. That is the reason that we are delighted to discuss with you the way ahead.

China is one of the oldest civilizations. Your impressive culture, philosophy, long term views and emphasis on the common good are a source of inspiration for humankind. Long term views, preparedness to accept that there is not such a thing as a free lunch and, in particular, that we must save the planet, present and future generations, are vital features in the debate about climate change. In this spirit, we can realize our dreams about a better and a safer world, not ruined by climate change. My friends and I are extremely thankful to all of you for your willingness to discuss this topic with us.

【参考译文】

主旨发言

我很荣幸能够在这样一个重要的、学界政界精英参与的会议上做此简短发言。

我非常饮佩贵国的作风。在有关气候变化的国际辩论中，贵国的领导者一直是全球气候会议的领头羊。贵国应对"戈耳工美杜莎"气候变化的全力以赴，也让我印象深刻。

近15年来，我们逐渐意识到，气候变化对环境、生物多样性、人类，甚至是全球经济都造成了严重的影响。虽然全球温度的升幅仍然低于1℃，但是，一些致命的后果已经开始显现。

越来越多的国家饱受过度干旱、过度降雨或者破坏性飓风的侵袭。根据慕尼黑再保险公司的数据，现在已知的保险损失可能已超过1万亿美元。大型国际企业联合利华对企业损失进行了评估，结果表明因气候变化而发生的已知年度亏损达到4亿欧元。而噩梦才刚刚开始。即使我们在明天就能实现零排放，全球气温也仍将继续升高，而这种即刻的排放量减少是不可能实现的。专家已经发出了预警，如果我们继续保持现状，全球气温将升高超过4℃，甚至是超过6℃。数十亿人口的生命和生活将遭到毁灭性的打击，全球经济也注定会崩溃。

有少数怀疑论者挑战这一主流观点。我很希望他们是对的，但我们无法接受其刺耳的借口。出于道德和法律，我们只能忽视他们的观点。在这一点上我们有着完全的共识。

不出意料地，政治家们试图力挽狂澜，但是要达成迫切需要的国际协议却困难重重。短期利益扮演着重要的角色，并且也成了出台国际协议的主要绊脚石。应该庆幸，在中国和一些少数国家，这样的情况鲜有发生。中国领导人理解力挽狂澜的重要性。因此欣然接受历史使命，与气候变化斗争，但是你们的国家是一个例外，许多国家都远远落后。

多年来，政治家们开展了一系列实践。很多场合，他们都表示出了对气候变化的关心。他们需要采取适当的行动，说服公众参与，并且让大家都渴望投身到这个行列中来。两周之前，七国集团领导人发布了一份领导人声明：展望未来，携手行动。他们提出了雄心勃勃的目标，声明中表示，针对包括气候变化在内的许多问题，他们已经达成了具体的行动计划。这些勇敢的声明和值得赞美的意图令人钦佩。但如何实现呢？

气候变化

正如国际气候变化委员会（IPCC）第五次评估报告中所述，我们必须采取紧急而具体的行动来应对气候变化。我们决定在 2015 年 12 月于巴黎举行的气候变化大会（COP21）上通过一项协议，该协议是根据《联合国气候变化框架公约》（LJNFCCC）制定的另一份法律文件或具有法律效力的约定成果，适合具有雄心壮志、稳定强大且能够兼容并包的国家，同时，该协议也旨在反映各国的情势变化。

"（……）这应该能够促使各国迈入低碳与弹性发展的道路，努力实现将全球平均温升保持在 2℃ 以下的全球目标。（……）相应地，为了实现温室气体减排这一共同的全球目标，我们支持与《联合国气候变化框架公约》的各方分享国际气候变化委员会最新设定的建议减排上限，即较之 2010 年，到 2050 年，温室气体最多应减少 40%—70%，如果得不到全球响应，我们可能无法应付该项挑战。

（……）我们还可以制定国家长期低碳策略。

（……）我们将继续致力于废除针对低效矿物燃料的补贴（……）"

实际上，许多人都知道这些目标根本不可能实现。美国就是一个例子。美国总统奥巴马不可能获得众议院和参议院中多数议员的支持。然而，即使没有这些支持，美国总统在减排方面也能有所成就。但是那些还远远不够。

法律策略

因此，若想要 2015 年年末在巴黎举行的气候变化大会圆满达到我们所期望的效果，或许机会渺茫。但若不能及早显著降低温室气体

151

的排放量，灾难势必一触即发。鉴于这种形势，我们需要探讨一些替代策略，针对那些不愿履行法律义务的国家和企业采取适当的行动。法律对策也许算是一种解决方式，但是要将其作为最终解决方案则是完全不切实际的。

法律策略要求明确规定涉及气候变化的主要国家和企业的法律义务。并且，这些义务应当公平、公正。在利益冲突之间保持平衡。它们应遵守"共同但有区别的责任"原则。最为重要的一点是，必须要有良好的法律基础。由来自各大洲的律师组成的律师团队已在设法制定这些义务，以期为该策略的施行提供坚实的法律基础。"奥斯陆原则"便是其成果之一。

我们再回到刚刚谈及的法律策略问题上，我们可以想到多种不同的策略，例如：信息获取和公众参与。毋庸置疑，这两种策略都非常重要。但是，仅靠它们，我们还不能扭转局面。我们的希望及侧重点应该放在温室气体减排上。在大多数国家不愿意或者无法承担其责任，并且在国际谈判陷入僵局的情况下，我们需要为减排义务确定一个坚实的法律基础。根据"奥斯陆原则"，法律基础即为国际法律、人权、环境和侵权法。

法律策略的作用

迄今为止，有关温室气体减排的法律义务仍处于虚无缥缈状态。这的确是一大遗憾。那些愿意履行其义务的国家、政客和企业对他们应该履行何种义务一无所知。如果制定了明确的义务，那么就能以此为指引，而不至于不知所措。此外，法律策略也创造了一个公平竞争的环境，至少理论上如此。同样，透彻理解有关义务对于审计员和投资者也至关重要。投资者们越来越担心气候变化会给他们带来灾难性的后果。他们会热衷于采取一些行动，例如对"他们的"企业施加压力，或者，向那些郑重对待气候变化的企业进行投资。可以想象，投资者将不愿意从那些不履行法律义务的国家购买债券。当然，最重要的一点是，法律策略的实施可以加强贫穷和发展中国家的谈判地位。毕竟，最发达国家必须承担较大部分的减排责任。

最佳解决方案

法律策略可能并且很有希望发挥作用。但是，它们并不是最好的，也不是最具吸引力的方案。承诺全球温升幅度不超过2℃这样有胆识的国际协议才是更好的解决方法。由那些想要扭转局面的国家施加压力，可能会对当前形势有所助益。在实现该目标的过程中，中国可以发挥非常重要的作用。

预防是关键

气候变化已成为一个新兴市场，对于那些想要走捷径获得成功的律师们而言，同样如此。律师队伍蓄势待发，进军法律战场，协商赔偿事宜。从他们狭隘的观念来看，这种情况也可以理解，虽然他们常常打着为公益事业服务的旗号，但一般都是多造恶少行善。如果不能扭转局面，我们将无力承担高昂的赔偿。毕竟，我们将蒙受的是天文数字般的损失。这笔账将不得不由下一代来买单，而他们并不是灾难的始作俑者。因此，我们应将重点放在预防上，即减少温室气体的排放量，使之降至所需程度。这样，我们可以让数百万甚至数十亿的人民在长期范围内免受灾难，同时也可以避免对全球经济造成巨大损害。

迫切需要的、极为实用的思想交流

本次会议的目的在于交流思想和观点，相互借鉴和学习。我们讨论组中大多数成员都来自于最富裕的国家。我们所有人都非常希望避免这场迫在眉睫的灾难，但是如果我们继续保持现状，那么灾难必将到来。我们已设法应对僵局，力争从法律义务方面解决问题。但是，法律义务的履行不仅需要良好的法律基础，同时还需要令人信服的道德基础。对于后者，有人可能会持异议。这也是我们在此与诸位探讨未来行动方向的原因所在。

中国作为文明古国之一，拥有绚烂的文化、哲学、高瞻远瞩的思想，对公益事业十分重视，这些都是我们人类灵感的源泉。在有关气候变化的辩论中，长远的观点和良好的准备状态皆为亮点，我们要准备好接受人不可能不劳而获的观点，尤其是，我们必须齐心协力，共同拯救我们共同的地球。在我们这代人，以及我们子孙后代的共同努力下，我们的目标一定会实现。秉承这种精神，我们就能实现梦想，创造更美好、更安全的世界，保证它免遭气候变化的损毁。衷心感谢诸位愿意与我们一起探讨此话题，我和我的朋友们在此向诸位致以诚挚的谢意！

The core obligations of states and enterprises

Jaap Spier

Our group[1] has tried to map the legal obligations of States and to a lesser extent enterprises in the realm of climate change. We do realise that the application of our principles is not (necessarily) the best or the fairest in relation to each single country or enterprise. We are keen to learn the

[1] Antonio Benjamin, Justice, High Court of Justice of Brazil Michael Gerrard, Andrew Sabin Professor of Professional Practice and Director, Sabin Center for Climate Change Law, Columbia University Law School Toon Huydecoper, retired Advocate-General of the Netherlands Supreme Court Michael Kirby, retired Justice of the High Court of Australia M.C. Mehta, advocate before the Supreme Court of India Thomas Pogge, Leitner Professor of Philosophy and International Affairs and founding Director, Global Justice Program, Yale University Qin Tianbao, Professor of Environmental and International Law and Assistant Dean for International Affiliations, Wuhan University School of Law Dinah Shelton, Manatt/Ahn Professor of International Law, George Washington University and Law School, and Commissioner and former President, Inter-American Commission on Human Rights James Silk, Clinical Professor of Law, Allard K. Lowenstein International Human Rights Clinic, and Director, Orville H. Schell, Jr. Center for International Human Rights, Yale Law School Jessica Simor QC, barrister, Matrix Chambers, London Jaap Spier,* Advocate-General of the Netherlands Supreme Court and Honorary Professor, Maastricht University Faculty of Law Elisabeth Steiner, Judge, European Court of Human Rights Philip Sutherland, Professor, Stellenbosch University Faculty of Law Rapporteur of the Expert Group on Global Climate Obligations Members participated in their individual capacities. Titles and affiliations are listed for identification purposes only.

view and insights of our esteemed Chinese colleagues.

China is one of the key players in the international arena ; that also goes for climate change. Fortunately, China is more active to reduce GHG emissions than many countries in Europe and North America. As a matter of fact, most countries need to scale up their ambitions. In that respect, one has to strike a fair balance. To that effect, legal and political instruments may diverge to some extent.

The principles focus on prevention. Prevention is of utmost importance. If society sticks to business as usual, the toll will be unbearably high in human, environmental and economic terms. Our group does not express a view on compensation. Hence, we do not answer the question whether states and enterprises, that do not comply with their legal obligations, are under an obligation to pay damages.[1]

Per capita approach and the "special" position of so called developing countries

In our – by no means spectacular – view, all human beings are entitled to the same level of GHG emissions.[2] Hence – and after long and intensive discussions – we have adopted a per capita approach. From there onwards, it is pretty easy to map the obligations of the respective States. To that effect, the following trajectory paves the way : The first step is to explore the total level of GHGs that can still be globally emitted in a specific year (say 2015) . That figure has to be determined on the basis of the precautionary

---

[1]   Opinions diverge in that respect. See for my personal view Jaap Spier, Shaping the law for global crises p.181 ff.

[2]   We mean: future emissions.

principle (Principle 1) : the level of annual global reductions should be based on any credible and realistic worst case scenario accepted by a substantial number of eminent climate change experts. Hence, the view of one or a very few experts does not carry enough weight. Nor does the majority view if a sufficient number of credible experts paints a more demanding picture (i.e. requires further reductions).

Secondly, the GHGs that can "safely" be emitted in the year in point (the outcome of the first step) has to be divided by the world's population. The resulting figure is the GHGs that can be emitted per capita.

The figure resulting from the second step enables us to determine the permissible emissions of each country (the third step): the number of inhabitants of the country in point multiplied by the figure resulting from step 2. Hence, we have determined the permissible level of the country in point (Principle 3).

Fourthly: if the emissions of the country in point are higher than the "permissible quantum", that country must reduce its GHG emissions within the shortest time feasible (Principle 13).

It follows that countries with below permissible quantum GHG emissions are not yet obliged to reduce their emissions with a few provisos to be discussed in my presentation on additional obligations. Countries have flexibility in selecting the measures they use to meet this obligation (Principle 10).

For practical purposes, the least developed countries do not yet have reduction obligations that incur costs (Principle 15). The greater part of the reductions has to be achieved by the richest countries (primarily North

America, Australia and most European countries).

In the group's submission, the per capita approach by and large encompasses the diverging historical GHG emissions. As a rule of thumb, countries with high per capita emissions have also been high emitters in the past. We realise that there are a few exceptions to this "rule", such as some of the major Arab oil "producing" states.

Besides, there are, in a sense, a few anomalies, such as South Africa ; its GHG emissions equal those of most European countries, despite the fact that a significant part of South Africa's population is appallingly poor. The main reason is that SA is, so far, dependent on the dirtiest sources carbon fuels. As a matter of fact, alternatives are close at hand.

We acknowledge that there may be a reason to be more lenient in relation to some and more demanding in relation to other countries. That follows from the (still?) universally endorsed common but differentiated responsibilities maxim (Principle 14). Yet, as a matter of fact that maxim is utterly vague. So, it cannot serve as a sound legal underpinning for further distinctions. These should be left to the political arena.

Besides, a straight forward application of the "per capita approach" may create hardship in specific circumstances, such as devastating earthquakes. Principles 8, 9, 16, 21 and 23 provide some flexibility.

Additional reduction and other key obligations

Jaap Spier

It will be quite a challenge to keep the increase of global temperature below 2 degrees Celsius compared with the pre-industrial era. Hence, all steps that can reasonably be expected are also legally required, according to the Oslo Principles. That is self explanatory from a legal angle and probably also from a moral perspective.

States have to reduce their GHG emissions to the extent that they can achieve such reduction without relevant additional cost (Principle 7). Relevant additional cost leaves some room for flexibility. "Relevant", f.i., may well be a stricter test for the US compared to e.g. South Africa or Russia and even more so India.

The sting is in the tail. It is quite easy to save energy (and by the same token to reduce emissions) by switching off power-consuming equipment when not in use (say lighting) , and to lower heating or cooling. More likely than not, the need to do so will be decried as the acme of activism by some of the richest countries used to air conditioning all over the place. My learned friends and I don' t think that our submission is outrageous. First: we do not "ban" air conditioning or heating altogether. Even excessive use is still "acceptable" if based on "renewable energy". Secondly, the greater part of the world's population does not have heating, let alone air conditioning ; many even do not have access to electricity or (clean) water.

Broad fossil fuel subsidies often serve as a perverse incentive to refrain from switching to renewable energy such as solar or wind energy. These subsidies should be eliminated (Principle 7 and 21). There may be a justification for these subsidies, e.g. if poor people would otherwise be deprived of energy (at affordable prices) . See also Principle 21.

Principle 9 enounces an obligation related to Principle 7: to take reduction measures that do entail costs, if the costs will be offset through future savings or financial gains. This obligation points, f.i., to the need to switch to renewable energy if the amounts to be invested will be offset by future savings.

Many "developing" countries may face difficulties to borrow money at an affordable interest rate. In such a scenario, the investment will not easily "pay back", which lowers the obligation. Least developed countries are only affected by this principle unless the costs are borne by others (Principle 9).

According to the prevailing view, it is literally high noon. Global reductions have to be reduced at great pace and to quite some extent. Otherwise, we are going to face catastrophe. Hence, we should secure that new activities (including expansion of already existing ones) will not emit excessive GHGs (Principle 8). Coal-fired power plants are the obvious, but by no means only, example. We realise that there may be scenarios where there is no real alternative ; but these are probably exceptions to the rule. As a rule of thumb, excessively emitting new activities should take countervailing measures, such as carbon storage[1] or providing others with technical or financial means to reduce their GHG emissions.

The principles submit a series of additional obligations ; many of them are of a procedural nature (Principles 20,24,25 and 26).

Obligations of enterprises

Principles 7,8 and 9 are (also) about reduction obligations of enterprises, while Principles 27—30 elaborate on other (primarily procedural) obligations. The former three are similar to those of States:

Emissions that can be achieved at no cost

Reductions that can be achieved by incurring costs that will pay back

Obligation to refrain from excessively emitting new activities

Our initial goal was more ambitious, i.e. to submit clear-cut reduction obligations of enterprises, even of they would go at a cost. That turned out to be much more difficult than envisaged.[2] Unfortunately, we could not reach agreement. Part of the group will take up the gauntlet in the days to come (primarily the members present here).

---

[1] If sufficiently safe ; we do not express a view on its safety.

[2] See for the respective drafts the Commentary to the Principles p.87 and 88.

【参考译文】

国家和企业的核心职责

专家组[①]力求制定国家以及较小范围内企业在气候变化领域的法律责任。我们切实意识到，对每一个国家或企业而言，应用我们的原则不是（不一定是）最好或最公正的。我们渴望了解中国同僚的观点和见解。

中国是国际舞台上的主要参与者之一，它同样面临着气候变化的问题。庆幸的是，中国在减少温室气体排放量的态度上比欧洲和北美诸多国家更为积极。事实上，大多数国家都需要坚定自己的雄心壮志。在这一方面，各方都必须取得较好的平衡。由此，法律和政治手段可能会存在一定程度上的分歧。

根据原则，预防是重点，应得到高度重视。如果社会仍照常行事，则其在人类、环境和经济方面将付出难以承受的代价。专家组未

[①] 安东尼奥·本杰明：巴西最高法院法官；迈克尔·杰拉德：美国哥伦比亚大学法学院专业实践教授、沙滨气候变化法律中心主任；图恩·海德科珀：荷兰最高法院前佐审官；迈克·科比：澳大利亚最高法院前法官；梅赫塔：印度最高法院律师；托马斯·博格：耶鲁大学雷特那哲学和国际事务讲座教授、全球正义研究中心创办主任；秦天宝：武汉大学法学院环境与国际法律教授、国际关系研究院副院长；黛娜·谢尔顿：乔治华盛顿大学法学院国际法律教授，前美洲人权委员会委员、主席；詹姆斯·西尔克：耶鲁大学法学院 Allard k. Lowenstein 国际人权诊所诊所式培训教授、小奥维尔·谢尔国际人权中心主任；杰西卡·西莫尔：伦敦 Matrix Chambers 大律师事务所律师；贾普·斯皮尔：荷兰最高法院佐审官、马斯特里赫特大学法学院名誉教授、全球气候责任专家组记录员）伊丽莎白·斯丹纳：欧洲人权法院大法官；菲利普·萨瑟兰：斯坦陵布什大学法学院教授。所有成员均以其个人身份参与相关工作。所列职位和工作单位仅供识别。

就赔偿问题发表观点。因此，针对未履行其法律责任的国家和企业是否有义务赔偿损失，我们将不予作答。[1]

人均方法和所谓发展中国家的"特殊"局面

在我们看来（绝非什么惊人的看法），所有人都应为温室气体减排作出努力。[2] 因此，在经过长时间的深入探讨之后，我们采纳了人均方法。此后，制定各国责任的工作实施起来便非常容易。在这一方面，可按照以下步骤进行：

第一步：探究某一特定年份（例如 2015 年）的全球温室气体排放总水平。必须根据预防原则（原则 1）确定这一数值：年全球减排水平应根据任何可靠且现实的最坏情形来确定，而且该情形必须经过多数著名气候变化专家的认可。因此，个别或极少数专家的观点并不具备足够的分量。同样，如有足够数量的可信专家提出更为严苛的情况（如要求进一步减排），则即便是大多数人的观点亦无济于事。

第二步：必须将有关年份"安全"排放的温室气体量（在第一步中确定的数值）除以世界人口总数。所得出的数值是人均温室气体排放量。

根据在第二步中得出的数据可确定各个国家的允许排放量（第三步）：有关国家的人口数与第二步所得数值的乘积。由此可确定有关国家的允许排放量（原则 3）。

---

① 关于该方面的观点存在分歧。至于我个人的观点，请参见贾普·斯皮尔：《为全球危机重塑法律》，第 181 页。

② 意指未来排放量。

第四步：如果有关国家的排放量比"允许值"高，则该国必须尽快降低其温室气体排放量（原则 13）。

由此可见，温室气体排放量低于允许值的国家无义务降低其排放量。有关附带条件将在下文附加减排责任部分进行讨论。各国可灵活选择适当的措施，以履行该责任（原则 10）。

实际上，最不发达国家还没有减排义务，无需承担相应的成本（原则 15）。最发达国家（主要是北美、澳洲和大多数欧洲国家）必须承担较大部分的减排责任。

在专家组提出的意见中，人均方法基础涵盖了有关历史温室气体排放的不同记录。根据经验法则，人均排放量较高的国家，其以往的排放量也不低。但我们也会看到一些例外，如阿拉伯的一些主要石油生产国。

此外，从某种意义上来说，还存在一些特例，例如南非。尽管南非的绝大部分人口都异常贫穷，但其温室气体排放量却与大多数欧洲国家持平。其主要原因在于，目前南非还依赖于污染最大的碳燃料。事实上，替代能源已近在咫尺。

我们承认，对于某些国家，我们有理由对其放宽要求，而对于其他一些国家，则需要严苛以待。这符合被普遍认可（目前仍认可?）的"共同但有区别的责任"原则（原则 14）。然而，实际上，该原则是相当含糊的。因此，为了进一步进行区分，不能将其作为可靠的法律原则。这些问题应交由政界处理。

另外，在特定情况（例如毁灭性地震）下，直接应用"人均方法"可能会造成困难。使用原则 8、9、16、21 和 23 则可灵活处理。

附加减排责任和其他主要职责

相比前工业时代，要使全球温度的升幅保持低于 2℃，这是一个巨大的挑战。因此，根据"奥斯陆原则"，需在法律方面制定一切有望落实的措施。从法律及道德角度来看，这是不言而喻的。

各国必做减少温室气体排放量，在不产生相关附加成本的条件下实现减排（原则7）。相关附加成本具有一定的灵活性。例如，较之于南非或俄罗斯甚至印度，对于美国而言，"相关"很可能是一项更为严格的测试。

结果可能会不尽如人意。在不使用耗电设备（如照明设备）时将其电源切断，以此节约能源（同样，以此减少排放量），减少采暖或制冷，这实施起来可谓非常容易，而一些习惯于使用空调的最发达国家很可能会将这种做法称为积极行动主义的典范。我和我学识渊博的朋友们都觉得我们的意见并不离谱。首先：我们并非完全"禁止"使用空调或暖气。如果使用的是"可再生能源"，则即便是过度使用，也是可"接受"的。其次，世界上较大部分的人口尚未用上暖气，更不用说空调了，有许多人甚至还用不上电或（洁净）水。

通常，大部分矿物燃料补贴都成为不合理的激励措施，抑制人们改用太阳能或风能等可再生资源。这些补贴应被废除（原则7和原则21）。如果穷人无法（以可承受的价格）使用能源，则可提供此类补贴。另见原则21。

原则9阐明了原则7有关的责任：采取适当的减排措施，虽然这的确会产生一定的成本，但如果这些成本将通过节能或财务收益得以抵消，则可行。该责任表明，如果所投入成本将来可通过节能得以抵消，则有必要必用可再生能源。

　　或许，很多"发展中"国家都很难以较低利率借到资金。在此情况下，投资将很难得到"回报"，因而降低了责任感。除非由其他方来承担成本，否则最不发达国家会受到该原则的影响（原则9）。

　　根据普遍观点，全球温室气体排放量几乎已达到顶峰。我们必须尽快实现大幅度降低全球排放量。否则，我们将面临一场可怕的灾难。因此，我们应保证新的活动（包括现有活动的扩展）不会排放过量的温室气体（原则8）。燃煤发电厂就是一个明显的例子，但其绝对不是唯一的例子。我们意识到，在某些情况下，可能确实没有真正的替代能源，但这些都是不符合一般法则的例外情况。一般而言，对于碳排放量过大的新活动，应采取适当的平衡措施，例如碳储存① 或为其他方提供技术或财政手段来减少温室气体排放量。

　　这些原则提出了一系列附加职责：其中许多职责都是程序性责任（原则20、24、25和26）。

企业的职责

　　原则7、8和9（也）与企业的减排责任有关，而原则27—30详细阐述了其他职责（主要是程序性责任）。前三个原则与国家的减排责任类似：

　　1. 不花成本，实现减排。

　　2. 承担一定的成本（可收回），实现减排。

　　3. 抑制碳排放过量的新活动。

　　我们最初的目标更为宏伟，即提出明确的企业减排责任，即使

---

　　① 如果足够安全：我们不对其安全性发表观点。

企业需要付出一定的代价来履行这些责任。但这会比设想的困难得多。[1] 遗憾的是，我们未能达成共识。在接下来的日子里，专家组的部分成员（主要是在座的成员）将迎接挑战。

---

[1]　参见《原则评注》第 87、88 页，了解相应的草案。

中国应对气候变化的法治建设[①]

蔡守秋，湖南东安人，上海财经大学、武汉大学教授、博士生导师，中国环境资源法学研究会会长。

    中国应对气候变化的法治建设，包括应对气候变化的法律制定（即应对气候变化的法律体系的建设）、应对气候变化的法律实施（包括应对气候变化的法律的遵守、行政执法、司法、法律监督和法律服务等）以及应对气候变化法律的研究、宣传和教育。中国作为一个负责任的环境大国，本着对全人类共同利益和中国自身利益的关注，在国际法层面，坚持"共同但有区别的责任原则、公平原则、各自能力原则"，同国际社会一道积极进行应对全球气候变化的国际法建设，

    ① 本文系国家社会科学基金重大项目"当代中国公众共用物的良法善治研究"（编号：13&ZD179）的阶段性成果，是国家 2011 计划司法文明协同创新中心研究成果。

促进应对气候变化条约的制定、实施和国际环境法的发展；在国内，一直致力于加强和推动应对气候变化的法治建设和生态文明的法治建设。目前中国已经初步建立应对气候变化的法治体系，正在通过制定和修改有关应对气候变化的法律规范性文件和加强相关法律的实施，不断健全应对气候变化的法治体系。

一、中国应对气候变化法治建设的成就

中国在应对气候变化的法治建设方面做了大量工作，下面重点介绍应对气候变化法律体系建设的成就。

应对气候变化的法律体系是整个应对气候变化法治体系的一个具有基础性的重要组成部分。目前，中国已经初步建立应对气候变化的法律体系，正在通过制定和修改有关应对气候变化的法律、法规、规章和具有软法作用的规划、标准、行政计划等政策文件，进一步健全应对气候变化的法律体系和政策体系。

（一）专门应对气候变化的法律政策文件

专门应对气候变化的法律政策文件是指其直接目的和主要内容是应对气候变化，并在法律规范性文件名称中直接使用"气候变化"、"温室气体"、"节能减排"[①]、"节能环保"、"清洁发展机制"、"低碳"

---

① 在中国，节能减排工作与应对气候变化工作经常混在一起，甚至作为国家应对气候变化和节能减排工作的议事协调机构的国家应对气候变化及节能减排工作领导小组，对外视工作需要可称国家应对气候变化领导小组或国务院节能减排工作领导小组，即一个机构、两块牌子。

等相关气候变化术语的法律和政策文件。它包括专门应对气候变化的
法律规范性文件和非法律规范性政策文件。

1. 专门应对气候变化的法律规范性文件

目前中国已经制定一些专门应对气候变化的法律规范性文件，
例如：《全国人民代表大会常务委员会关于积极应对气候变化的决
议》（2009 年 8 月 27 日），《应对气候变化领域对外合作管理暂行办法》
（2010 年 3 月 24 日），《中国清洁发展机制基金管理办法》（2010 年
9 月 14 日），《清洁发展机制项目运行管理办法》（2011 年 8 月 3 日）①，
《温室气体自愿减排交易管理暂行办法》（2012 年 6 月 13 日），《低
碳产品认证管理暂行办法》（2013 年 2 月 18 日），《节能低碳技术推
广管理暂行办法》（2014 年 1 月 6 日），《单位国内生产总值二氧化碳
排放降低目标责任考核评估办法》（2014 年 8 月 6 日） 等。上述应对
气候变化的规范性法律文件，集中、专门规定了某些应对气候变化
工作的规则和措施。如《低碳产品认证管理暂行办法》共 6 章 40 条，
规定了低碳产品认证认可监督管理部门（包括低碳认证技术委员会）
及其职责，认证机构和实验室及其人员资质，国家低碳产品认证的
产品目录和标准，低碳产品认证规则、认证技术规范、认证模式和
认证收费标准、认证证书和认证标志，基本上形成了我国低碳产品

---

① 2004 年 5 月 31 日，国家发改委、科技部和外交部联合发布《清洁发展机制
项目运行管理暂行办法》，2004 年 6 月 30 日起实施；2005 年 10 月 12 日，发布修订后
的《清洁发展机制项目运行管理办法》；2006 年 8 月，国务院批准成立中国清洁发展机
制基金；2011 年 8 月 3 日，国家发改委、科技部、外交部日和财政部联合发布修订的
《清洁发展机制项目运行管理办法》。2009 年 3 月 23 日，财政部国家税务总局发出了
《关于中国清洁发展机制基金及清洁发展机制项目实施企业有关企业所得税政策问题的
通知》。

认证制度。

另外，山西、青海、四川、江苏等省、自治区、直辖市已经或正在制定应对气候变化的地方性法律规范性文件，如《青海省应对气候变化办法》（青海省人民政府 2010 年 8 月 6 日发布）、《山西省应对气候变化办法》（山西省人民政府 2011 年 7 月 12 日发布）等；北京、上海、天津、重庆、湖北、广东、深圳等省市已经制定碳排放交易管理办法，推动碳排放交易市场健康发展。如《深圳经济特区碳排放管理若干规定》（深圳市第五届人民代表大会常务委员会第十八次会议于 2012 年 10 月 30 日通过）。

2. 专门应对气候变化的非法律规范性政策文件

目前我国已经制定大量专门应对气候变化的非法律规范性政策文件，包括各种计划（规划），行动方案、战略、决定、意见、指南、标准和规程，以及党和国家机关颁布或印发上述计划（规划）、行动方案、战略、意见、标准和规程的通知，主要有：《中国应对气候变化国家方案》（2007 年 6 月 3 日），《节能减排综合性工作方案》（2007 年 5 月 23 日），《国务院关于成立国家应对气候变化及节能减排工作领导小组的通知》（2007 年 6 月 12 日），《节能减排授信工作指导意见》（2007 年 11 月 23 日），《关于中国清洁发展机制基金及清洁发展机制项目实施企业有关企业所得税政策问题的通知》（2009 年 3 月 23 日），《2009 年节能减排工作安排》（2009 年 7 月 19 日），《应对气候变化林业行动计划》（2009 年 11 月 6 日），《"十二五"节能减排综合性工作方案》（2011 年 8 月 31 日），《"十二五"控制温室气体排放工作方案》（2011 年 12 月 1 日），《"十二五"控制温室气体排放工作方案工作部门分工》（2011 年 12 月 1 日），《林业应对气候变化"十二五"行动要点》

（2011 年 12 月 31 日），《"十二五"国家应对气候变化科技发展专项规划》（2012 年 5 月 4 日），《"十二五"节能环保产业发展规划》（2012 年 6 月 16 日），《节能减排"十二五"规划》（2012 年 8 月 6 日），《工业领域应对气候变化行动方案（2012—2020 年）》（2012 年 12 月 31 日），《"十二五"国家碳捕集利用与封存科技发展专项规划》（2013 年 2 月 16 日），《2013 年工业节能与绿色发展专项行动实施方案》（2013 年 3 月 21 日），《关于加快发展节能环保产业的意见》（2013 年 8 月 1 日），《环境保护部关于加强碳捕集、利用和封存试验示范项目环境保护工作的通知》（2013 年 10 月 28 日），《国家发展改革委关于开展低碳社区试点工作的通知》（2014 年 3 月 21 日），《国家发展改革委关于推动碳捕集、利用和封存试验示范的通知》（2013 年 4 月 27 日），《关于 2013 年全国节能宣传周和全国低碳日活动安排的通知》（2013 年 4 月 27 日），《关于加强应对气候变化统计工作的意见》（2013 年 5 月 20 日），《国务院关于加快发展节能环保产业的意见》（2013 年 8 月 1 日），《国家适应气候变化战略》（2013 年 11 月 18 日），《国家发展改革委关于组织开展重点企（事）业单位温室气体排放报告工作的通知》（2014 年 1 月 13 日），《2014—2015 年节能减排低碳发展行动方案》（2014 年 5 月 15 日），《国家重点推广的低碳技术目录》（2014 年 8 月），《国家应对气候变化规划（2014—2020 年）》（2014 年 9 月 17 日），《低碳社区试点建设指南》（2015 年 2 月 12 日）等。

上述非法律规范性政策文件，集中、专门、具体地规定了应对气候变化的目标、任务和措施。例如，《应对气候变化林业行动计划》（2009 年 11 月 6 日）确定了五项基本原则、三个阶段性目标，实施了 22 项主要行动。《"十二五"控制温室气体排放工作方案》（国务院 2011 年 12 月 1 日）包括总体要求和主要目标，综合运用多种控制措施，开展低碳发展试验试点，加快建立温室气体排放统计核算体系，探索建立碳排放交易市场，大力推动全社会低碳行动，广泛开展国际合作，强化科技与人才支撑，保障工作落实等九个方面的内容。《国家应对气候变化规划（2014—2020年）》（2014年9月17日）是我国第一部应对气候变化的中长期规划，该规划分析了全球气候变化趋势及对我国影响、应对气候变化工作现状、面临的形势及战略要求等内容，提出了中国积极应对气候变化的指导思想和主要目标，明确了控制温室气体排放、适应气候变化影响等重点任务，并从实施试点示范工程、完善区域应对气候变化政策、健全激励约束机制、强化科技支撑、加强能力建设、深化国际交流与合作等方面提出政策措施和实施途径，确保规划目标任务落实。该规划明确规定，到2020年，应对气候变化工作的主要目标是，"单位国内生产总值二氧化碳排放比2005年下降40%—45%，非化石能源占一次能源消费的比重在15%左右，森林面积和蓄积量分别比2005年增加4000万公顷和13亿立方米。产业结构和能源结构进一步优化，工业、建筑、交通、公共机构等重点领域节能减碳取得明显成效，工业生产过程等非能源活动温室气体排放得到有效控制，温室气体排放增速继续减缓"。

另外，许多省、自治区、直辖市也制订了应对气候变化的规划和方案，应对气候变化政策体系得到进一步完善。例如，国家发展改革委应对气候变化司在挪威政府、欧盟和联合国开发计划署的资金支持下，于2008年6月30日正式启动省级应对气候变化方案项目，支持包括新疆兵团在内的21个省、直辖市、自治区编制省级应对气候变化方案，到2009年年底，有32个省、市、自治区（包括新疆兵团）全部完成了方案或行动计划的编制工作，超过18个省区颁布了方案;① 全国各地方于 2011 年组织开展省级应对气候变化专项规划编制工作，到 2014 年 9 月已经有 21 个省、市（区）发布了省级应对气候变化规划。②

（二）非专门性应对气候变化的法律政策文件

非专门性应对气候变化的法律政策文件，是指其主要目的虽然不是控制温室气候、应对气候变化，但是其内容却与应对气候变化密切相关。这类法律政策文件主要有防治污染和环境保护、自然资源开发利用和管理、能源合理利用和节约等领域与应对气候变化有关的法律政策文件。

1. 非专门性应对气候变化的法律、法规

第一类，防治污染、保护环境类法律、法规。

从广义上讲，以变暖为主要特征的全球气候变化，是人为排放的温室气体超过大气环境承载力而污染大气环境系统，并导致大气环境质量下降或退化的一种表现；应对气候变化是防治大气污染、保护环境的一项重要内容，或者说保护环境的一项重要任务就是保护大气、防治气候人为变暖和其他恶劣天气。从这个意义上讲，大

---

① 中国、联合国开发计划署、挪威、欧盟合作项目，国家发展和改革委气候司，中国省级应对气候变化方案项目办 2009 年 12 月第 9 期简报:《中国省级应对气候变化方案项目中期总结会会议纪要》，百度文库网，http://wenku.baidu.com/view/46368645b307e87101f69612.html。

② 《国家发展改革委负责人就〈国家应对气候变化规划（2014—2020 年）〉答记者问》，引自中华人民共和国发展与改革委员会网，2014 年 9 月 19 日，http://www.sdpc.gov.cn/xwzx/xwfb/201409/t20140919_626251.html。

多数防治污染、保护环境的法律都与应对气候变化存在着某种直接或间接的联系，或者说大多数防治污染、保护环境的法律都有应对气候变化的内容。例如：《中华人民共和国环境保护法》（1989 年 12 月 26 日通过，2014 年 4 月 24 日修订，以下略掉中华人民共和国），《海洋环境保护法》（1982 年 8 月 23 日通过，2013 年 12 月 28 日修订），《大气污染防治法》（1987 年 9 月 5 日通过，2000 年修订），《固体废物污染环境防治法》（1995 年 10 月 30 日通过，2013 年 6 月 29 日修订），《水污染防治法》（1984 年 5 月 11 日通过，2008 年 2 月 28 日修订），《清洁生产促进法》（2002 年 6 月 29 日通过，2012 年 2 月 29 日修订），《环境影响评价法》（2002 年 10 月 28 日通过），《放射性污染防治法》（2003 年 6 月 28 日通过），《循环经济促进法》（2008 年 8 月 29 日通过）等。还制定了一些防治污染、保护环境的法规。[①] 例如，《大气污染防治法》规定了防治大气污染的监督管理制度，对大气环境质量未达标的地区实行排污总量控制制度和排污许可制度，为控制和减少温室气体的排放提供了法律依据。该法设专章规定了防治燃煤产生的大气污染、防治机动车船排放污染，这些法律规定

---

① 有关防治污染的行政法规主要有：《水污染防治法实施细则》（1989 年制定，2000 年修订），《淮河流域水污染防治暂行条例》（1995 年），《太湖流域管理条例》（2011 年），《城镇排水与污水处理条例》（2013 年），《海洋石油勘探开发环境保护管理条例》（1983 年），《海洋倾废管理条例》（1985 年），《防止拆船污染环境管理条例》（1988 年），《防治陆源污染物损害海洋环境管理条例》（1990 年），《防治海洋工程建设项目污染损害海洋环境管理条例》（2006 年），《防治海岸工程建设项目污染损害海洋环境管理条例》（2007 年），《防治船舶污染海洋环境管理条例》（2009 年），《城市市容和环境卫生管理条例》（1993 年），《医疗废物管理条例》（2003 年），《废弃电器电子产品回收处理管理条例》（2009 年），《畜禽规模养殖污染防治条例》（2013 年），《农药管理条例》（2001 年修订），《危险化学品安全管理条例》（2002 年制定，2011 年修订），《规划环境影响评价条例》（2009 年），《消耗臭氧层物质管理条例》（2010 年）。

在一定程度上起到了减少温室气体排放的作用。

第二类，能源类法律、法规。

应对气候变化的法律与政策的主要内容是减少二氧化碳等温室气体排放、适应气候变化，能源法律和政策之所以与应对气候变化的法律和政策相关，是因为它与上述两方面的内容都有关。含有应对气候变化内容的能源法律主要有：《节约能源法》（1997 年 11 月 1 日通过，2007 年 10 月 28 日修订）、《可再生能源法》（2005 年 2 月 28 日通过，2009 年 12 月 26 日修订）、《电力法》（1995 年 12 月 28 日通过）、《煤炭法》（1996 年 8 月 29 日通过，2013 年 6 月 29 日修改）、《石油天然气管道保护法》（2010 年 6 月 25 日通过）。还制定了一些与应对气候变化有关的能源法规。[①] 例如，《节约能源法》是一部注重节能、减排、降耗，强化节能制度，推动全社会节约能源，提高能源利用效率，保护和改善环境，促进经济社会全面协调可持续发展，促使我国的经济增长建立在节约能源资源和保护环境的基础上的法律。该法对能效标识、能耗限额标准、节能产品认证以及工业节能、建筑节能、交通运输节能、重点用能单位节能作出了详细规定；设立了节能管理制度，节能标准与限额管理制度，高耗能产品、设备淘汰制度，重点用能单位管理制度，能源消费统计和能源利用状况分析制度，国家推行和鼓励开发利用节能技术制度，节约能源法律责任制度等制度。这些法律措施和法律制度对缓解能源压力和应对气候变化十分有益。

---

① 含有应对气候变化内容的能源行政法规主要有：《节约能源管理暂行条例》（1986 年），《民用核设施安全监督管理条例》（1986 年），《电力设施保护条例》（1987年），《电力监管条例》（2005 年），《公共机构节能条例》（2008 年），《民用建筑节能条例》（2008 年）《民用建筑节能条例》（2008 年），《城镇燃气管理条例》（2010 年），《电网调度管理条例》（1993 年制定，2011 年修订）。

第三类，自然资源类法律、法规。

与应对气候变化有关的自然资源法律主要有：《森林法》（1984年9月20日通过，2009年8月27日修订），《草原法》（1985年6月18日通过，2002年12月28日修订），《矿产资源法》（1986年3月19日通过，1996年修订），《土地管理法》（1986年6月25日通过，2004年修订），《水法》（1988年1月21日通过，2002年修订），《海域使用管理法》（2001年10月27日通过）等。还制定了一些与应对气候变化有关的自然资源法规。① 例如：《森林法》将"调节气候、改善环境"作为其立法目的之一，对"森林保护"和"植树造林"作出专章规定，对"环境保护林"和"森林生态效益补偿基金作出专门规定"，是应对气候变化的一部重要法律，为推进植树造林、发展碳汇林业、增强森林碳汇功能提供了有力的法律保障。森林是地球之肺，是陆地生态系统的主体，是陆地最大的储碳库和最经济的吸碳器，具有调节气候、美化环境、净化空气等多种功能，在维护地球生态平衡中起着决定性作用。森林植物通过光合作用吸收二氧化碳，放出氧气，把大气中的二氧化碳吸收和固定在植被和土壤中，具有重要的"碳汇"功能。我国森林植被总碳储量78.11亿吨，年吸收大气污染

----

① 有关自然资源行政法规主要有：《森林法实施条例》（2000年），《城市绿化条例》（1992年），《退耕还林条例》（2002年），《森林防火条例》（1988年颁布，2008年修订）；《河道管理条例》（1988年），《黄河水量调度条例》（2006年），《取水许可和水资源费征收管理条例》（2006年），《水文条例》（2007年）；《土地管理法实施条例》（1999年修改），《水土保持法实施条例》（1993年），《基本农田保护条例》（1998年），《土地复垦条例》（2011年）；《矿产资源法实施细则》（1994年），《对外合作开采陆上石油资源条例》（2001年修改），《对外合作开采海洋石油资源条例》（2001年、2011年修订）；《野生植物保护条例》（1996年），《植物新品种保护条例》（1997年），《自然保护区条例》（1994年），《风景名胜区条例》（2006年），《城市绿化条例》（1992年），《城市市容和环境卫生管理条例》（1992年）等。

物量 0.32 亿吨，年滞尘量 50.01 亿吨。仅固碳释氧、涵养水源、保育土壤、净化大气环境、积累营养物质及生物多样性保护等 6 项生态服务功能年价值达 10.01 万亿元。中国政府通过《森林法》采取植树造林等途径不断提升森林的"碳汇"功能，积极发展生物质能源，为应对全球气候变暖作出了重大贡献。

第四类，其他类法律、法规。

与应对气候变化有关的其他法律主要有：《气象法》（1999 年），《防沙治沙法》（2001 年），《水土保持法》（1991 年制定，2010 年修订），《突发事件应对法》（2007 年），《城乡规划法》（2007 年），《海岛保护法》（2009 年），《畜牧法》（2005 年），《矿山安全法》（1992 年），《农业法》（1993 年制定，2002 年修订），《乡镇企业法》（1996 年），《建筑法》（1997 年），《政府采购法》（2002 年），《科技进步法》（1993 年），《农业技术推广法》（1993 年），《标准化法》（1988 年）等。还制定了一些与上述法律相关且与应对气候变化有关的法规。例如，《气象法》规定："为了发展气象事业，规范气象工作，准确、及时地发布气象预报，防御气象灾害，合理开发利用和保护气候资源，为经济建设、国防建设、社会发展和人民生活提供气象服务，制定本法"（第一条）；"在中华人民共和国领域和中华人民共和国管辖的其他海域从事气象探测、预报、服务和气象灾害防御、气候资源利用、气象科学技术研究等活动，应当遵守本法"（第二条）。该法适用于应对气候变化的各种活动，特别是有关气候变化的观测、预报、服务和气象灾害防御、气候资源利用、气象科学技术研究等活动，因而该法是应对气候变化的一部重要法律。

2. 非专门性应对气候变化的法律规范性政策性文件

除上面介绍的法律、法规外，非专门性应对气候变化的规范性政策性文件主要包括如下几类：

第一类，中国共产党的政策文件。

主要指中国共产党的领导机关（包括中央和地方）依照党章规定权限而制定的各种纲领、章程、决议、决定、条例、通知、宣言、声明等文件。例如，胡锦涛在中国共产党第十七次全国代表大会上的报告[①] 及《中国共产党第十七次全国代表大会关于十六届中央委员会报告的决议》（2007 年 10 月 21 日中国共产党第十七次全国代表大会通过），胡锦涛同志在中国共产党第十八次全国代表大会上的报告[②] 及《中国共产党第十八次全国代表大会关于十七届中央委员会报告的决议》（2012 年 11 月 14 日中国共产党第十八次全国代表大会通过），《中共中央关于全面深化改革若干重大问题的决定》（2013 年 11 月 12 日中国共产党第十八届中央委员会第三次全体会议通过）[③] 等。

第二类，中国共产党的领导机关与国家机关联合发布的决定、决议、通知等文件。

---

① 胡锦涛：《高举中国特色社会主义伟大旗帜，为夺取全面建设小康社会新胜利而奋斗——在中国共产党第十七次全国代表大会上的报告》，《人民日报》2007 年 10 月 15 日。报告强调，"加强应对气候变化能力建设，为保护全球气候作出新贡献"。

② 《坚定不移沿着中国特色社会主义道路前进为全面建成小康社会而奋斗——胡锦涛同志代表第十七届中央委员会向大会作的报告》（2012 年 11 月 8 日，新华社北京2012 年 11 月 17 日电，《人民法院报》2012 年 11 月 18 日）。报告强调："坚持共同但有区别的责任原则、公平原则、各自能力原则，同国际社会一道积极应对全球气候变化。"

③ 例如，该决定要求："发展环保市场，推行节能量、碳排放权、排污权、水权交易制度，建立吸引社会资本投入生态环境保护的市场化机制，推行环境污染第三方治理。"

这类文件既可以列入国家法规类也可以列入党的政策文件类。例如，《中共中央、国务院关于大力开展植树造林的指示》（1980 年），《中共中央、国务院关于加快林业发展的决定》（2003 年），《中共中央国务院关于加快推进生态文明建设的意见》（2015 年 4 月 25 日）等文件。如《中共中央国务院关于加快推进生态文明建设的意见》（2015 年 4 月 25 日）强调：“积极应对气候变化。坚持当前长远相互兼顾、减缓适应全面推进，通过节约能源和提高能效，优化能源结构，增加森林、草原、湿地、海洋碳汇等手段，有效控制二氧化碳、甲烷、氢氟碳化物、全氟化碳、六氟化硫等温室气体排放。提高适应气候变化特别是应对极端天气和气候事件能力，加强监测、预警和预防，提高农业、林业、水资源等重点领域和生态脆弱地区适应气候变化的水平。扎实推进低碳省区、城市、城镇、产业园区、社区试点。坚持共同但有区别的责任原则、公平原则、各自能力原则，积极建设性地参与应对气候变化国际谈判，推动建立公平合理的全球应对气候变化格局。”

第三类，法律、法规以外的部委规章、地方政府规章和其他规范性、政策性文件。

这类文件包括对法律、法规的有权解释，中国同外国签订的宣言、声明，国务院制定的行政措施、决定和命令，国务院各部、委发布的命令、指示和规章，各种计划、规划、方案，国家预算，等等。在上述规范性、政策性文件中，有许多文件都包含应对气候变化的内容。据笔者检索，仅国务院及其各部委就制定了如下与应对气候变化有关的计划、规划和方案：《全国生态环境保护纲要》（2000年），《国民经济和社会发展第十一个五年规划纲要（2006—2010 年）》（2006 年），《国家中长期科学和技术发展规划纲要（2006—2020 年）》

（2006 年），《国家环境保护"十一五"规划》（2007 年），《农业生物质能产业发展规划（2007—2015 年)》（2007 年），《全国矿产资源规划 2008—2015》（2008 年），《中国生物多样性保护战略与行动计划（2011—2030 年)》（2010 年），《全国主体功能区规划》（2010 年），《国民经济和社会发展第十二个五年（2011—2015 年）规划纲要》（2011 年），《国家环境保护"十二五"科技发展规划》（2011 年），《国家"十二五"科学和技术发展规划》（2011 年），《国家能源科技"十二五"规划》（2011 年），《国家环境保护"十二五"规划》（2011 年），《全国重要江河湖泊水功能区划（2011—2030 年)》（2011 年），《工业转型升级规划(2011—2015 年)》(2011 年），《全国湿地保护工程"十二五"实施规划》（2012 年），《工业节能"十二五"规划》（2012 年），《全国农村环境综合整治"十二五"规划》（2012 年），《国家基本公共服务体系"十二五"规划》（2012 年），《服务业发展"十二五"规划》（2012 年），《现代服务业科技发展"十二五"专项规划》（2012 年），《环境服务业"十二五"发展规划（征求意见稿)》（2012 年），《煤炭工业发展"十二五"规划》（2012 年），《公路水路交通运输环境保护"十二五"发展规划》（2012 年），《节能与新能源汽车产业发展规划(2012—2020 年)》（2012 年），《铁路"十二五"节能规划》（2012 年），《"十二五"建筑节能专项规划》(2012 年），《可再生能源发展"十二五"规划》和水电、风电、太阳能、生物质能四个专题规划（2012 年），《推进生态文明建设规划纲要（2013—2020)》（2013 年），《国家循环经济发展战略及近期行动计划》（2013 年），《能源发展"十二五"规划》（2013 年），《全国生态保护"十二五"规划》（2013 年），《"十二五"绿色建筑和绿色生态城区发展规划》（2013 年），《2013 年工业节能与绿色发展专项行动实施方案》（2013 年），《绿色建筑行动方案》（2013

年），《大气污染防治行动计划》（2013 年），《长三角地区重点行业大气污染限期治理方案》（2014 年），《国家新型城镇化规划（2014—2020 年）》（2014 年），《水污染防治行动计划》（2015 年），《土壤环境保护和污染治理行动计划》（2015 年 6 月已经通过预审）等。

例如，《国家环境保护"十一五"规划》含有应对气候变化的内容，指出要强化能源节约和高效利用的政策导向，加大依法实施节能管理的力度，努力减缓温室气体排放；大力发展可再生能源以及控制工业生产过程中的温室气体排放等。《全国主体功能区规划》专门规定了"应对气候变化政策"，明确要求：建设低碳城市，降低温室气体排放强度；减缓农业农村温室气体排放，增强农业生产适应气候变化的能力；积极发展和消费可再生能源；有条件的地区积极发展风能、太阳能、地热能，充分利用清洁、低碳能源；开展气候变化对海平面、水资源、农业和生态环境等的影响评估；沿海的城市化地区要加强海岸带保护，在经济、城镇、基础设施等的布局方面强化应对海平面升高的适应性对策。《中华人民共和国国民经济和社会发展第十二个五年（2011—2015 年）规划纲要》（2011 年 3 月 14 日第十一届全国人民代表大会第四次会议批准，《人民日报》2011 年 3 月 17 日全文刊登）明确规定，到 2015 年，非化石能源占一次能源消费比重达到 11.4%。单位国内生产总值能源消耗降低 16%，单位国内生产总值二氧化碳排放降低 17%。主要污染物排放总量显著减少，化学需氧量、二氧化硫排放分别减少 8%，氨氮、氮氧化物排放分别减少 10%。森林覆盖率提高到 21.66%，森林蓄积量增加 6 亿立方米。也就是说，旨在应对气候变化、减缓二氧化碳排放的三大指标（非化石能源占一次能源消费比重达到 11.4%。单位国内生产总值能源消耗降低 16%，单位国内生产总值二氧化碳排放降低 17%）已经成为我国"十二五"

规划期间的约束性指标。该规划纲要还提出了"探索建立低碳产品标准、标识和认证制度，建立完善温室气体排放统计核算制度，逐步建立碳排放交易市场。推进低碳试点示范"等有关应对气候变化的具体措施和制度。

二、中国应对气候变化立法存在的问题和改进之道

目前我国虽然已经初步建立应对气候变化的法治体系和法律体系，但也存在某些不能适应和满足应对气候变化工作的不足和问题。我们应该总结我国应对气候变化法治建设的经验，学习借鉴国外应对气候变化法治建设的有益的经验，从中国国情和特点出发，进一步加强和促进我国应对气候变化法治建设的发展。

（一）加强应对气候变化的专门立法

加强应对气候变化的专门立法，主要是指加强专门应对气候变化的法律、法规和规章的制定。

目前我国专门应对气候变化的法律政策文件的效力等级比较低，绝大多数是一些部门规章和地方政府规章，还没有制定专门应对气候变化的法律和行政法规。按照狭义的法律概念，由国务院各部委和有规章制定权的政府制定的规章，还不算严格意义上的法律。另外，目前我国专门应对气候变化的规章所规范的内容比较狭窄，并且侧重于对外合作领域、经济性技术性的监督管理，主要涉及应对气候变化的对外合作管理、清洁发展机制项目和基金管理、温室气体自愿减排交

易管理、低碳产品认证管理、碳排放降低目标责任考核评估和节能低碳技术推广管理等方面。由于缺乏上位法规和法律作基础，再加之缺乏应对气候变化的国家政策、原则、目标、基本的权利义务和职责的法律规定，要依照这些规章落实上述具体管理制度是十分困难的。这种状态使得我国应对气候变化的法律缺乏足够的法律强制力和约束力，因而很难有效地将应对气候变化纳入法定化、制度化、程序化的法治轨道。其实，早在 2011 年，在国家发展与改革委员会和环境保护部的协调下，中国社会科学院法学研究所和瑞士联邦国际合作与发展署已经启动"中华人民共和国气候变化应对法"（社科院建议稿）这一双边合作项目，到 2012 年 3 月 18 日已经完成《气候变化应对法（中国社科院建议稿）》。2012 年，国家发展改革委、全国人大环资委、全国人大法工委、国务院法制办和有关部门联合成立了应对气候变化法律起草工作领导小组，到 2014 年已初步形成应对气候变化法的立法框架，但是由于各种原因，至今仍未颁布。笔者建议，应该创造条件，尽快制定"气候变化应对法"，使其成为我国应对气候变化领域一项综合性、基础性的法律。"气候变化应对法"应该主要规定应对气候变化的国家政策、目标、任务、基本原则，基本的权利、义务和职责，气候变化的减缓措施、适应措施、保障措施和制度，气候变化应对的管理体制和监督管理制度，气候变化应对的宣传教育科研和公众参与，气候变化应对的国际合作，以及违反应对气候变化法律的法律责任，通过明确各方权利义务关系，为应对气候变化工作提供法律依据和法治基础。应该结合"气候变化应对法"，制定相应的配套法规，例如将《低碳产品认证管理暂行办法》上升为《低碳产品认证管理条例》，将上述应对气候变化的规章所规范的具体的监督管理制度，如温室气候减排责任制度、碳交易制度、碳排放认证制度、温室气体排放基础统计制度、温室气体排放监测制度等，上升为严格的法律制度。

（二）将应对气候变化的内容纳入到相关法律之中

将应对气候变化的内容纳入到相关法律之中，主要是指将应对气候变化的内容纳入到防治污染、保护环境、合理自然资源、节约和合理利用能源、防治自生态破坏和然灾害等相关的法律、法规和规章之中。

目前我国已经基本形成防治污染、保护环境的法律体系，合理利用和管理自然资源的法律体系，节约和合理利用能源的法律体系，防治生态破坏和自然灾害的法律体系，上述法律体系大都与应对气候变化有关。但是，目前上述法律体系中的绝大多数法律、法规和规章，基本上没有明确规定或涉及气候变化（包括减缓气候变化、适应气候变化、控制温室气体排放、发展低碳经济等）的内容。例如，在现行的《环境保护法》（2014 年修改），《大气污染防治法》（2000年），《环境影响评价法》（2002 年），《循环经济促进法》（2008 年），《节约能源法》（2007 年），《可再生能源法》（2009 年），《煤炭法》（2013年），《森林法》（2009 年），《气象法》（1999 年），《防沙治沙法》（2001年），《城乡规划法》（2007 年），《畜牧法》（2005 年），《矿山安全法》（1992 年），《农业法》（2002 年修订），《建筑法》（1997 年），《政府采购法》（2002 年），《科技进步法》（1993 年），《农业技术推广法》（1993 年），《标准化法》（1988 年）等法律中，都没有提到"气候变化"、"气候变暖"、"减缓气候变化"、"适应气候变化"、"控制温室气体排放"、"发展低碳经济"等术语或内容。严格地说，我们讲上述法律与应对气候变化相关，有些勉强甚至牵强附会。这种状况极大地降低甚至妨碍了这些法律在应对气候变化方面的作用。我们应该通过对上述法律的修改，将其调整范围扩大到应对气候变化领域，增加有关应对气候变化的内容，从而更加充分、有效地利用已有的、现行的法律制度资料，起到"旧瓶装新酒"、不制定新的法律也能够应对气候变化的作用。另外，修改、完善与应对气候变化相关的法律法规，完善能源、节能、可再生能源、循环经济、环保、林业、农业等相关领域法律法规，还可以发挥相关法律法规对推动应对气候变化工作的保障作用，保持各领域政策与行动的一致性，形成协同效应。为此，笔者建议国家气象局启动修改《气象法》（1999年）和制定"气象灾害防御法"的立法研究，增加有关应对气候变化的内容。在今后修改《环境保护法》和其他防治污染法律时，应该增加有关应对气候变化、控制温室气体的内容。国家环境保护部在2014年修改《大气污染防治法》时，曾经纳入有关控制温室气候排放的专章，但是后来又删去了这些内容。笔者认为，在《大气污染防治法》中可以增加有关控制温室气体、应对气候变化的内容。2015年5月，笔者负责的"《大气污染防治法》修改专家建议稿及理由说明"课题组，向中国法学会和国家有关部门提交了《大气污染防治法（专家建议稿草案）》，增设了"控制温室气体排放"，增加了大量应对气候变化的内容。[1] 课题组在"《大气

---

① 增加了控制温室气体的原则、基本政策措施和法律制度。例如，国家推动建立绿色和低碳GDP发展机制，采取措施转变经济发展方式，促进经济向高能效、低能耗、低排放模式转型。国家通过政策引导、资金支持和科技研发，调整优化能源结构，发展清洁能源，减少化石能源的利用，减少温室气体的排放。国家采取措施调整优化产业结构，优先发展节约能源、减少温室气体排放、增加碳汇的低碳产业，鼓励发展既绿色又低碳的高新技术产业和现代服务业，严格控制各类产业发展中的温室气体排放。

污染防治法（修订草案专家建议稿）》说明"中阐明了增加应对气候变化的理由：

第一，在《大气污染防治法》中增加应对气候变化的内容，有利于将大气污染防治与应对气候变化结合起来，更好地开展大气污染防治和应对气候变化工作。这是因为，温室气体的排放与二氧化硫、氮氧化物、烟尘、粉尘等的排放具有伴生性，其有害作用具有同构性，共防治方法具有同质性，能源结构不合理和使用效率低是造成我国大气污染和气候变化的主要原因，通过调整能源结构（提高新能源和可再生能源比例，降低化石能源比重）和提高能源利用效率（尤其是化石能源利用效率），能同时大幅度实现温室气体和传统大气污染物的减排。关于是否可以将二氧化碳作为污染物质，在美国、法国、澳大利亚等国的环境科学界和法学界曾经开展过研究和辩论，研究和辩论的结果是可以将超过大气环境中二氧化碳本底值的新增二氧化碳作为污染物质。2005 年 7 月 1 日，澳大利亚通过了把二氧化碳作为污染物质对待的法案，并相应地修订了国家的污染物质清单。2005 年 11 月底，加拿大把二氧化碳等 6 种温室气体物质列为受《环境保护法》管制的污染物质。2007 年 4 月 2 日，在"马萨诸塞州等诉美国环保局"一案中，美国联邦最高法院作出最后判决，确认二氧化碳为污染物质，应受《清洁空气法》的调整，联邦环保局应当行使环境监管职责，制定机动车尾气排放标准。在中国，氧化亚氮、全氟碳化物、炭黑等温室气体已经在环保标准和法规中作为大气污染物质，二氧化碳在某些卫生和劳动保护法规标准中也已经作为法律控制的有害物体。我们认为：世界上没有天生的、固定不变的、不考虑其数量和浓度的污染物和有害物，某物是否属于污染物是由该物质在环境中的数量、浓度、存续时间、分布空间以及人们对其有害程度的评估决定的；一种物质在大气中的数量或浓度超过一定的阈值并影响大气的化学生物性质从而产生有害影响时，都可以列为大气污染物；[①] 当二氧化碳等温室气体在大气中的数量达到一定程度并引起气候变暖时，人们就可以将其视为或列为大气污染物。

第二，积极应对气候变化、有效控制温室气体排放，事关全国人民能否呼吸上新鲜的空气和享有良好的气候资源的切身利益，将其纳入《大气污染防治法》的调整范围，符合该法的宗旨和全国人民利益，有利于实现大气污染的综合防治和大气质量的全面改善。2009 年 8 月 27 日，第十一届全国人民代表大会常务委员会第十次会议通过了《全国人民代表大会常务委员会关于积极应对气候变化的决议》。该决议强调要求："适时修改完善与应对气候变化、环境保护相关的法律，及时出台配套法规，并根据实际情况制定新的法律法规，为应对气候变化提供更加有力的法制保障。"在《大气污染防治法》的修订研究过程中，有关各方对应对气候变化问题给予了高度关注，一些人大代表和专家学者建议在《大气污染防治法》的修订中对气候变化应对措施作出原则性规定，以立法形式肯定我国政府积极应对气候变化、积极参与全球应对气候变化的合作、减少温室气体排放的立场和措施，为应对气候变化提供更加有力的法制保障。将控制温室气体纳入《大气污染防治法》的调整范围，就是基于上述考虑和人大代表与众多学者的建议。

第三，将控制温室气候排放纳入《大气污染防治法》的调整范

---

① 例如，《俄罗斯联邦环境保护法》（2002 年 1 月 10 日公布施行）在第一条基本概念中明确规定："污染物是其数量和（或）浓度超过为化学物质（包括放射性物质）、其他物质和微生物规定的标准，并对环境产生不良影响的物质或混合物。"

围，是一种最便捷、最有效的应对气候变化立法模式和立法技术，通过《大气污染防治法》应对气候变化具有立法成本低、效益高的特点。在《大气污染防治法》中增加应对气候变化的内容，有利于充分利用现有资源，包括现行的环境标准、环境规划、环境统计、环境监测、环境影响评价、建设项目管理、总量控制、环境许可、环境现场检查等环境资源法律制度等现有制度资源，环境资源保护管理组织机构人员等现有组织人力资源，节约立法和执法成本，提高立法和执法效率。将温室气体控制纳入《大气污染防治法》具有充分利用现有的现行大气污染防治法律制度资源、机构、人员、设备的优点，也有利于克服部门立法的积习。对今后的应对气候变化立法是有益无害，它不仅不会妨碍今后的应对气候变化立法，而且会对应对气候变化立法提供经验、创造条件，最终形成以《气候变化应对法》为专门法规，以《大气污染防治法》为主要相关法律的应对气候变化的法律体系。

必须指出的是，除了修改与应对气候变化有关的法律法规外，还要建立低碳标准体系，研究制定电力、钢铁、有色、建材、石化、化工、交通、建筑等重点行业温室气体排放标准，研究制定低碳产品评价标准及低碳技术、温室气体管理等相关标准，鼓励地方、行业开展相关标准化工作。

（三）统筹应对气候变化的国内政策和外交政策，促进国内和国际应对气候变化法治建设的发展

目前我国已经制定和实施一整套应对气候变化的政策，从 2008 年至 2014 年共发布了 7 个《中国应对气候变化的政策与行动白

皮书》①，详细介绍了中国应对气候变化的政策、法律和行动状况。这些政策已经明确规定了我国应对气候变化的立场、态度、方针、原则、目标、任务、途径和主要方法与措施。我们应该将国内应对气候变化的法治建设与国际应对气候变化的国际法建设紧密结合起来，从中国现实和中国特点出发，结合国际和国内应对气候变化工作的形势、发展和需要，从如下几个方面进一步加强和促进应对气候变化的法治建设。

第一，坚持正确的理念和价值观，夯实将国内和国际应对气候变化法治建设结合起来的思想认识基础。只有正确认识国际社会应对气候变化的各种主张、利益、博弈和错综复杂的形势，把握国际社会应对气候变化的主流和方向，才能促进国际社会应对气候变化事业和国际应对气候变化法治建设的进一步发展。无论是根据联合国政府间气候变化专门委员会发表的五次《气候变化评估报告》②，还是根据我

① 《中国应对气候变化的政策与行动（白皮书）》（2008 年 10 月 29 日发布），《中国应对气候变化的政策与行动——2009 年度报告》（2009 年 11 月 26 日），《中国应对气候变化的政策与行动——2010 年度报告》（2010 年 11 月 23 日），《中国应对气候变化的政策与行动——2011 年度报告》（2011 年 11 月 22 日），《中国应对气候变化的政策与行动 2012 年度报告》（2012 年 11 月），《中国应对气候变化的政策与行动 2013 年度报告》（2013 年 11 月），《中国应对气候变化的政策与行动 2014 年度报告》（2014 年 11 月）。另外，国家林业局办公室在 2014 年 2 月 27 日印发了《2013 年林业应对气候变化政策与行动白皮书》。

② 联合国政府间气候变化专门委员会（Intergovernmental Panel on Climate Change，IPCC，又译政府间气候变化专业委员会、跨政府气候变化委员会等）已分别在 1990 年、1995 年、2001 年、2007 年和 2014 年发表五次正式的《气候变化评估报告》。IPCC 第一次评估报告于 1990 年发布，报告确认了对有关气候变化问题的科学基础，认为人类活动排放的大气污染物，正在使大气中的温室气体浓度显著增加。这些温室气体包括二氧化碳、甲烷、氯氟烃（CFC）和一氧化二氮。时隔两年，该报告催生了《联合国气候变化框架公约》（UNFCCC）。第二次评估报告于 1997 年发布，报告认为气候变暖在很大程度上是由于人类活动造成的，这些活动主要包括矿物燃料的燃烧、

国发表的三次《气候变化国家评估报告》①，都可以得出应对气候变化的正当性（包括合理性和必要性）。全球气候变化是各国共同面临和关心的问题，是人类迄今为止面临的规模最大、范围最广、影响最为深远的挑战之一，也是影响未来世界经济和社会发展、重构全球政治和经济格局的最重要因素之一。中国作为温室气体排放最大的发展中国家，既是全球温室气体最大的排放者之一，也是减缓温室气体排放的最大贡献者之一。作为世界人口最多、自然生态环境脆弱、自然灾害最严重的中国是全球气候变化的最大受害者之一。全球气候是人类共同享受的共用资源，应对全球气候变化是最大的全球性公共产品之一，中国是应对气候变化的最大受益者之一。无论是作为全球气候变暖的受害者、受益者，抑或是温室气体的排放者及其减排的贡献者，还是作为应对气候变化的倡导者和主要力量，作为联合国安理会常任理事国、世界最大的发展中国家的中国对全球治理承担重要的大国责

土地的过度开发和不适当的农业作业等，报告发布两年后《京都议定书》诞生。第三次评估报告于 2001 年发布，指出到 2100 年，大气中的温室气体密度的上升，将导致全球气温升高 1.4℃－5.8℃。气温上升的幅度，将是过去一万年以来变化最大的，将会对人类社会和自然环境带来显著影响。第四次评估报告于 2007 年发布，报告发布后，全球社会对气候变化都有了更全面的认识，巴厘路线图通过。第五次评估报告于 2014 年 11 月 2 日在丹麦哥本哈根发布，指出人类对气候系统的影响是明确的，而且这种影响在不断增强，在世界各个大洲都已观测到种种影响。上述报告以科学问题为切入点，汇集和评估了世界上与气候变化有关的科学、技术、社会和经济研究成果，形成的最主要的结论是，由人类活动导致的温室气体排放是近五十年来引起全球气候变暖的主要原因。这一结论为国际社会应对气候变化和为《联合国气候变化框架公约》的谈判提供了重要的科学基础。

　　① 中国从 2006 年至 2014 年已经发表三次《气候变化国家评估报告》，即中国首次气候变化国家评估报告（2006 年 12 月 26 日），第二次气候变化国家评估报告（2011 年 11 月 15 日）和第三次气候变化国家评估报告（2014 年 12 月 6 日），这三个详细报告介绍了气候变化及其影响的真实情况。

任。由于人的经济人本性以及与此有关的狭隘的国家主权意识，加之各国在承担成本和分享收益上的不均等，使应对气候变化的气候谈判陷入了"囚徒困境"的僵局。基于对"达成减排协议每推迟一年，温室气体存量和全球气温就会增加、升高"的担忧，无论对国际社会还是对中国来说，时间已经非常紧迫，我们必须在尽可能短的时间内作出有效减少温室气体排放的选择。中国人民高度重视全球气候变化问题，中国政府一直重视通过国际谈判和国际合作，促进国际应对气候变化法的发展，推动建立公平合理的国际气候制度。我们应该遵循《中美气候变化联合声明》（2014 年 11 月 12 日）的精神，在今后的应对气候变化国际协定谈判中，承担承诺"中国计划 2030 年左右二氧化碳排放达到峰值且将努力早日达峰，并计划到 2030 年非化石能源占一次能源消费比重提高到 20% 左右"的减排责任，支持 2015 年巴黎会议如期达成协议。我们应该积极、建设性参与全球 2020 年后应对气候变化强化行动目标的谈判，作出最大努力，发挥负责任大国的作用，承担与发展阶段、应负责任和实际能力相称的国际义务。

第二，目前国际社会应对气候变化的主流符合包括中华民族在内的人类和地球村居民的共同利益。国际和国内是我国应对气候变化的两种资源、两条战线和两项任务。国际和国内应对气候变化的努力相互联系、补充和呼应，如果缺乏国际社会的共同努力，单凭中国一个国家无法有效应对全球气候变暖；如果中国不积极应对气候变化，应对气候变化的国际努力也会大打折扣。从总体上看，加强应对气候变化的国际努力、促进国际应对气候变化国际法的发展，对我国利大于弊，有利于我国经济结构、经济发展方式的合理转变和生态文明建设的发展。我国应该借助于国际社会应对气候变化的努力和应对气候变化的国际法的发展，促进我国国内生态文明建设、环境保护、节能减排、循环经济、绿色经济、低碳经济、清洁生产、经济结构调整、产品更新换代的进一步发展。我们应该将国际社会应对气候变化的努力和对我国的压力，转变为国内环境保护、绿色经济和生态文明建设进一步发展的动力，落实我国 2020 年控制温室气体排放和节能减排的行动目标，在可持续发展和生态文明建设的框架下积极应对气候变化。中国政府高度重视应对气候变化工作，已经通过国内的计划（规划）、行动方案等具有约束力的法律政策文件明确规定控制温室气候、应对气候变化的方针、政策、目标、任务、措施和制度。一个国家的外交政策是国内政策的延伸和发展，我国应对气候变化的外交政策同样应该是应对气候变化的国内政策的延伸和发展。我们要像在国内抓环境保护和生态文明建设那样，在国际上认真抓应对气候变化的工作。应该将我国在国内开展的应对气候变化的大量工作以及应对气候变化法治建设的成就，展现在国际舞台，将国内已经明确的控制温室气体目标、减缓和适应气候变化措施等应对气候变化工作，贯彻到国际应对气候变化的谈判和事业中，承担与我国发展阶段、应负责任和实际能力相称的国际义务，为保护全球气候作出积极贡献。

第三，采取切实有效的措施，促进应对气候变化法治建设的进一步发展。地球大气环境是人类和一切生物的基本生存条件，全球气候资源是地球村居民共同享用的自然资源。一切人都有享用良好大气环境和全球气候资源的权利，都有保护大气环境、应对全球气候变暖的义务。无论在国际还是在国内应对气候变化的法治建设中，我们只有树立生态文明理念和全球共同利益的观点，妥善处理人类共同利益与国别利益的关系，明确各方权利义务责任关系，建立健全应对气候变化的法律制度和管理体系，坚持各国政府在应对气候变化方面的主导作用，坚持依靠各国政府对国应对气候变化工作负责的原则，依靠公众参与，规范企业排放温室气体的行为，才能为应对气候变化工作提供法治基础，发挥相关法律法规对推动应对气候变化工作的保障作用。我们应该坚持以《联合国气候变化框架公约》、《京都议定书》等国际公约为基本框架的国际气候制度，坚持以公约框架下的多边谈判作为应对气候变化的主渠道，坚持"共同但有区别的责任"原则、公平原则和各自能力原则，坚持公开透明、广泛参与、缔约方驱动和协商一致的原则，在公平合理、务实有效和合作共赢的基础上推动气候谈判取得进展，与国际社会共同努力，建立公平合理的全球应对气候变化制度，不断加强国际应对气候变化公约的全面、有效和持续实施。

有关公众参与气候变化应对的立法建议

常纪文，国务院发展研究中心资源与环境政策研究所副所长、研究员，中国社会科学院法学研究所教授。

　　尽快制定专门的"气候变化应对法"已成为当前各界的共识。中国作为世界上最大的发展中国家，也是温室气体排放量最大的发展中国家。离开了公众的理解、参与、支持和监督，应对气候变化工作不会取得最大的实效。目前，由于发展水平所限，我国的气候变化应对工作尚未取得全民的理解。如何用制度和机制保障公众参与应对气候变化，提高公众参与的积极性，使气候变化应对事业全民化，防止邻避等无序参与的现象发生，在人民是法治主体的年代，是一个值得思考的立法和法学研究问题。为了使公众参与气候变化应对的立法建议具有全面性、科学性和针对性，2014 年 10 月 25—26 日，国务院发展研究中心资源与环境政策研究所与德国国际合作公司（GIZ）联合召开"中德公众参与气候变化应对之立法研讨会"来自全国人大常委会法工委、全国人大环资委、国家发改委、环境保护部、国家能源局、国家林业局、国家海洋局、企业界、律师界、气候实务界、科研院所的代表七十余人参加了会议，围绕笔者提出的"气候变化应对法"有关公众参与条文的建议稿进行了深入的研讨。

关于"气候变化应对法"的主要内容，各方面基本达成了共识，即内容应当包括总则，气候变化应对的职责、权利和义务，气候变化的减缓措施，气候变化的适应措施，气候变化应对的保障措施，气候变化应对的管理和监督，气候变化应对的国际合作，法律责任，附则等内容。主要的争议还是该法律分几章、每章的内容包括哪些方面的内容等。关于公众参与条文的讨论主要有以下几方面。

一、公众的定义与公众参与的情形

公众参与作为一个法学术语，来源于欧美等发达国家和地区。在我国，2014 年修订的《环境保护法》专门设立了"信息公开和公众参与"一章。公众参与的主体包括个人、法人和其他组织。在权利和义务的主体结构中，与公众相对应的主体是政府和企业，政府和企业对社会的义务具有社会性，即对世性。"气候变化应对法"的公众范围应当与《环境保护法》规定的范围大体一致。在一些情况下，应更加突出妇女、青年、民族地区、社区的参与作用。由于公众的概念很模糊，在不同的场合可能有不同的指向，如对于某个特定的企业，在国家政策制定的情形下属于公众，但在碳排放交易和行政执法的场合，又不属于公众，因此给公众下一个定义很难。如果坚持给公众下定义，可能会因定义不全面、不科学而限制个人、法人和其他组织的参与和监督权利。由于立法具有指导性和实用性，可以考虑不下定义，在总则中对公众的范围尽可能扩大一些，再在各具体的情形下予以限定或者明确。公众是一个相对的动态发展的概念，加害者、受害者、旁观者在行政执法领域难以同时纳入公众的范畴，但在决策领域却可以。在决策的领域，可以把受气候影响需要搬迁的居民、微信和微博用户、大学生社会团体等吸收进来，体现共治的广泛性。另外，个体利益不等于共同利益或者团体利益，所以，个体的代表性也需要甄别。最好的办法是，基于法律关系或者领域的不同，在附则中对公众参与的情形进行分类。① 目前，已达成共识的公众参与方式为：受到气候变化影响的个人、家庭、单位和其他组织，包括因受到气候变化影响而移民的个人和家庭等，对气候变化应对有关的决策、政策、规划和立法提出建议；利用私权使自己免受公权侵害的个人、单位和其他组织，包括与气候变化应对有关的决策、政策、规划和立法所涉及的私权主体，对决策、政

----

① 建议法条：[公众参与的情形] 本法所指的公众参与，包括以下五种情形：（一）受到气候变化影响的个人、家庭、单位和其他组织，包括因受到气候变化影响移民的个人和家庭等，对气候变化应对有关的决策、政策、规划和立法提出建议；（二）利用私权使自己免受公权侵害的个人、单位和其他组织，包括与气候变化应对有关的决策、政策、规划和立法所涉及的私权主体，对决策、政策、规划和立法提出建议，对决策、行政、规划和立法进行监督，并依法维护自身的权益；（三）利用私权使自己免受其他私权侵害的个人、单位和其他组织，包括受到气候变化影响的个人、单位和其他组织或者法律所授权的个人、单位和其他组织，依据法律的规定，对企业等市场主体是否遵守气候变化法律规定进行参与和监督；（四）社区自治中享有自治权利的个人、家庭、单位和其他组织，包括城市居民社区、农村集体组织及其居民等，在其自治的区域内，对气候变化应对事项进行自我管理；（五）在法治社会框架内，个人、单位和其他组织，包括气候变化应对志愿者、社会服务提供者、气候变化应对非政府组织等，从事与气候变化应对有关的社会管理和服务。

策、规划和立法提出建议，对决策、行政、规划和立法进行监督并依法维护自身的权益；利用私权使自己免受其他私权侵害的个人、单位和其他组织，包括受到气候变化影响的个人、单位和其他组织或者法律所授权的个人、单位和其他组织，依据法律的规定对企业等市场主体是否遵守气候变化法律规定进行参与和监督；社区自治中享有自治权利的个人、家庭、单位和其他组织，包括城市居民社区、农村集体组织及其居民等，在其自治的区域内，对气候变化应对事项进行自我管理；在法治社会框架内，个人、单位和其他组织，包括气候变化应对志愿者、社会服务提供者、气候变化应对非政府组织等，从事与气候变化应对有关的社会管理和服务。

二、公众参与的法律属性

公众参与已被公认为环境法的基本原则。气候变化是大气环境影响物质导致的气温改变和气候改变问题，属于环境问题，并与雾霾等大气环境问题同根同源，因此公众参与作为一个基本原则，也应当在"气候变化应对法"中得到全面体现。为此，"气候变化应对法"必须在总则的基本政策、方针中体现公众参与的基本内容，规定专门的公众参与原则，设立鼓励甚至奖励公众参与的措施。基本的内容应当包括公众参与的目标、公众参与的事项、公众参与的方式、公众参与的环节、公众参与的条件保障、信息公开、公众的监督等方面。这些内容的设计应当符合参与民主、衔接、协调高效和有序的要求。也只有这样，公众参与的基本原则法律属性，才能在

"气候变化应对法"之中得到充分的体现。①

三、公众参与的规定方式

在环境共治的时代，公众参与应当是一项环境法律权利，为此《气候变化应对法》宜在总则中明确宣告个人、法人和其他社会组织关于气候变化应对的权利和义务，为气候变化共治的制度化奠定基础。为此，建议稿宜在分则中设立专章规定各方的权利和义务以及这些权利义务运行的程序。② 值得注意的是《气候变化应对法》是一个

---

① 建议法条：[指导方针] 气候变化应对坚持以节约能源、更新能源结构、优化产业结构、发展低碳经济、加强生态保护和建设为重点，以科学技术进步和创新为支撑，以培育低碳发展为理念，促进国际合作及国家与社会的合作，不断提高气候变化应对的能力，为保护全球和区域气候作出积极贡献。

[公众参与原则] 气候变化应对坚持公众参与的原则。气候变化应对既是公众的权利，也是公众的义务。气候变化应对的公众参与，应当符合保护全球和区域气候、保障公众权利有序行使、促进合作或协商、减少和化解社会纠纷的要求。国家采取形式多样的宣传措施，取得全社会对气候变化的体谅和支持。国家采取措施，提高公众参与的能力和效率，鼓励和引导公众参与气候变化应对政策、决策和立法的制定、实施和监督，鼓励和引导公众参与气候变化应对科技进步、科技创新、科技成果应用、宣传教育、市场交易和经济产业的发展。国家鼓励各地区结合本地的经济社会发展实际和民族传统开展气候变化应对及其立法工作。

② 建议法条：[企事业单位的义务和权利] 企事业单位应建立健全制度，采取有效措施控制和减少其生产经营活动排放的温室气体，协助监督管理部门实施气候变化应对的政策措施。企事业单位应当开展节能减排教育和岗位节能减排培训，改革工艺，改进技术，提高能源利用效率，减少温室气体的排放。企事业单位有参与气候变化应对科技研发、产业发展、碳排放交易等相关活动的权利，有尽早参与国家和区域与气候变化应对有关的立法、决策、政策和规划制定的权利。

[行业等的角色和权利] 国家鼓励和支持行业协会和学会在控制和减少温室气体排放、发展低碳技术中发挥技术指导、技术服务和行动协调作用。行业协会和学会有尽

综合性基础法，或者说是气候变化应对领域的框架法，不可能对各领域的公众参与作出全面、细致的规定，这需要规划、法规和规章在其指导下予以细化。当然，也需要把目前气候变化应对的诸多行动计划中比较成熟的公众参与规定巩固到"气候变化应对法"中。尽管如此，一些关键的公众参与举措，如民事公益诉讼、环境信息公开、参与决策等，需要直接在"气候变化应对法"中明确规定。

四、公众参与的形式与环节

一般认为，公众参与的方式主要包括两种：一种是从上而下，另一种是自下而上。目前，政府十分支持多元主体参与的公众参与方式。政府一方面要保障公众参与，另一方面也要引导公众参与。在公众参与方式的选择上，当前仍应是以政府保障、提供的正式方式为主，以公众自发的非正式方式为辅。非正式参与主要包括以网络参与为主要形式的

早参与国家和区域与气候变化应对有关的立法、决策、政策和规划制定的权利。国家鼓励和支持中介机构开展有关低碳生活的宣传教育、科技研发、技术推广和咨询服务。

[社会组织的角色和权利] 社会团体和其他社会组织有权协助政府实施气候变化应对的政策措施，评估气候变化的影响，开展宣传教育和技术服务，提高全社会应对气候变化的意识，并在行业节能减排规划、节能减排标准的制定和实施、节能减排技术推广、能源消费统计、节能减排宣传培训和信息咨询等方面加强交流与合作。社会团体和其他社会组织依法享有气候变化应对的知情、参与、建议和监督的权利，并有权举报违反温室气体排放控制法律法规的行为。

[个人的义务和权利] 个人应理解国家社会采取的气候变化应对措施，自觉树立能源节约和应对气候变化的意识，努力采取低碳环保的生产生活方式，努力配合国家及地方人民政府实施的气候变化应对政策措施。个人依法享有气候变化应对的知情、参与、建议和监督的权利，并有权举报违反温室气体排放控制法律法规的行为。

新媒体参与、圆桌研讨会、市民专家小组、签名集会等形式。其中圆桌会议值得提倡，其既可以帮助公众更好地理解国家的气候变化法律、法规、政策，也能帮助政府更好地作出决定。在一些情况下，非正式参与方式更能发挥调动公众尤其是普通民众参与气候变化的积极性。无论是哪种形式，都要高效，保证充分参与，并针对城市、农村地区的不同特性规定不同的参与渠道和机制。关于公众参与的环节，在目前我国的国情下，应当重点保障公众参与决策的权利和参与监督企业的权利，可以考虑针对违规排放温室气体的企业建立气候变化应对的民事公益诉讼制度。①

五、公众参与的制度构建

我们应当把公众参与的原则转化为具体的行动和要求。为此"气候变化应对法"应当在气候变化的减缓措施、气候变化的适应措施、气候变化应对的保障措施等对策性章节中规定公众参与的情形、方式、程序和内容，规定行为的要求或者保障措施，并使这些规定具有均衡性。海洋环境保护领域的代表提出，海洋作为我国适应气候变化的四个重点区域之一，立法要关注公众参与在滨海湿地的固碳能力、海洋特别是海岸带的生态建设、防治海洋灾害等领域的作用；林业领域的代表指出，森林对应对气候变化具有十分重要的作用，公众是保

---

① 建议法条：[总体要求] 国家采取措施，发挥新媒体参与、圆桌会议、市民代表会议、专家小组会议、听证会、签名等公众有序参与气候变化应对方式的作用。具体办法由国务院制定。气候变化公众参与的形式及其保障，应当符合城乡特点和各行业的需求。

护森林资源、植树造林的主要力量，因而立法应当予以重视；① 能源领域的代表认为，只有消费者积极参与，才能够有效解决能源结构转型带来的问题；只有公众参与碳排放权的交易，才能减少碳排放市场的交易风险，提高市场的交易效率，实行共赢。此外，还应该在气候变化应对的监督管理部分规定公众的知情权和监督权。值得注意的是，气候变化应对的公众参与制度应当和大气污染防治等环境保护、能源管理领域的公众参与制度既相衔接以体现协同性也相区别以体现领域的相对独立性。为此，目前在制定"气候变化应对法"时，不仅要制定统领性的气候变化应对公众参与规定，还要修订《循环经济促进法》、《清洁生产促进法》、《可再生能源法》以及与自然灾害、大气污染防治、农业等相关的法律、法规和政策，协调其与其他相关法律、法规之间的关系，做好沟通与协调工作，从而避免立法规定冲突、重叠的现象出现。

六、公众参与的意识培育和能力建设

气候变化及其应对在中国这样一个发展中大国尚未深入人心，因此它仍然是一个需要继续深化教育的提高素质的话题，是一个需要社会各界广泛参与的事业。由于宣传教育和社会参与是法律得到有效实

---

① 建议法条：[海洋和林业等适应措施] 国家采取措施，鼓励各方面的力量参与提高滨海湿地的固碳能力，开展海洋特别是海岸带的生态建设，防治海洋灾害。国家采取措施，鼓励各方面的力量植树、造林、种旱，保护森林资源，防治病虫害等灾害，提高适应气候变化的能力。

施的重要条件，"气候变化应对法"应当对其予以极大的关注。为此，建议稿在"气候变化应对的保障措施"部分设计了总体要求、宣传方式、对外宣传、在校教育、在职教育和社会参与等条文，要求将气候变化及其应对纳入国家教育体系，纳入国家和地方环境保护教育的中长期规划；要求发挥报纸、书籍、广播、电视、杂志、互联网、手机等媒体的作用；要求媒体制作播放与气候变化、节能减排、低碳发展有关的节目和公益广告；要求国务院宣传部门每年以多种文字语言对外发布《中国应对气候变化白皮书》和其他相关信息，广泛获取国内外的理解、认同和支持；要求将气候变化及其应对纳入中小学、高等教育和职业教育培训体系，将气候变化及其应对纳入到职教育培训体系。在要求宣传培训、提高全民应对气候变化素质的同时，建议稿还规定了社会参与的措施，鼓励社会各界广泛参与应对气候变化的行动。可以看出，该部分从主动性和被动性两个方面规定宣传参与、教育参与的措施，从普遍性的角度对公众参与作出一般规定，如设立了绿色和低碳社会发展、提高全社会应对气候变化科学素质和参与意识的规定。值得注意的是，建议稿的参与规定具有引导性和促进性，为各级人民政府及有关部门作出相关的工作部署，为企事业单位、社会团体和个人依法履行公众参与的义务、行使权利指明了方向。

七、公众参与的国家和社会保障

政府应当将公众参与纳入到财政的预算和规划中，保障宣传教育活动的长期性、有效性，特别是对非政府组织要有财政支持；建立引导社会资金、调动全社会参与气候变化应对的机制；建立激励机制，对于有利于提高全民低碳意识、改善生态环境、增强社会适应气候变化的能力的行为，可以通过建立认证标识、可再生能源电价费用补偿等给予必要的鼓励和支持，对于破坏生态环境、浪费能源的主体，应当予以必要的限制甚至处罚；设立表彰奖励制度和气候变化生态补偿机制，如对低碳生产方式和低碳消费方式的补偿，既着眼于补偿，又着眼于发展，有利于补偿和发展有机结合的实现；建立公众参与联系机制，如设置热线，举办开放日等，让公众和相关法律实体单位有更多的沟通和交流。①

八、公众参与的法律体系建设

我国的立法模式具有"宜粗不宜细"的特点，且更为强调法律的普遍适用性。这一状况目前难以改变，因此在"气候变化应对法"中对公众参与作出原则性规定的同时，可以通过制定"公众参与气候变化应对条例"这类行政法规、规章的形式，将公众参与予以细化、完善，从而形成完整的公众参与气候变化应对的法律体系。当然，也要发挥地方立法先行先试的作用。待试验成功之后再巩固到法律之中。综上所述，建议稿的公众参与规定设计既响应了社会的呼求，又结合

---

① 建议法条：[宣传教育政策] 国家采取措施，积极开展气候变化应对的宣传教育，提高公众应对气候变化的科学素质、参与意识和参与能力。

[表彰奖励政策] 国家建立气候变化应对表彰奖励制度，对在气候变化应对中作出显著成绩的地区、个人、法人和其他组织，由国务院和地方各级人民政府及其有关部门给予表彰和奖励。

了我国的立法国情；既体现了规定的一般性，也体现了规定适用情形的具体性，更体现了政策、制度的引导性和立法模式的转型，即公众从被动参与到主动参与，甚至监督。

气候变化背景下的中国能源效率
政策法律及其成效[①]

程玉，中国政法大学民商经济法学院 2013 级环境与资源保护法学硕士研究生；

曹明德，中国政法大学民商经济法学院教授，法学博士，《中国政法大学学报》主编。（图为曹明德）

中国是世界上最大的发展中国家，自 1995 年始经济增长率均保持在 7%以上，为保持国民经济持续稳定发展，能源消费需求迅速提升。根据国家统计局（2014 年）有关数据显示，1980—2013 年间，中国能源消费总量逐年提升，2013 年的能源消费总量增至 37.5 亿吨标准煤，与 2012 年相比增加了 4.4%。[②] 根据 2014 年《BP 世界能源统计年鉴》，继 2011 年超过美国之后，中国成为世界最大能

① 资助项目，国家社科基金重点项目："建立健全资源有偿使用制度和生态补偿制度研究"（批准号：14AZD050）、国家社科基金重点项目："生态文明法律体系的构建及实施保障研究"（批准号：14AZD147）的阶段性成果。
② 参见国家统计局：《中国统计年鉴》（2014），中国统计出版社 2014 年版。

源消费国，其 2013 年的能源需求，占全球能源消费的 22.4%，占全球净增长的 49%。[①] 与此同时，国内能源产量不足以供给巨大的能源消费需求，中国能源的对外依存度也不断增加，2013 年煤炭、石油和天然气的对外依存度分别高达 8.7%、61.7% 和 29.3%。[②] 此外，在我国能源消费结构中，清洁能源所占比例仍然偏低，2013 年占能源消费总量的比例为 9.8%，而煤炭、石油和天然气的比例分别是 66.0%、18.4% 和 5.8%。[③] 我国能源生产和消费呈现出的这种"富煤、缺油、少气"和"新型能源短缺"的禀赋特点，具有"煤炭深度依赖"的缺陷。[④] 由于对煤炭等化石能源的严重依赖，中国因能源消费造成的二氧化碳年排放量虽有所下降，但总量仍然很大，2012 年排放量为 81.06 亿吨，占世界二氧化碳总排放量的 25.1%。[⑤] 由此可见，在全球应对气候变化的时代，中国承受着因经济高速发展带来的巨大能源供给压力、自身能源消费的结构性缺陷和国际温室气体减排的多重压力。

从各国能源政策立法实践经验来看，降低能源消费总量、清洁化能源结构、提高能源利用效率是解决能源问题的三大手段，其中，转变经济发展方式和能源结构都是需要长期解决的问题。相较之下，全

---

① 参见《BP 世界能源统计年鉴》（2014），http://www.bp.com/content/dam/dp-countr-1/zh_cn/Download PDF/Homepage/2014stats Review.pdf。

② 参见王庆一编著：《2014 能源数据》（内部资料），美国能源基金会，第 56 页。

③ 参见国家统计局：《国家统计年鉴》（2014），中国统计出版社 2014 年版。

④ 参见李永亮、赵乐、袁钟楚：《清洁化利用：我国煤炭能源的"低碳之路"》，载崔民选主编：《中国能源发展报告》（2010），社会科学文献出版社 2010 年版，第 345 页。

⑤ 参见 U.S. Energy Information Administration. International Energy Statistics. Total Carbon Dioxide Emissions from the Consumption of Energy. http://www.eia.gov/cfapps/ipdb-project/IEDIndex3.cfm?tid=90&pid=44&aid=8。

面提高能源效率既是当前降低污染排放强度、改善环境最为切实可行的途径和手段，同时也是能源可持续利用的长期目标和优先领域。[①]为推进中国能源效率的有效管理，全面提升能源利用效率，我国已经制定了若干关于推进能源效率管理的战略、政策和法律、法规，并正在积极推进能源基本法的立法进程。经过三十多年的政策创新与立法实践，我国基本上形成了较为完善的能源政策与法律法规体系，并取得了十分显著的政策立法成效。

一、气候变化背景下中国提升能源效率的政策、法律

谁选择了有利于生产效率提高的政策、法律和制度，谁就选择了繁荣，与此相反，就选择了贫困。[②]在能源开发和利用领域，能源效率的提升不仅关系到一国的经济繁荣与国家竞争力，还直接制约着一国的能源供给，是缓解能源危机、解决能源"贫困"问题的关键。为改善国内日益严重的能源供给不足、有效应对气候变化问题，适应全球环境可持续发展的政策导向，我国进行了较为广泛的能源政策立法活动，确立了旨在节约能源和促进能源效率提升的包括能源战略和规划、政策和法律在内的能源对策体系。在我国能源政策法律体系不断完善的同时，不断推进的能源政策立法活动也孕育、催生了一系列旨在促进能源效率提升的政策措施和法律制度。

---

① 参见中国环境与发展国际合作委员会编：《能源、环境与发展——中国环境与发展国际合作委员会年度政策报告 2009》（中文版），中国环境出版社 2010 年版，第68 页。

② 参见 [美] 迈克尔·波特：《国家的竞争优势》，华夏出版社 2002 年版，第 2 页。

（一）形成了较为完备的有关能源效率提升的能源政策法律体系

1979 年，世界能源委员会正式提出了"节能"的定义，是指采取技术上可行、经济上合理、环境和社会可接受的一切措施，来提高能源资源的利用效率。[①] 可见，节能是指旨在降低能源消耗强度的努力，即在能源系统的所有环节，包括开采、加工、转换、输送、分配到终端利用，从经济、技术、法律、行政、宣传、教育等方面采取有效措施，来消除能源的浪费。为明确"能源效率"的内涵，世界能源委员会于 1995 年在《应用高技术提高能效》一书中指出，"能源效率"是指"减少提供同等能源服务的能源投入"[②]。具体到我国能源政策立法实践，我国《节约能源法》（2007 年）援用了世界能源委员会有关"节能"的规定，将"节约能源"定义为："加强用能管理，采取技术上可行、经济上合理以及环境和社会可以承受的措施，从能源生产到消费的各个环节，降低消耗、减少损失和污染物排放、制止浪费，有效、合理地利用能源。"[③] 可见，节能包括两层含义，既是"浪费"的反义，也包含了减少能源需求量、提高能源利用效率之义。[④] 因而，提高能源效率可以被认为是节约能源的重要手段，节约能源可以看作是提高能源效率的实施效果。其中，提高能效既包括提高能源的勘探、采掘和开发中的能效，也

---

① 杜群、王利等：《能源政策与法律——国别和制度比较》，武汉大学出版社 2014 年版，第 422 页。

② 杜群、王利等：《能源政策与法律——国别和制度比较》，武汉大学出版社 2014 年版，第 422 页。

③ 《中华人民共和国节约能源法》（2007 年修订），第三条。

④ 杨解君：《当代中国能源立法面临的问题与瓶颈及其破解》，《南京社会科学》 2013 年第 12 期。

包括能源深加工、利用和消费过程中的能效。[①]

中国正处在工业化、城镇化加快发展的历史阶段，高耗能产业在经济增长中仍占有较大比重，转变能源生产方式和消费模式，提高能源利用效率、减少能源消耗便成为我国应对能源供给不足、履行国际温室气体减排承诺的关键性手段。通过三十多年的政策立法进程，我国确立了以节约能源（减少能源消费）和提高能源利用效率为两大支柱的包括能源战略规划和政策、法律的能源对策体系。

能源战略与规划，是指以国家为主体的战略与规划，是一国政府针对能源问题的长期目标、重大措施和一贯的行动。[②] 在我国能源对策实践中，能源战略经过了开源战略、安全战略、效率战略、可持续发展战略的历史变迁。[③] 能源效率战略的提出，旨在强调节能是一种积极的行动方针，通过提高能源效率以达到对能源的合理开发与利用。随着可持续发展理念不断被世界各国所接受，我国能源战略也受到可持续发展理念的影响，确立了"节约优先、立足国内、多元发展、保护环境、加强国际互利合作"的能源可持续发展战略。自我国能源可持续发展战略确立之后，先后发布了多份与能源相关的战略与规划，其中均将能源效率的提升作为国家推行节约能源优先战略的重要手段，并将能源效率提升或能耗降低等约束性指标确立为各级政府的节能目标，纳入地方党政领导干部政绩考核体系。2014 年发布的《能源发展战略行动计划（2014—2020 年）》重申并强调了能源效率在节

[①] 参见叶荣泗、吴钟瑚：《中国能源法律体系研究》，中国电力出版社 2006 年版，第 39 页。

[②] 肖国兴：《论能源战略与能源规划的法律界定》，《郑州大学学报》2009 年第 3 期。

[③] 参见张勇：《能源立法中生态环境保护的制度建构》，上海出版社 2013 年版，第 41—43 页。

约优先战略中的地位，主张集约高效开发能源，科学合理使用能源，大力提高能源效率，加快调整和优化经济结构，以支撑经济社会较快发展。但我国目前的能源战略和规划并不具有法律效力，正在推进的"能源法基本法"活动，试图将能源战略和规划纳入能源法范畴，将其要求构造为具有法律效力、具体可操作的法律制度，为能源战略和规划的落实制定行为规范机制。

能源政策有广义和狭义之分，广义的能源政策包含能源战略和规划，是指一国在能源开发、利用和保护领域内所有制度规范的总称，不仅包括能源战略、规划，甚至包括能源法律规范体系。狭义的能源政策，则是确保能源战略和规划得以贯彻落实的具体行政措施。能源政策具有灵活性，其形成和变化一般不需要经过复杂的程序，只要能对能源问题作出及时且有效的反映，提出解决问题的解决方案和措施。就我国的能源政策系统中而言，主要是由不同级别政府部门颁布实施的规范性文件构成，确立了多项与能源效率提升相关的政策性措施，例如优化产业结构调整政策、能源财税政策以及促进高能效科学技术的开发、推广应用政策等。

能源法律与能源战略规划和能源政策，同属我国能源对策体系的组成部分。因其自身具有的强制性和权威性，能源法律成为能源战略和政策得以落实的有力保障。国家通过宏观能源战略规划和具体政策措施试图实现的能源效率提升的目标，只有在具有强制力的法律规范机制中，才能得到切实的落实。就我国能源立法而言，其中有关促进能源效率提升的法律规范多集中于《节约能源法》中，直接涉及其中的 11 个法律条款。同时，在《产品质量法》、《环境保护法》、《循环经济促进法》、《清洁生产法》等多部法律以及部分行政法规、部门规章和地方立法中也有涉及提高能源效率的零星的原则性规定。此外，我国正在起草的"能源基本法"中，能源效率作为立法目的和节约优先原则分别出现在第一条和第二条中，并且其中直接关涉节约能源和能源效率的法律条款共有 12 条。

（二）形成了较为成熟的有关推进能源效率管理的政策措施和法律制度

我国在能源利用效率提升方面取得明显成效，主要得益于制定了一系列科学有效的政策措施和法律制度，具体体现在：节能目标责任与考核评价制度强制性能效标准制度，能效标识管理制度，节能产品认证管理制度，强制淘汰制度，节能激励保障制度，以及产业结构调整、优化和高能效科学技术促进政策等。

1. 节能目标责任和考核评价制度

2006 年，为完成到"十一五"期末万元 GDP 能耗比"十五"期末降低 20% 的战略规划目标，《国务院关于加强节能工作的决定》正式提出建立节能目标责任制和评价考核体系，要求将"十一五"规划纲要确定的单位国内生产总值能耗降低目标分解落实到各省级政府，省级人民政府要将目标逐级分解落实到各市、县以及重点耗能企业，实行严格的目标责任制。将能耗指标纳入各地经济社会发展综合评价和年度考核体系，作为地方各级人民政府领导班子和领导干部任期内贯彻落实科学发展观的重要考核内容，作为国有大中型企业负责人经营业绩的重要考核内容，开始实行节能工作问责制。2007 年修订的《节约能源法》第六条将"节能目标责任制"上升到国家立法层面，要求将节能目标完成情况作为对地方人民政府及其负责人考核评价的内容。省级政府每年向国务院报告节能目标责任的履行情况。这种将节能工作的完成情况纳入地方政府和重点企业目标责任制，作为考核评价指标，有利于国家节能规划的落实，是国家提高能源利用效率的重要手段。截至目前，我国已经有多省市出台了地方性法规，将节能减排指标纳入地方党政领导干部政绩考核评价体系，但具体指标具有差异性，可能包括单位生产总值能耗、万元工业增加值主要污染物排放强度、工业固体废物综合利用率、万元 GDP 能耗降低率等不同形式。

2. 强制性能效标准制度

能源效率标准，简称能效标准，主要是指在不降低产品其他特性如性能、质量、安全和整体价格的前提下，对用能产品的能源性能作出具体的要求，以最大限度地提高用能产品的能源使用效率。[①] 能效标准属于节能标准化的范畴，在各国节能政策和减缓气候变化项目中，作为提高用能产品能源使用效率的基本要素，是各国能源决策者的首选政策工具之一。目前我国已经建立了较为完善的包括国家和行业两级的能效标准体系，具体包括强制性用能产品、设备能效标准，单位产品或者建筑面积能耗标准。以工业部门和交通运输部门为例，我国工业领域中的国家级能效与能耗标准共有 6 项，而行业标准有36 项；在交通运输行业，我国则制定了包括车油耗强制性标准在内的汽车能耗标准，如《乘用车燃料消耗限值》。此外，我国能效标准还体现为各部门颁布实施的能效标准以及各部门颁布实施的节能条例中有关能耗的标准，如《民用建筑节能条例》（2008 年）、《公共机构节

---

① 参见李爱仙、成建宏、陈海红：《国内外能效标准的发展及我国能效标准新模式探讨》，《中国标准化》2002 年第 7 期。

能条例》（2008 年）等。为确保能效标准的制度效力，大多数国家会将能效标准放入节能法案中，成为法律的一部分，能效标准的制定和实施因而需以法律为依托。我国在《节约能源法》（2007 年修订）中共有 4 个条款中涉及强制性能效标准制度，主要内容包括：产品的基本分类、能效（能耗）限定值、节能评价值、测试方法及检验规则。能效限定值是要强制执行的，主要是为国家将实施的高耗能产品淘汰制度所用，节能评价值属于推荐性指标，主要是为我国的节能产品认证提供技术依据。

3. 能效标识管理制度

《节约能源法》（2007 年修订）确立了能效标识管理制度，规定在相应的产品或者设备的包装物上载明该用能产品的能源效率等级、能源消耗量等信息指标，预期通过能效信息披露引导消费者购买能效高的用能产品。我国能效标识管理制度的政策法律依据较为完善，国家法律层面涉及《节约能源法》、《产品质量法》、《认证认可条例》等。部门规章层面，国家发展改革委员会和国家质量监督检验检疫总局联合颁布实施了《能源效率标识管理办法》（2004 年），具体规定了能效标识定义、实施模式、管理体制、监督管理和处罚等内容。此外，还有一系列规范具体产品标识样式规格、检测要求、备案程序以及核验要求等的执行规则。具体包括《能效标识产品实施目录》以及相关产品能效标识实施规则，如《电动洗衣机能源效率标识实施规则》、《单元式空气调节机能源效率标识实施规则》等。自我国推行能效标识管理以来，先后共 10 批的能效标识产品目录，涉及 5 大类 28 类产品。截至目前，28 类产品中备案实施情况较好，备案企业达 6900 多家、备案产品型号 43 万多个。自 2012 年 2 月 1 日，我国正式实施超高能效产品的管理机制，并且，能效标识管理制度已经与我国的政府采购、节能产品推广工程相结合，成效明显。

4. 节能产品认证管理制度

节能产品认证制度是我国实施较早的一项有关能源效率促进的法律制度，以 1998 年《节约能源法》、《中国节能产品认证管理办法》为依据启动了中国较为早期的节能产品认证管理工作。随后有关节能认证产品的政策立法进程不断推进，2003 年《认证认可条例》第十七条明确规定，国家根据经济和社会发展的需要，推行产品、服务、管理体系认证；《节约能源法》（2007 年修订）第二十条规定，用能产品的生产者和销售者可按照自愿规则，提出节能产品认证申请，并由国务院认证认可监督管理部门予以审查、认可。为确保节能产品认证制度的有效实施，《节约能源法》第六十四条要求将节能产品优先纳入政府节能产品采购、设备采购名录之中，确立了节能认证产品政府采购制度。此外，为保证节能产品认证制度的实施效果，国务院、国家发展改革委员会、国家认证监督委员会、国家质检总局分别根据各自的职能授权，颁布实施了一系列的法规、规章和规范性文件。[①] 为有效应对气候变化问题，我国于 2012 年开始研究"低碳产品统一认证制度"的可行性，以解决节能不低碳问题。

[①] 2005 年国家发展改革委员会发布的《节能中长期规划》、《中国节能技术政策大纲》强调："大力推动节能产品认证和能效标识管理制度的实施，运用市场机制，引导用户和消费者购买节能型产品。"国家认监委、国家发改委和国家质检总局联合发布《关于加强资源节约产品认证工作的意见》（国质检认联 [2007] 664 号）；国家质检总局《关于贯彻落实〈中华人民共和国节约能源法〉的实施意见》（国质检量函 [2008] 558 号）；《国务院关于加快发展循环经济的若干意见》（国发 [2005] 22 号）等。

5. 高耗能产品、设备和工艺强制淘汰制度

用能产品、设备和工艺淘汰制度，是指国家对不符合节能标准的用能产品、设备和生产工艺强制其退出的制度。[①] 为促进企业加强技术改造，采用先进工艺、技术和设备，提高企业整体能源利用效率，我国《节约能源法》第十六条第一款规定："国家对落后的耗能过高的用能产品、设备和生产工艺实行淘汰制度。淘汰的用能产品、设备、生产工艺的目录和实施办法，由国务院管理节能工作的部门会同国务院有关部门制定并公布。"第十七条规定，"禁止生产、进口、销售国家明令淘汰或者不符合强制性能源效率标准的用能产品、设备；禁止使用国家明令淘汰的用能设备、生产工艺"。此外，相关立法如《环境保护法》、《清洁生产法》、《循环经济促进法》等中也有类似规定。

6. 节能激励保障制度

目前，我国已经建立起较为完善的节约能源、提高能源效率的经济激励制度以及相关的市场保障措施。通过财政补贴、税收优惠、信贷政策，增加能源使用成本，控制高耗能产业，促进能源效率的提高。同时，为充分利用市场供给对于能源效率提升的优势，国家积极试点和推广电力需求侧管理、合同能源管理、节能自愿协议等节能激励办法。实行能源资源价格阶梯制，对不同电价实施差别政策。可见，在节能和能源效率提升的激励保障层面，其规制手段多体现为能源政策，但部分能源政策也会体现为具有强制效力的法律

---

① 参见张勇：《能源基本法研究》，法律出版社 2011 年版，第 180 页。

规范。具体的政策法律依据体现为《节约能源法》第五章"激励措施"以及相关配套办法。正在推进的"能源基本法"立法，也积极将市场效率的理念引入能源立法中。

7.优化产业结构调整和能源高效科学技术促进政策

在中央政府投资中重点加强对节能减排项目的支持力度，建立健全投资项目的节能评估审查制度，积极遏制高耗能产业盲目发展。优先发展高能耗的高附加值产业，提高高能效技术产业的比重。与此同时，国家大力鼓励、保障高效能源利用技术的开发和推广应用，改进能源利用方式（如能源梯级利用和分布式能源利用方式），进而促进我国能源整体利用效率的提高。国家宏观层面的产业结构调整、能源高效技术的应用与推广，主要体现为国家发布的能源战略和政策、产业规划等，如节能中长期专项规划，能源"十五"、"十一五"、"十二五"专项规划，新能源汽车产业和节能环保产业专项规划，中国能源政策白皮书（2012年），以及能源发展战略行动计划（2014—2020年）等。落实到具体政策立法之中，正在起草的"能源基本法"和《节约能源法》等能源法律规范中也有涉及能源高效综合利用、鼓励高效能源利用技术的原则性法律规定。

二、中国推进能源效率管理的政策立法成效

对一国能源利用效率的评价有不同的指标，一般而言，包括综合能源效率和部门能源效率。前者，是指增加单位 GDP 的能源消费需求，即单位产值能耗；后者，分为经济指标和物理指标，经济能源效

率是指单位产品能耗，物理指标则指工业部门、服务业和建筑物部门等的单位面积能耗和人均能耗。经过三十多年的政策立法活动，中国的能源利用效率状况得到明显改善。通过有关数据的整理分析，我国推进能源效率管理的政策立法成效主要体现在以下四个方面。

（一）保障经济持续稳定增长的同时，实现了能源消费总量增长率的逐年递减

一国经济的高速增长必然依赖于大量的能源消费，可以说，经济增长率与能源消费的增长率应当呈正向相关关系。从表 1 数据可以看出，我国自 1995 年以来，GDP 年增长率持续保持在 7.7%以上，与此相适应，能源消费总量的增长率虽有所下降，但基本升降趋势与 GDP 增长保持一致。1990—2013 年之间，我国国内生产总值年平均增长率高达 8.69%，而能源消费平均每年只增长了 6.83%。此外，自 2005 年开始，能源消费弹性系数逐年递减，并在 2013 年降至 0.48。[①]这表明，我国能源消费增长速度小于国民经济增长速度，国民经济中耗能高的部门（如重工业）比重下降，科学技术水平得到提升，能源利用效率得到提高。可见，我国推进的节能减排工作，在保障了经济稳定持续增长的同时，实现了社会整体能源消费总量的减少，成效显著。

———————————

① 能源消费弹性系数是反映能源消费增长速度与国民经济增长速度之间比例关系的指标，通常用两者年平均增长率间的比值表示。能源消费弹性系数的发展变化与国民经济结构、技术装备、生产工艺、能源利用效率、管理水平乃至人民生活等因素密切相关。当国民经济中耗能高的部门（如重工业）比重大，科学技术水平还很低的情况下，能源消费增长速度总是比国民生产总值的增长速度快，即能源消费弹性系数大于 1。

表1　中国 GDP 年增长率、能源消费总量年增长率和能源消费弹性系数汇总

年份	GDP 年增长率 %	能源消费总量年增长率 %	能源消费弹性系数
1990	3.8	1.8	0.47
1995	10.9	6.8	0.63
2000	8.4	3.5	0.42
2005	11.3	10.5	0.93
2010	10.4	11.3	0.58
2011	9.3	8.7	0.76
2012	7.7	7.7	0.51
2013	7.7	4.4	0.48

资料来源：根据国家统计局《中国统计年鉴》(2014) 整理计算得出。

（二）能源生产率大幅提高，能源消耗强度不断下降

我国建立了节能目标责任制，国家将单位 GDP 能耗降低目标具体量化，分别写入了"十一五"和"十二五"国民经济发展规划中，并为实现目标采取了一系列经济、法律和必要的行政手段，要求各级政府将万元 GDP 能耗作为考核指标分解到各级政府部门，作为工作绩效考核指标之一。单位 GDP 能耗作为衡量一个国家（地区）经济和社会活动中能源利用效率的综合性指标，表明了一个国家（地区）经济活动中对能源的利用程度，反映了其经济结构和能源利用效率的变化。根据表2的数据统计，我国自 1990 年以来，万元 GDP 能耗逐年递减，从 1990 年的 5.32tce/万元降至 2014 年的 0.69tce/万元，并且 2014 年的万元 GDP 能耗下降率达到 4.8%，降幅比 2013 年的 3.7% 扩大 1.1 个百分点，是历年来最低值，是我国节能降耗的

最好成绩。与此同时，能源生产率也得到了大幅提高，从 1990 年的 1891.3 元 /tce 增长到 2014 年的 14792.2 元 /tce。

表 2　中国万元 GDP 能耗、万元工业增加值能耗以及能源生产率汇总

年份	万元 GDP 能耗（tce/ 万元）	万元 GDP 能耗下降率（％）	万元工业增加值能耗（tce/ 万元）	能源生产率（元 /tce）
1990	5.32	—	11.41	1891.3
1995	3.97	3.6	7.16	4634.5
2000	2.89	4.6	6.14	6817.4
2005	1.28	0.7	3.38	7836.4
2010	1.03	4.0	2.02	12356.5
2011	0.79	2.0	1.84	13594.8
2012	0.76	3.6	1.80	14346.0
2013	0.73	3.7	1.71	15169.2
2014	0.69	4.8	1.79	14792.2

1. 资料来源：国家统计局，《中国统计年鉴》(2014)。

2.1990—2000 年万元国内生产总值能源消费量计算时，国内生产总值按照 1990 年可比价格计算；2005 年、2010 年国内生产总值按照 2005 年可比价格计算；2011—2014 年国内生产总值按照 2010 年可比价格计算。

3. 万元工业增加值能耗 = 能源消费总量（tce）/ 万元工业增加值（万元）；能源生产率 = 国内生产总值（元）/ 能源消费总量（tce）。

能源问题是当代国际社会的普遍性问题，为完成全球气候变化所带来的温室气体减排承诺，各国通过政策立法，力图降低本国能源消耗，减少二氧化碳等温室气体的排放。经过不断努力，如表 3 所示：1980—2007 年间，世界平均能源强度呈递减趋势，但从 2008 年开始，能源强度反弹，呈现出上升趋势。不同于世界能源强度

表 3　1980—2011 年世界部分国家能源强度统计表

（单位：Btu/ 美元，2005 年价）

	1980	1985	1990	1995	2000	2005	2006	2007	2008	2009	2010	2011
中国	79914.9	61134.9	51342.1	36903.6	28062.2	28544.5	27675.1	25770.8	24797.6	24733.2	24721.9	24708.1
印度	19664.9	22494.1	22445.8	25666.6	22326.7	19686.9	19305.3	18971.9	18677.5	18750.2	19936.9	17485.7
美国	13381.3	11162.9	10524.9	10018.6	8809.8	7944.3	7688.3	7671.8	7543.9	7414.7	7503.3	7328.4
日本	6303.6	5281.2	4948.1	5147.7	5249.7	4957.1	4927.4	4774.7	4643.4	4681.1	4756.3	4573.9
欧洲	7018.5	6274.1	6644.3	6527.1	5974.4	5713.8	5561.9	5353.8	5343.9	5266.1	5360.9	5143.3
世界	10747.5	9823.5	11382.6	10843.3	10002.7	9940.5	9805.5	9650.3	9655.9	9755.7	9940.2	9904.5

资料来源：美国能源信息署，Emissions Indicators，1980—2011。

的反弹回升，我国能源强度从 1980 年至 2011 年逐年持续递减，从 1980 年的 79914.9Btu/ 美元降至 2011 年的 24708.1Btu/ 美元，降幅比达到 69.1%。以 2011 年为例，我国能源强度与世界平均水平和部分发达国家相比，分别是世界平均水平的 2.49 倍，美国的 3.37 倍，日本的 5.40 倍，欧洲的 4.80 倍。而根据 2014 年《BP 世界能源统计年鉴》发布的最新数据信息整理、分析可知，2013 年我国万元 GDP 能耗值为 443.8tce/ 百万美元，是世界平均水平的 1.8 倍、美国的 2.3 倍，日本的 3.2 倍，欧洲的 3.2 倍。[①] 可见，我国能源强度与世界平均水平和发达国家的能源强度之间的差距逐渐缩小。

（三）物理能源效率不断提高，单位产品能耗与国际先进水平差距逐渐缩小

根据联合国欧洲经济委员会提出的物理指标能源效率评价和计算方法，能源系统的总效率由三部分组成：开采效率，即化石能源储量的采收率；中间环节效率，包括加工、转换和储运过程中的损失和能源行业所用能源；终端利用效率，即终端用户得到的有用能与过程开始时输入的能源量之比。[②] 所谓的能源效率是指中间环节效率与终端利用效率的乘积，而能源系统总效率则是三部分的乘积。通过相关数据的整理、统计，我们得出了 2000—2012 年间中国物理能源效率的变化情况。如表 4 所示，我国能源效率和能源系统总效率呈逐年增长的趋势，分别在 2012 年达到 37.0% 和 13.3%。其中，能源开采效率从 2000 年的 33% 增至 2012 年的 36.0%；能源中间环节效率虽有小幅增长，但基本稳定在 70% 以上；能源加工转换效率则从 2000 年的 69.4% 增至 2012 年的 72.43%；终端利用效率从 2000 年的 46.7% 到 2012 年的 52.8%。可见，我国能源开采效率、中间环节效率、能源加

---

① BP 石油公司：《BP 世界石油统计年鉴》（2014）。
② 参见王庆一：《中国能源效率评析》，《中国能源》2012 年第 8 期。

工转换效率以及终端利用效率均有所提升，物理能源效率总体得到明显提升，这与我国积极推进能源效率管理的制度努力密不可分。

表4　中国物理能源效率统计

效率种类	2000	2005	2008	2010	2011	2012
1. 开采效率	33.0	33.3	35.0	35.9	35.9	36.0
2. 中间环节效率	68.5	70.8	69.9	70.6	70.7	70.0
3. 能源加工转换效率	69.04	71.55	71.55	72.83	72.32	72.43
（1）发电及电站供热	37.36	39.87	41.04	42.43	42.44	43.01
（2）炼焦	96.21	97.57	97.75	96.44	96.41	94.60
（3）炼油	97.32	96.86	97.17	96.86	97.01	97.02
4. 终端利用效率	46.7	48.3	50.0	51.0	51.6	52.8
（1）农业	32.0	33.0	33.0	34.0	35.0	36.0
（2）工业	46.0	47.3	49.3	50.5	51.2	52.5
（3）交通运输	28.9	29.2	28.8	29.1	29.2	30.9
（4）民用和商业 （包括其他部门）	66.0	68.4	71.2	74.2	75.4	76.1
5. 能源效率（2×4）	32.0	34.2	35.0	36.0	36.5	37.0
6. 能源系统总效 （1×5）	10.6	11.4	12.3	12.9	13.1	13.3

说明：中间环节是能源加工、转换和贮运，工业包括建筑业，民用和商业包括其他部门。

资料来源：王庆一编著：《2014能源数据》，美国能源基金会；国家统计局：《中国统计年鉴（2014）》。

2000年以来，我国技术进步加速，通过法律制度和政策措施的推进，淘汰了大量落后产能，使高耗能产品能耗降幅加大，单位产品能耗水平也得到了提升，与国际先进水平之间的差距逐渐缩小。2013年，火电供电煤耗降至321gce/kWh，钢可比能耗降至662kgce/t，电解铝交流电耗13740kWh/t，水泥综合能耗125kgce/t，乙烯综合能耗

879kgce/t，化纤电耗 849kWh/t，分别比 2005 年下降 13.2%、9.6%、5.7%、16.1%、18.1% 和 39.2%。与国际先进水平相比，我国单位产品能耗仍然相对较高，但两者之间的差距不断缩小。以表 5 中列举的火电供电煤耗为例，从 2005 年的 370gce/kWh 增长至 2013 年的 321gce/kWh，而同期的国际先进水平分别是 288gce/kWh 和 275gce/kWh，即与国际先进水平的差额从 2005 年的 82gce/kWh 降至 2013 年的 46gce/kWh。

表 5　高耗能产品能耗国际比较

高耗能产品类别 / 年份	2005	2010	2011	2012	2013	国际先进水平	
						2005	2013
火电供电煤耗 gce/kWh	370	333	329	325	321	288	275
钢可比能耗 kgce/t	732	681	675	674	662	610	610
电解铝交流电耗 kWh/t	14575	13979	13913	13844	13740	14100	12900
水泥综合能耗 kgce/t	149	134	129	127	125	127	118
乙烯综合能耗 kgce/t	1073	950	895	893	879	629	629
化纤电耗 kWh/t	1396	967	951	878	849	980	800

资料来源：王庆一编著：《2014 能源数据》，美国能源基金会。

（四）节能减排成效明显，一定程度上遏制了生态环境的退化

尽管能效的提高并非节约能源的唯一途径，但却客观上造成了我国累计节能总量的巨大增加。1981—2013 年间，累计节能量达到 1409.1 百万吨煤当量，给我国社会带来了巨大的经济和环境收益。根据美国联邦能源信息署的统计信息，我国二氧化碳排放强度

从 1980 年的 6695.84 吨二氧化碳当量／百万美元（2005 年价）降至 2011 年的 1937.22 吨二氧化碳当量／百万美元（2005 年价），下降率为 71.06%。此外，根据节能量和我国相关排放物的排放系数计算，1981—2013 年间，我国共减排二氧化硫 107.72 百万吨煤当量、二氧化碳 3355.45 百万吨煤当量以及氮氧化物 57.59 百万吨煤当量。由此可见，我国推进能源效率的政策立法客观上产生了巨大的节能减排效益，一定程度上遏制了我国日益恶化的生态环境。

表6　1981—2013 年来节能量、CO_2、SO_2 以及 NO_X 减排量统计表

（单位：Mtce）

时间段	节能量	二氧化碳减排量	二氧化硫减排量	氮氧化物减排量
1981—1985	161.6	402.87	12.12	6.06
1986—1990	100.1	249.55	7.51	3.75
1996—2000	370.7	924.16	27.80	13.90
2001—2005	512.3	1277.16	38.42	19.21
2006—2010	-49.9	-124.40	-3.74	1.87
2011—2013	341.4	851.11	25.61	12.80
总计	1409.1	3355.45	107.72	57.59

说明：大气污染物排放系数，SO_2 为 0.0165t/tce；NO_X 为 0.0156t/tce；CO_2 为 2.4567t/tce。

资料来源：王庆一编著：《2014 能源数据》，美国能源基金会。

在全球应对气候变化的时代，中国承受着因经济高速发展带来的巨大能源供给压力、自身能源消费的结构性缺陷和国际温室气体减排的多重压力。基于环境可持续发展的政策立法导向，国家立法和行政

机关制定颁布了许多有关能源节约和能源效率提升的战略规划、政策和法律以应对气候变化问题。经过三十多年的政策立法和制度实践，我国能源利用效率得到明显提升，其所带来的巨大的节能减排效益，在解决中国能源供给先天不足的结构性问题的同时，也为应对全球气候变化作出了自己的贡献。由于人类自身"构造性无知"的先验性存在，使得一国社会制度目标的达成，全球集体行动的推进，尤其是关系到国际社会共同体利益的实现，都必须依赖于与其他国家的交往与合作。[①] 中国在能源效率提升方面已然成形的政策措施和制度实践，可以继续有效地在应对气候变化和提高能源效率方面发挥作用；同时，通过国际合作与交往，中国在能源效率提升方面的不足与困境或许能找到新的解决思维与路径。中国作为一个发展中的大国，将坚持公平原则和共同但有区别的责任原则，在优化自身能源利用结构的同时，积极促进能源利用效率的提升，为全球气候变化作出应有的贡献。

---

① 参见柯武刚、史漫飞：《制度经济学》，商务印书馆 2008 年版，第 50—58 页。

气候变化与人权

QIHOU BIANHUA YU RENQUAN

Relation Between Human Rights and
Environment Protection

John Knox[1]

约翰·诺克斯，北卡罗来纳维克森林大学、联合
国人权理事会人权与环境问题特别报告员。

Thank you very much. It is an honor to be here today to talk with all of you about climate change in this meeting sponsored by the Soong Ching Ling Foundation.

As the programme says, the Human Rights Council of the United Nations appointed me to be the first United Nations Independent Expert on human rights and the environment. The Human Rights Council is the main United Nations human rights body. It is composed of 47 governments

---

[1]   John Knox, UN Special Rapporteur on Human Rights and the Environment.

elected by the United Nations General Assembly. It includes both large countries like China and the United States and also smaller countries. It conducts discussions, adopts declarations and resolutions on human rights, and occasionally it appoints independent experts to examine particular issues in the field of human rights.

In 2012, the Council appointed me to examine the relationship between human rights and the environment. So for the next two years, I studied what human rights bodies and human rights law have to say about the environment. I found that there was actually quite a bit of agreement! Human rights treaty bodies, human rights tribunals, and national governments all agree that environmental harm can drastically interfere with the ability of human beings to enjoy a very wide range of their fundamental rights, including their rights to life, to health, to an adequate standard of living, to water, to food , even rights to self-determination and the right to development.

Human rights bodies also indicated that states have an obligation to protect their people from these kinds of environmental harms. And this obligation to protect includes both procedural duties and substantive duties.

Procedurally, states have an obligation to provide information about environmental harm ; they have an obligation to provide opportunities for public participation, including protection of the rights of people who want to express their views about proposed policies ; and they also have an obligation to provide effective remedies for harms when they do occur.

Substantively, human rights law provides states more discretion. States can decide for themselves, for the most part, how they balance their desire for environmental protection against other societal interests such as economic development. However, this balance cannot be unreasonable. For example, in the words of Chinese Premier Li, it's no good to be poor in a beautiful environment, but neither is it any good to be well off and left with the consequences of environmental degradation. This is what human rights law says as well: states have to find a way to balance their desire for economic development, so that it doesn't come at the expense of the environment on which our lives depend.

Once this balance is struck, then it must be enforced. And this is something I know that has been emphasized recently by a number of Chinese officials, including Minister Chen, the Minister of the Environment, that once environmental law has been enacted, it does no good unless it is actually enforced in practice.

In March 2015, just this last March, the Human Rights Council renewed my mandate for another three years, and it changed my title to Special Rapporteur. The Council requested me to work to make these norms more operational, to make them better implemented in practice.

And to that end, I am working with the UN Development Programme and the UN Environment Programme, to help governments meet their obligations to protect the environment, in order to protect human rights.

I want to emphasize though, that many governments are already doing a great deal in this respect. My most recent report to the Human Rights Council identifies more than 100 good practices, including a practice by China. I emphasized that China's new law, the one that just took effect on January 1st, includes provisions on improving public participation and providing greater opportunities for information about environmental matters, including releases of pollution.

When implemented, these kinds of provisions in environmental laws-making information available, promoting access to participation and remedies – will make environmental policies both fairer and more effective.

Now, so far, I've just talked about human rights in the environment generally, but I also want to say something more specific about human rights in climate change since that's the focus of today's discussion.

With respect to climate change, human rights rhetoric does two main things: First, it clarifies what it is at stake；and second, it helps to shape how we should respond.

So, what is at stake? A human rights perspective makes clear that climate change is going to gravely interfere with our ability to enjoy our human rights. Indeed, it is already happening in many places in the world.

Before I took this position at the United Nations, I did pro bono work for the government of the Maldives. The Maldives is a small island state, as many of you know, in the Indian Ocean, which has the distinction of being the lowest country in the world. Its average height above sea level is only 1.5 meters. And its high point is only about 2.5 meters. The Maldives is facing an existential crisis. As sea levels rise as a result of climate change, the Maldivians face the possibility of having to evacuating their country.

The Maldives sees this as a threat to their ability to enjoy their own human rights, including their rights to self-determination. If you no longer have a country, then you can't enjoy your human rights in the same way.

This is an extreme example, but in the future, many countries and vulnerable communities are going to be facing similar threats. As heat waves increase, as drought increases, as extreme weather events increase, then more people will die and more people will become ill. More people will, in other words, have their rights to life and health violated.

Climate change will also interfere drastically with countries' right to development, as was mentioned already this morning. I and other special rapporteurs at the United Nations have identified many respects in which even a 2 degree increase in average global temperature will interfere with people's ability to enjoy their human rights.

So the first thing a human rights perspective does is emphasize how important it is for the global community to take effective action to address climate change. The second thing it does is help to explain how we should respond. The basic obligation human rights law says in this respect is the duty of international cooperation. States have a duty to cooperate with each other to address a global problem.

In addition, response actions must themselves comply with the human rights obligations I described earlier. That is, in deciding how best to respond to climate change, we have to be sure that countries provide for participation, information and remedies, and that the end-result is not unreasonable, and does not result in interference with human rights.

Governments have acknowledged this. In Cancun in 2010, the Conference of the Parties (COP 16) to the United Nations Framework Convention on Climate Change (UNFCCC) agreed that all climate-related actions must respect human rights. In the current draft of the Paris Agreement, a number of countries led by Chile and Costa Rica included language that "the Paris

Agreement will also state that all climate actions have to respect human rights".

Now, I should say that this make some countries a little nervous, including my own country of the United States, because the United States and some other countries say the negotiations are already very complex. They ask, "Won't introducing this other area just make them more complex?" But the answer to that question is that climate change and human rights already have a relationship. As I have described, the climate change is going to interfere and already is interfering with human rights.

The parties to the Paris Agreement need to recognize that fact in order to decide how best to address the problem. Ignoring it does not make it go away.

Finally, I will conclude by showing you my website at the United Nations, http://www.ohchr.org/CH/Issues/Environment/SREnvironment/Pages/SREnvironmentIndex.aspx, which has my reports, available in all of the official languages of the United Nations including Chinese. I encourage you to look at this website for more information about this relationship between human rights and the environment, and the relationship between human rights and climate change. I encourage you to read more there.

Again, thank you very much. It has been an honor to be with you today.

【参考译文】

人权与环境的保护关系

非常感谢大家，我很荣幸能够参加此次会议，我更加荣幸能够借此机会同各位一起探讨气候变化问题。

正如方案所言，联合国人权理事会任命我为首位人权与环境问题独立专家。人权理事会是联合国人权机构的主要组成部分，由 47 个通过联合国大会选举的成员国组成。人权理事会的成员国既包括中国、美国等大国，也包括一些小国。理事会主要通过会议讨论、发布声明及颁布决议来解决人权领域的相关问题，也会不定期地任命独立专家针对某特定领域的人权问题进行研究。

2012 年，联合国人权理事会委任我着力研究人权与环境问题。其后的两年间，我一直致力于探究人权机构与人权法同环境问题之间的联系。而我也确实发现了人权条约、人权法院及各国政府在立场上的一些共同之处。以上各方均认同，环境危害将危及人类享受一系列基本人权，包括生命权、健康权、享受生活权、饮用水权、食物权，甚至是自决权和发展权。

这些基本人权内容也表明，国家有义务保护其人民免受这些环境性的危害。而这种保护义务既涵盖了程序上的职责，也包括实质性的职责。

从程序上来讲，国家有义务向民众提供关于环境危害的相关信息，有义务向民众提供公众参与的机会，包括保护人民对拟议政策提出个人观点的建议权。同时，国家还有义务在危害发生时，提供有效的补救措施。这些都属于程序上的义务。从实质上来说，人权法赋予了国家自由裁量权。在多数情况下，国家可以自行决定如何平衡环境保护意愿同经济发展等其他社会利益之间的关系。但是，这种平衡应当是合情合理的。用中国李克强总理的话来讲，在美丽的环境中忍受贫穷与在环境恶化的后果中享受富有都不是件好事。人权法对此也持有相同的观点。各国必须寻找到一种合理的方式，来平衡环境同经济发展之间的关系，而不应以牺牲我们赖以生存的环境为代价来发展经济。

一旦这种平衡状态被打破，那么我们就必须要采取强制行动。据我所知，这也是中国环保部陈吉宁部长及诸多中国官员们近期所强调的，环境法律的制定应当以其在实践中的贯彻执行为目的，否则它的存在就毫无意义可言。

2015年3月，也就是去年3月，人权理事会将我的任期延长3年，并且将我的头衔变更为"特别报告员"。理事会要求我对标准的可行性予以修正，使之能够更好地被付诸实践。

为此，我正与联合国开发计划署和联合国环境规划署一道合作，旨在帮助各国政府履行其保护环境的义务，以更好地保障人权。

在此我想强调的是，许多国家的政府在环保方面已经取得了一定的成绩。在我向人权理事会所提交的最新报告中，列明了一百多项环境保护方面的良好实践，其中也包括一项由中国主导的实践。我在报告中指出，中国新颁布的，于1月1日生效的法律中，针对公众参与度进行了规定，通过提供更多信息获取途径，提高了针对污染排放等环境方面信息的获取权。

这些规定使得信息的获取更加便捷，促进了公众参与及补救措施的实施，使得环境政策更加公平、有效。

到目前为止，我一直都在从广义的角度来探讨环境领域内的人权问题，接下来，我将谈一谈气候变化这一话题下的人权问题，这也是我们今天会议的焦点议题。

就气候变化问题而言，人权领域主要关注以下两个方面：第一，明确什么是当下最利害攸关的问题；第二，向我们指明应对气候变化问题的方向。

那么，什么才是当下最利害攸关的呢？从人权角度来看，气候变化将严重影响人类享受人权的能力，事实上，在世界的许多地方，气候变化已经危害到了人权的实现。

我在联合国任职之前，曾无偿为马尔代夫政府进行公益工作。众所周知，马尔代夫是印度洋上的一个岛屿国家，它也被认为是世界上海拔最低的国家。该国的平均海拔只有 1.5 米高，国内的最高点海拔也仅为 2.5 米。马尔代夫正面临着存亡危机。随着海平面的上升，马尔代夫人民随时可能需要从国境内撤离。

马尔代夫人民认为，这样的威胁使得他们失去了享受人权，包括自决权的权利。如果你的国家都将面临分崩离析，那么你的人权实践也就无从谈起。

当然，这是一个比较极端的例子。但是，在不久的将来，许多国家和共同体也许会面临同样的威胁。随着热浪的不断侵袭、干旱程度的加深和极端天气条件的恶化，会有更多的人失去生命，会有更多的人饱受病痛折磨，换句话说，人们的生命健康权将受到极大的侵犯。

如今日上午所言，气候变化问题还将严重制约国家发展的权利。我本人，以及所有其他联合国特别报告员都一致认为，即使全球气温只上升 2℃，都将严重影响人类享受到应有的人权。

因此，从人权角度出发，首先应当向全球社区发出呼吁，强调应对气候变化问题的重要性；其次，基于人权角度的思考也可以帮助我们更好地应对气候变化问题。人权法的基本义务规定彰显了国际合作的必要性。在应对全球问题时，世界各国均有义务相互合作，共商大计。

此外，如我先前所言，所采取的应对措施必须同人权义务相适应。也就是说，在应对气候变化问题时，我们应当确保国家对于公众参与、信息知情及采取补救措施权利的贯彻，并且，应对气候变化问题的各项措施必须公正合理，不涉及对人权的侵犯。

各国政府对此均已表示赞成。在2010年于坎昆举行的《联合国气候变化框架公约》第16次缔约方会议上，各方一致同意，所有气候相关的行动必须以尊重人权为前提。最新起草的《巴黎协定》中，以智利、哥斯达黎加为首的一些国家在协定中申明，"所有气候行动必须尊重人权"。

应该说，这份协定的签署使得许多国家坐立不安，包括我的祖国美国在内。美国及其他国家认为，谈判本身已经非常复杂，在其中引入一个全新的领域，会使其变得更加错综复杂。然而，事实上，气候变化同人权问题之间早已息息相关。如前所讲，气候变化将会并且已经对人权造成了干涉。

签署《巴黎协定》的各方在决定应当如何更好地应对气候变化问题时，需要首先承认这个事实。因为，忽略问题并不会让问题消失。

在此，我以我联合国的网站作为本次讨论的结束，网址为：http://www.ohchr.org/CH/Issues/Environment/SREnvironment/Pages/SREnvironmentIndex.aspx。它拥有包括中文网站在内的联合国官方语言的各个版本。我所有的报告均可以以不同国家的语言在此浏览。如果您需要了解人权及环境，以及人权及气候变化方面的任何信息，我推荐您访问此网站，进行相关内容的查阅。谢谢大家。我很荣幸能够参与本次会议。

空气无国界　携手应对气候变化

刘海年，中国社会科学院荣誉学部委员、中国社会科学院法学研究所研究员、中国社会科学院人权研究中心主任。

人类能在地球这个诺亚方舟中遨游于宇宙，就是由于地球上有阳光、空气和水等赖以生存的自然环境。然而在历史的进程中，文明进步展示出美好一面的同时，环境也在发生变化并危及人类的生存。究其原因，有自然影响，也有人为伤害。前者，现代科学尚难驾驭；后者，人们正在商讨并采取措施予以防治。以20世纪中国最伟大的一位女性宋庆龄命名的基金会，秉持先生"缔造和平"、追求人类"普遍的和谐与合作"精神，举办本次"气候变化国际圆桌会议"，其初衷应在于此。

一

气候变化对人类社会的影响很早就开始了。这里我不想追溯北京以"海淀"命名的行政区如何由浅海变为陆地（中国著名历史学家、北京大学教授侯仁之先生曾有考证），也不想说南美玛雅文明的消失和中国西北甘肃居延地区如何由水草繁茂的渔米之乡变为沙漠死地，只介绍一下今天开会的社区几十年的变化①。中国人民大学是我的母校，20世纪50—60年代我曾在这里读书7年。那时，走出西校门三四百米便是肥沃的水稻田。由于是西山泉水和地上自流泉水灌溉，稻米质量很好，名为"京西稻"，据说清代时专供皇族食用。那里渠道纵横，阡陌相连，西北边不远处的六郎庄、一亩园，多处汩汩流淌着温泉。泉水边洗衣的姑娘、媳妇和田中劳作的农夫，构成一道自然经济状态下美丽的风景线。作为昔日学子课余时散步的地方，现在已经是高楼林立、车水马龙繁华的街区，是中国著名的高新科学技术园。这样的情况绝非仅仅发生在北京，也不是仅仅发生在京津冀和环渤海经济开发区，而是在长江三角洲、珠江三角洲和中国整个经济发达、人口密集的东部都有一定普遍性的情况。面对活生生的现实，我不能像九斤老太那样把过去描绘得多么好，把现在说得多么差。其实，20世纪50年代，我们的国家刚刚从帝国主义侵略、半殖民地半封建社会统治下解放不久，国家贫穷、生产落后，人民生活十分艰苦，与今天不可同日而语。但事情就是这么复杂，我们在享受现代经济和科技诸多优良成果的同时，的确在遭受雾霾增多的折磨，盼望着

---

① 本次会议原定在人民大学召开，后移至北京五洲大酒店。

青山绿水和呼吸新鲜空气。

二

中国空气环境污染之所以严重，原因是多方面的。主要是我国底子薄、工业化发展起步晚，相当长时间包括环境意识在内的经济管理观念落后。西方国家经历工业革命后 200 年进程，到 20 世纪 50 年代，对空气等环境的污染已达到了十分严重的程度。由此引发的酸雨腐蚀街头雕像和建筑物，流经城市的河流散发异味，漂浮死鱼，伦敦一些青少年出门带着防毒面具等严重的状况。那时我们对工业化的梦想，让我们还在赞美无论喷出什么烟尘的工厂烟囱。一首歌这样唱道："工厂的烟囱像树林一样，铁路、公路、航空、航海好像蜘蛛网。"像蜘蛛网似的公路、铁路、航线当然好，但不管喷吐什么烟尘而像树林一样的烟囱现在看来就可怕了。20 世纪 50 年代后期，在急切实现工业化思想的主使下，提出了"有条件要上，没有条件创造条件也要上"的"大跃进"口号，干出了砍树以木材炼钢、围湖造田破坏生态环境的蠢事。

1978 年改革开放，中国政府提出以经济建设为中心。而中国经济发展崛起时，正值西方发达国家进行产业结构调整和部分制造业转移。由于西方一些发达国家实行技术封锁，我国资金短缺，不能不接受其非先进生产技术。中国人口多，劳动力资源充足，生产成本低，在国内外市场对产品需要量大的情况下，经济很快实现了高速增长。发展虽然获得了扩大就业、积累资金、人们生活水平提高等益处，却也带来了诸多问题，如生产方式粗放、资源浪费、能源消耗过大、环境污染严重等。加上对干部考核往往以 GDP 数字增长论英雄，一些人对环境污染疏于监管，甚至在局部和眼前利益支配下，视而不见。结果，中国被视为世界工厂，产品源源不断销售到许多国家和地区，并为世界经济增长作出贡献、为西方发达国家环境污染减负，同时，中国国内的环境状况却不断恶化。

三

对于经济发展过程中出现的空气等环境污染，人民感受深刻，反映强烈，政府对改变这种状况也表现出了积极态度。十多年前提出的以人为本，全面、协调、可持续科学发展观，就包含了对环境污染、资源浪费的防治。但是，由于对中央提出的科学发展观认识不够，由于政府部门之间、部门与地方之间、政府和企业之间在发展速度和环境保护方面存有分歧，也由于相关法律不健全，致使问题久拖不决。中国共产党十八大和十八届三中、四中全会提出全面深化改革，全面推进依法治国，进一步加深了对环境保护重要性的认识，提高了依法治理污染的决心。习近平强调，中国高度重视生态文明建设，在这方面不是别人要我们做，而是我们自己要做。依据《宪法》关于"国家保护和改善生活环境和生态，防治污染和其他公害"的规定，2014年4月全国人大常委修订了《环境保护法》，此后颁布了一整套与此法实施相关的具体法律文件。新修订的《环境保护法》进一步明确了环境"是指影响人类生存和发展的各种天然的和经过人工改造的自然因素总体"。其中包括大气、水等自然遗迹，也包括风景名胜区和城市乡村等人为遗迹。强调"保护环境是国家的基本国策"，其目的是保障公众健康，推进生态文明建设，促进经济社会可持续发展。总结以往经验，法律除规定了单位、个人保护环境的权利和义务，突出了县级以上政府和环境主管部门以及企事业单位等保护环境的法律责任。对违反法律的个人和单位，要依法予以行政和经济处罚，构成犯罪的要依法追究刑事责任。如果说以往对空气等环境污染监管不严，我相信在党和政府全面推进依法治国的背景下，《环境保护法》一定会得到切实执行，中国的环境一定会逐步改善。

四

空气无国界。太平洋的台风能横行东南亚诸国和亚洲大陆东部；蒙古、中国西北部的沙尘能漂洋过海；西伯利亚的寒流会南袭蒙古和中国；而温室效应正引发极地冰盖融化，高山冰川消失，海平面上升，动植物种类减少，最终将危及社会发展和人类生存。为了应对和防治气候变化和环境污染，人们必须携起手来积极应对。

首先要提高应对空气变化、防治环境污染重要性的认识，提高环境保护的自觉性。在此基础上，每个人要从自身做起，节约一滴水、一粒米、一张纸、一根线、一度电，由近及远，带动家庭和居住的社区；企业要从资源开发、生产流程、产品质量等方面注意对环境的影响；机关、单位及其成员自身要注意环境保护，要依法加强对环境治理的监管，做保护环境的楷模；国家机关一方面要按照人民群众的要求严格执行法律，另一方面还要依据形势发展变化完善法律和政策，以保证社会经济与环境保护良性运行。在国与国之间，发展中国家当然要直面空气污染等环境问题的现实，重视环境治理；而一些发达国家也不要只盯着发展中国家，既要看到在产业结构性调整、某些产品的生产转移后，本国空气等环境较好，也要看到至今仍存在的资源浪费，人均能源消耗居高不下的现实，尤其应认识，以往的发展过程中对全球气候变暖应承担的历史责任。一些国家不应仅以自己的利益为依据，对有关环境治理的高科技产品进行封锁，对其他国家的节能设备以关税壁垒加以阻挡，更不能以邻为壑，干那种损人利己或损人不利己的事；而应从世界治理和整体发展出发，为应对气候变化和环境污染提供资金和技术支持。

不久前去世的历史伟人曼德拉先生在担任南非总统时，面对艾滋病肆虐对国人的危害，为挽救人民的生命，就对突破知识产权的限制发出强烈的呼喊。为了鼓励科技创新和社会发展，知识产权应受到保护，但在事关人类命运，应对气候变化方面，这种保护的法律规定是否也需要做某些修改呢？

五

中国和国际社会，已将环境权和与之相联的发展权，视为继公民权利政治、权利、经济社会和文化权利之后的第三代人权。1972 年联合国通过的《人类环境宣言》指出："自然环境和人为环境对于人的福利和基本人权都是必不可少的。"1986 年联合国《发展权利宣言》指出："发展权利是一项不可剥夺的人权。"这是国际人权理论的发展，也是环境权和发展权受国际社会重视的标志。

1993 年，世界人权会议依据《联合国宪章》和《世界人权宣言》的宗旨，通过的《维也纳宣言和行动纲领》指出，"一切人权均为普遍、不可分割、相互依存、相互联系"，同时指出，"固然，民族特性和地域特征的意义以及不同的历史、文化和宗教背景都必须要考虑"。环境权作为人权，直接关系人类生存和发展。在现阶段，中国视生存权与发展权为首要人权。事实很清楚，只有获得生存和发展，才能为经济社会文化权利的享有提供条件。如无这种条件，公民权利和政治权利也是一句空话。当然，良好的生态环境需要绿色能源，需要新的科学技术，总之，需要以经济、政治、社会文化的全面进程为支撑。

作为人权重要内容的环境权，其普遍性表现在应对气候变化、防治环境污染、维护生态文明等许多方面，获得更幸福生活是人们的普遍愿望，必须予以肯定。而其特殊性，如《维也纳宣言和行动纲领》所言，不同国家民族、地域特征、历史文化以及社会经济发展水平也必须予以考虑。在缔结应对气候变化国际公约，提出节能减排数字性指标时，只有既肯定普遍要求，又考虑不同国家发展的实际情况，才是公平合理的。所以我认为，联合国确定的"共同但有区别的责任"是切实可行的原则。2015 年年底联合国将在巴黎召开气候大会，以"达成在一项公约下适用于所有缔约方的议定书、其他法律文书或具有法律效力的议定成果"①。这将是应对气候变化具有里程碑意义的大会，我由衷希望这一原则能得到遵循，预祝会议成功。

不久前，习近平主席在博鳌亚洲论坛开幕式上的讲话中提出建设亚洲命运共同体，推动建设人类命运共同体。这是一个高瞻远瞩、令人向往的目标。在地球这个诺亚方舟上，人类只有结成命运共同体，携手应对气候变化，维护良好的生态环境，才能更幸福生活，才能永远在浩瀚的宇宙中平安遨游。本次会议如能为之作出贡献，就是会议组织方和参加者的功德。

---

① 《中美元首气候变化联合声明》，《人民日报》2014 年 11 月 13 日。

Human Rights and Climate Change Obligations

James Silk[1]

詹姆斯·西尔克，耶鲁大学法学院教授。

Before I begin, I just want to say that I lived in Shanghai for a year in 1982—1983, a long time ago. I taught English at the Shanghai Wai Yu Xue Yuan[2], teaching students who were preparing to go abroad to study, mostly young scientists and engineers, all of them eager to learn and to return to help build a new China. It was a wonderful year. I hope this isn't an offence to all of you from Beijing, but I think of Shanghai as my sec-

---

① James Silk, Law Professor at Yale University.

② The university changed its name sometime in the 1990s or 2000s, when many Chinese universities changed their names to be less specialized. It used to be the Shanghai Institute of Foreign Languages. It became the Shanghai International Studies University.

246

ond hometown. So it is not only a privilege but really a great joy for me to be here for this conference: to see for myself the remarkable progress that China has made, not just in the economy, but in its commitment to building the rule of law and building respect for human rights.

I very much enjoyed this morning's talks, and, in particular, found that the expressions of philosophy very much coincided with my own philosophy, my philosophy of life, I suppose. As my children know, my philosophy in its simplest form can be stated as the importance of kindness. And I believe cooperation is very important, but I am going to emphasize the fourth word: responsibility. As we have learned in the context of human rights, talk of cooperation is often easy, but it is not usually enough. What human rights offers is binding international legal obligations and the means to hold states, at least, accountable for their relevant conduct, for their responsibility to cooperate to achieve human development and respect for human rights.

I teach international human rights advocacy. I am not a climate expert. As part of the group that developed the Oslo Principles, I worked with my students in the Allard K. Lowenstein International Human Rights Clinic at Yale Law School to assess the rights affected by climate change. We derived a set of principles, based on well-established international human rights law.

I think most of the attention of the human rights community has tended to be on obligations to meet needs of people affected by climate change, with emphasis on particularly vulnerable people. But we looked primarily at what human rights law tells us about states' obligations to prevent harm.

These are principles we believe derive necessarily from well-established international human rights standards, general principles that underlie much of the Oslo Principles but are not identical to them.

We relied on many source of jurisprudence, including the important and great work of John Knox. My remarks will overlap a little with John's, but I want to emphasize that what I am going to say is based on our own interpretation of law ; in fact, John may even disagree with how far some of these points go. The obligations to limit greenhouse gas emissions and reduce global warming are generally not addressed explicitly in binding international or national human rights law, but they can be derived as indirect or implicit obligations, necessary for states, at least –leaving private actors aside for now – to fulfill other duties that are explicit.

As John said, climate change threatens a wide range of human rights. I am going to summarize the nature and extent of a few key relevant rights and just mention a number of principles that are grounded in human rights law. They provide a basis for understanding the obligations of states and states' responsibility for violations of human rights that are caused by climate change.

I want to start and spend a little time on the right to human dignity, which is articulated in almost all human rights law as the basis for all rights or, in some cases, as a right in itself. A particularly valuable contribution of the Inter-American Court of Human Rights is its jurisprudence of "*vida digna*," in Spanish, or the right to a dignified life, which requires states to take positive measures to enable people to exercise their rights to a decent life.

The anticipated impacts of climate change will jeopardize the ability of states to fulfill their legal obligations to protect and advance human dignity. Dignity is a particularly powerful lens through which to view the human consequences of climate change, because it provides a fabric to unify the full panoply of human rights that climate change will compromise. It also requires a floor, a minimum living condition that states must provide as the impact of climate change increases.

Courts have interpreted dignity to require that states refrain from infringing on other fundamental rights, such as liberty and equality, but also that they take positive steps to fulfill social and economic rights. Already there are instances of judicial recognition of the relationship of dignity to climate change and environmental protection that suggest that dignity may play an important role in shaping the duty of states and non-state actors with regard to climate change mitigation and adaptation.

The right to life is the most fundamental right. It has been interpreted by the European Court of Human Rights, the UN Human Rights Committee, and national courts to include a state obligation to take steps to safeguard life, including from foreseeable though unintentional causes.

Climate change threatens lives. In human rights term, a death is more unacceptably "arbitrary" when it is foreseeably caused by human activity. When human activities foreseeably threaten life, engaging in those activities might amount to a violation of the right to life. So the state has a positive obligation to ensure that such violates do not take place. As climate change threats to human life, especially for vulnerable communities, become increasingly imminent and apparent, courts may become more receptive to using the right to life to require mitigation measures.

The right to property is not explicitly protected by the core international human rights treaties, but it is protected by regional treaties as well as many national jurisdictions. Protections of property within human rights instruments suggest that states have an obligation to ensure that private property is protected, particularly to prevent harms to other essential rights. States may have an obligation, grounded in human rights, to regulate emitters in order to protect property from environmental harm and thereby ensure that essential needs are met and core human rights protected.

John mentioned the right to self-determination. Self-determination is often treated as a background right that makes all other rights possible. Climate change threatens the right to self-determination, particularly for nations dependent on coastal life or other vulnerable ecosystems. Some states and sub-populations may be forced to relocate entirely, while globally rising sea levels will dramatically influence economic, social and cultural development. Although, traditionally, the right to self-determination was violated through acts of war or hostility, knowingly creating or failing to prevent an environmental disaster would constitute a comparable violation. The right to self-determination thus poses an obligation to preserve, as far as possible, existing communities and to allow them to play a role in determining their future.

John also talked about the right to health. The right includes the underlying determinants of health, such things as access to safe, potable water, adequate sanitation, and an adequate supply of safe food, nutrition, housing, and safe environmental conditions, all of which are threatened by climate change. A number of international and national courts have found that environmental degradation threatens the right to health and its underlying determinants ; the right to health has been relied upon as a source of the right to a clean and healthy environment. In turn, a healthy environment is necessary for the right to health to be meaningful. The obligations states have to realize the right to health can, therefore, be applied to states in relation to the environment.

I will just mention a number of rights that fall under economic and social rights and that all can be affected by climate change: the right to adequate housing, which has been interpreted to mean the right to live somewhere in security, peace and dignity ; the right to food, obviously ; the right to water ; the right to a clean and healthy environment.

But I' d also like to mention the right to culture, which is enshrined throughout international human rights law and recognized by a number of modern constitutions. The right to culture will be critically affected by climate change, and its protection will be central to states' duties to take both mitigation and adaptation measures. The right to culture has featured prominently in adjudication concerning environmental protection, sustainable uses of natural resources, and climate change.

Within the last several decades, the rights of indigenous people have steadily grown in international human rights law. Mandates that states protect indigenous cultural, land, and environmental resources necessarily entail the obligation to mitigate climate change. The participatory right of indigenous communities is also important and requires that they be included as participants in the design and implementation of all policies, land planning, and economic development activities that affect their interests.

251

Of course, there are a number of procedural rights that can all be important in protecting against climate change. These include the right to information.

I want to emphasize that all these rights that I have mentioned and others for which there was no time to discuss are intertwined and that climate obligations are derived from them in a cumulative way. It is important to remember that the Vienna Declaration and Programme of Action on Human Rights, which was adopted by consensus of all the states attending the World Conference on Human Rights in 1993, affirmed that human rights are indivisible, interdependent, and interrelated. This important tenet of international human rights law also significantly underlies climate principles.

I want to take just a couple of minutes to talk about the work that we did in our clinic. Based on these rights, taken together, we articulated a set of principles that constitute a basis for enforceable obligations based on the threat of climate change to people and communities. The extent to which these principles are well established in international law and jurisprudence varies ; the development of the jurisprudence from which they have been derived varies in its depth and effectiveness, and different courts vary in their support for the norms and concepts underlying these principles. But they all have a strong foundation in international human rights law. I will just mention briefly a few of the key principles.

The duty to prevent trans-boundary harm: States have an obligation to prevent violations of human rights under their control wherever they may take place. All states emitting pollutants that contribute to climate change, therefore, share responsibility for mitigating and helping communities adapt to the global effects of climate change.

Duties to future generations: Obligations to future generations are implicit in customary and conventional international human rights law. States have a duty to respect the rights of the future generations by taking immediate measures to prevent climate change and to address its consequences.

Duties to vulnerable communities: Human rights law recognizes and protects the equal worth of individuals and communities. States have a primary obligation to protect and advance the rights of vulnerable communities that are threatened by climate change.

Principle of causation by omission: States have positive obligations to prevent foreseeable violations of human rights. The failure of States to take measures to prevent climate change-related harms is therefore itself a violation of human rights.

Cooperation principle: States have a duty to cooperate to prevent violations of human rights, including those that result from circumstances for which no single State is entirely responsible. In particular, States have a duty to cooperate to find and implement solutions to climate change and other global challenges to human rights.

And, as John said, human rights also provide a particularly strong foundation for a couple of principles that are often discussed in the context of the environment. Particularly, a human rights approach reinforces both a concept of common but differentiated responsibilities and the precautionary principle.

And, finally, I want to mention one other principle that goes beyond the obligations of states that we have been discussing today. States have an obligation to regulate private parties in order to prevent them from causing violations of protected human rights through their contributions and responses to climate change. But where a State fails to impose or enforce adequate regulations, private parties, including corporations, nevertheless have an obligation to avoid violating basic human rights.

Thank you.

【参考译文】

人权和气候变化责任

在开始演讲之前，我想先讲几句题外话。我在很久以前，大概是 1982 年到 1983 年前后，曾经在上海生活过一年。那时，我在上海外语学院任教，为那些准备出国留学的学生教英语，其中大多数是年轻的科学家和工程师。他们非常渴望学习，并且希望在学成后归国，为建设新中国尽自己的一分力量。那一年对我而言是美好的一年，在座的不乏来自北京的同人，请原谅我冒昧地讲一句，我依然觉得，上海是我的第二故乡。因此，能够参加此次会议，我非常荣幸，并且非常开心。我目睹了中国在这些年所取得的成就，这些成就不仅仅是指贵国在经济上的繁荣发展，同时也包括贵国致力于建设法治社会，以及在尊重人权方面所作出的努力。

我非常欣赏今天上午我们所做的交流，特别是其中涉及哲学思想的部分。我认为他们所讲的哲学思想同我个人的生活哲学比较一致。我的孩子们都知道，我的人生哲学，简单而言，就是强调仁慈的重要性。我认为，合作是至关重要的，同时，我也想强调一下会议四个主题中的最后一点——责任。在人权的大背景下，讨论合作往往是容易的，但是却并不足够。人权倡导的是具有约束力的国际法律义务，这意味着，国家作为一个整体，至少应该为他们的相关行为负责，国家之间有责任和义务进行合作，以实现人类的发展以及对人权的尊重。

我讲授国际人权法倡议，但我并非气候领域内的专家。作为起草奥斯陆原则专家小组的成员，我同我的学生们一道评估了气候变化对人权的影响。根据已经确认的国际人权法，我们推导出了一系列原则。

我认为大多数关注人权的人，都将注意力集中在怎样满足那些受气候变化影响的人民的需求之上，尤其强调对弱势群体的保护。但是，我们同样关注人权法赋予国家的防止伤害的义务。我们认为，这些原则都能够从已经确立的国际人权标准中推导出来。这些一般性原则强调了奥斯陆原则的重点，但与之有别。

我们依靠法律体系等多种来源，也包括约翰·诺克斯所做的伟大而重要的工作。在我的报告中，我的言论可能同约翰的发言有所重叠。但是我想强调的是，我在此发表的言论仅仅基于我个人对法律的理解，事实上，对于其中的一些观点，约翰可能并不能完全认同。通常而言，控制温室气体排放以及减缓全球变暖趋势的义务并没有通过国际或国家人权法律明确予以约束。但是它们可以作为衍生出的间接或隐含的义务，足以促使国家至少将私自行为暂时搁置一边，履行其他明确的义务。

约翰认为，气候变化威胁了一系列人权。而我则会总结一下对于部分重点人权本质的探讨，同时也提及一些基于人权法之上的原则。这些为我们理解国家的义务，以及国家在因气候变化而导致的人权侵犯中所负有的责任提供了依据。

　　我希望能够花一点时间来谈一下人类尊严的权利，这也是所有人权法中都明确提到的一点。它是所有权利的基础，并且其本身就是一项重要的权利。美洲人权法院对人权作出的一项非常有价值的贡献，就是在它的法律体系中强调了有尊严地生活的权利的重要性，用西班牙语说就是"vida digna"。实现这一权利要求国家采取积极的措施，使得人们能够过上有尊严的生活。

　　气候变化所带来的可预见的影响将会危及国家在保护及推进人类尊严进程中履行法律义务的能力。尊严可以看作是一个极其强大的镜头，通过它，我们可以看见气候变化问题给人类带来的后果。尊严可以看成是人权的最基本组成部分，它为我们提供了依据，通过它，我们可以看到气候变化的恶果。同时，尊严也是我们的底线，在气候变化问题为我们带来的影响日益严重的今天，它可以看成是国家应该向我们提供的最低生活条件。

　　以尊严为标准的法院要求国家应该保障人民自由、平等的基本权利，同时，也要求国家采取积极的行动，以保障人们社会及经济方面的权利。早已有法律实例承认了尊严同气候变化及环境保护之间的关系，这表明，尊严这一因素，在塑造国家及非国家行为者为缓解气候变化应履行的义务时，起到了重要的作用。

　　欧洲人权法院、人权团体以及国家法院都承认，生命权是最基本的权利。国家应承担的义务包括采取措施保障人类的生命权；也包括保护人们免受由于可预见的意外原因而导致的对生命权的侵犯。

　　气候变化威胁着人类的生命。从人权角度来讲，如果人类的生命权由于可预见的人类行为而受到侵犯，那么，死亡是最不能令人接受的意外。如果人类的活动威胁到生命，并且这种威胁是可预见的，那么从事这些活动就等同于侵犯他人的生命权。国家应当积极地履行其义务，确保这种侵权不会发生。随着气候变化对人类生命的威胁日益加重，那些原本就易受其影响的社区所面临的形势就更加严峻。因此，法院可能会更加接受这样的观点，并以生命权为由，要求国家针对气候变化采取相应的措施，以缓解危机的形势。

财产权不仅仅受到核心国际人权条约的保护，同时也受到区域性条约及国家司法管辖区的保护。从属性上来讲，对财产的保护依然是对人权的保护，因此，国家有义务保护人民财产不受侵犯，同时，也应防止对其他基本权利的侵犯。从人权角度出发，国家有义务对排放物进行管控，以保障财产不受环境因素的危害，从而确保基本生活需求得到满足，核心的人权受到保护。

约翰在他的发言中提到了自决权。自决权是所有权利的基础，使得其他所有权利的实现成为可能。气候变化威胁到了人类的自决权，特别是对那些沿海地域国家以及生态系统脆弱的国家而言。全球海平面的上升对经济、社会及文化都将造成严重的影响，一些国家甚至可能要被迫实施人口迁移。通常而言，对自决权的侵犯通常都由战争或敌对行为而导致，而现在，制造或者未能阻止环境灾害也将对自决权造成类似的侵犯。国家应当采取一些行动，最大程度上履行其保护人类自决权的义务，让现有的共同体能够自行决定其未来。

约翰同时也提到了健康权，而健康权的实现离不开那些决定健康的基本因素，包括获得安全的饮用水，拥有适宜的卫生条件，获得足够的安全食品、营养、住房以及安全的环境条件等。而这一切都正受到气候变化的威胁。许多国际法院及国家法院都认为，环境恶化威胁到了人类的健康权，以及决定健康的基本因素。因此，国家必须意识到他们应当承担的义务，国民的健康权将依赖国家同环境之间的关系而得以实现。

　　我在此仅仅提及一些属于经济和社会方面的权利，这些权利都将受到气候变化的影响。居住权，指居住在安全、和平、有尊严的环境当中的权利；食物权，其含义不言而喻；饮水权，指享受干净、健康环境的权利。

　　在此，我还想提一下文化权，这项权利在各种人权法中均有所涉及，并且也为许多现代宪法所认可。文化权也将受到气候变化的严重影响，国家有义务通过缓解及适应措施，对这项权利加以保护。

　　关于环境保护、自然资源的可持续利用以及气候变化的裁定事关文化权的未来。过去的十几年里，土著居民在国际人权法中的地位日益上升。保护土著文化、土地以及环境资源已成为国家的强制性义务，国家有责任采取措施缓解气候变化的形势。土著社区的参与权也十分重要。需要确保他们能够参与设计所有影响他们利益的政策和经济发展活动。

　　当然，在保护这些权利不受气候变化影响时，有很多程序性权利也十分关键，如信息权。

　　在此我想强调的是，我所提到的或其他的权利是相互交错的，而关于气候的一些义务则是以累积形式从这些权利中衍生出来的。我们应当谨记，关于人权的《维也纳宣言和行动纲领》是由所有参加1993年世界人权会议的国家共同决定的。会议肯定了人权不可分割，相互依存，并且相互关联。这是国际人权法中非常重要的一点，也为气候原则的建立奠定了基础。

　　我想花几分钟时间讲一下我们所做的工作。基于这些权利，我们建立了一些原则。这些原则奠定了基于气候变化（对人类和共同体造成的）威胁的可践行的义务基础。国际法律和法律系统对这些原则的强调程度不尽相同，但是在国际人权法中它们都占有一席之地。我在此仅仅列举几条。

防止跨国界伤害的义务。国家有义务对侵犯人权的行为予以管控，无论其发生在何处。所有排放污染并对气候变化负有责任的国家同样有义务帮助共同体去缓解并适应气候变化所带来的全球影响。

为子孙后代负责的义务。在国际惯例及传统的人权法中，为子孙后代负责的义务是隐含其间的。国家应该尊重子孙后代的权利，有义务立即采取措施防止气候变化并且应对其所产生的后果。

为弱势共同体负责的义务。人权法律承认并保护个人和共同体之间的平等价值。国家的主要义务是要保护并且促进弱势共同体权利的实现，使之免受气候变化的威胁。

关于不作为（疏忽）的因果关系原则。国家有义务积极采取措施防止可预见的侵犯人权行为，因此，如果国家不能采取有效措施防止因气候变化所带来的伤害，该等不作为本身就侵犯了人权。

合作原则。国家有义务进行合作，防止对人权的侵犯，包括那些没有某个国家需要为之负有全责的侵权行为。特别是，国家有义务进行合作并找到一个切实可行的解决方案，以应对气候变化以及其他威胁到人权的全球性挑战。

约翰还曾提到，在环境大背景下，有许多原则经常会被提及，而人权则为这些原则的制定提供了基础。其中，对于共同但有区别的责任这一概念的论述，以及预防原则等都建立在对于人权的探讨之上。

最后我再谈一下超出我们今天所讨论的国家义务的另一项原则。该原则认为，国家有义务对私人团体进行管控，以防止因他们的行为而导致的气候变化对人权造成的侵犯。当国家未能实施管控行为，或者未能对私人团体的行为进行恰当的约束时，包括企业在内的私人团体本身，也应当有义务避免侵犯人类的基本权利。谢谢大家。

未来与展望

WEILAI YU ZHANWANG

总结（一）

Thomas Pogge

The 20th century is often called the American century – grandly using the word "America" as a synonym for "the United States". If you look at that century, you find tremendous progress, you see positive things such as the defeat of the Germans and the Japanese, certainly enormous achievements. The world would be a very different place today, if these countries had won the war.

But you also see at the end of the 20th century, and today, a world of very deep and deepening inequality. So just to give you some facts and figures, the poorer half of the world's population has about 4% of global income, the other 96% go to the richer half and actually 80% go just to the richest fifth of the world's population.

With regard to wealth, half of the world's privately owned wealth is owned by the richest 1%, which is again, a very remarkable figure. The poorer half of humanity owns only 0.6% of all wealth, as much as the richest 66 billionaires. And the people in the lower half are not merely much poorer, they are also absolutely poor. So, for example, 1/3 of all deaths in the world are from poverty related causes. That's a very large number –

some 18 million annually – and of course largely avoidable. The world is rich enough in aggregate to avoid such poverty – related deaths. All the life-threatening deprivations – lack of food, lack of clean water, lack of shelter, lack of sanitation, lack of electricity and lack of access to essential medicines – we could today avoid at relatively low cost.

So, this is also a product of the American century, the product of a kind of capitalist spirit, of a culture of selfishness: of every person, corporation and country for him – or her – or itself. One thing that has warmed my heart at our meeting here in Beijing is that many of the Chinese colleagues have very naturally said that we must not solve the climate problem at the expense of poor people, referring here not merely to Chinese poor people, but to poor people around the world. This is taken for granted here among us, but it is not taken for granted when you have conversations, for instance, in the United States, where it is difficult to get people interested in the problem of world poverty.

My concluding remarks thus far were just meant to express the hope that, as we work together on the climate problem, we will continue also to focus on poverty and development and the hope that, as China becomes a world leader, a new superpower, it will not forget its own history of poverty and poverty eradication.

In regard to domestic poverty eradication, China has been the most successful country in the history of the world, and those of us working on eradicating poverty worldwide should all seek to learn from China's example.

Now, having said that, I want to make one more remark that is inspired actually by what our friend from *China Today* has said about intellectual property rights and the sharing of technology. There is one important way, I think, in which the present system of intellectual property rights blocks progress and in which we might do much better. The present system for incentivizing and rewarding innovation gives people the option to apply for a patent, which in turn gives them exclusive rights to produce, to sell and to license what they have invented. With competitors barred through a temporary monopoly, innovators can sell or license their products at very high prices and thus, during the term of the patent, reap extraordinary profits that reward them for their past innovative efforts and thereby also incentivize future such efforts.

This system has various defects. The worst of these is its detrimental impact on poor people who typically cannot afford to purchase advanced medicines that are still under patent.

Let me give just one example concerning Hepatitis C, which is an important disease in many developing countries. There is a new powerful treatment for Hepatitis C, which is called Sovaldi and, in a different version from the same firm (Gilead) , Harvoni. To be cured, one needs to take one pill every day for 12 weeks. But each pill costs USD 1000, thus the full course of treatment costs USD 84,000. For poor people, this is completely unaffordable. Given that most medicines can be mass-produced at very low cost, this exclusion of the poor is morally unacceptable. And we should try to think then of a different way of rewarding and incentivizing medicines.

Together with colleagues, I have developed such a better way. Its basic idea is to use public funds contributed by many countries to create the

Health Impact Fund, which would reward pharmaceutical innovators in proportion to the health impact their innovations generate, on condition that they make this innovation available at the lowest feasible cost of production and distribution.

This model could work not merely in the domain of medicines, but for new green technologies as well. Currently, the diffusion of new green technologies is severely impeded by patents, which are the sole rewards of innovators and are meant to enable them to charge a licensing fee for the use of their innovations. If any company or country wants to use a patented green technology, it must pay a licensing fee for such use. As a result, such companies and countries often decide not to use the new green technology in question. Instead, they go about their activities in the old-fashioned way, producing more pollution. And the whole world is the loser from such failures to take up new green technologies.

It would be much better, if we had a system, where a company or a country can use such a new green technology free of charge and where the innovator is rewarded, from a publicly financed Ecological Impact Fund, according to the invention's social value – in terms of greenhouse gas emissions averted, for example.

So my proposal is that, if you invent a new green technology, you should be asked to let everyone freely use this technology and, in exchange, you should be rewarded according to this technology's ecological impact, according to how much CO_2 emission is averted through its use, for example.

If this were how green innovators are rewarded, they would be very eager for many people to use their innovations because, the more people make use of it, the more money the innovator will receive. Under the present system, innovators are very jealous ; they don't want others to use their technology unless they have paid the licensing fee. Under my alternative proposal, innovators would be eager to see their technologies used very widely and would often even subsidize its use in order to magnify their ecological impact rewards.

So this is one example of how we might change the intellectual property system so that it rewards innovators while also resulting in much greater mitigation of climate change. This proposal is especially relevant for innovations that would help poor people reduce their environmental footprint.

Within the present system, few are thinking about how poor people can have a smaller ecological footprint, how they can reduce their emissions. Why? Because, innovators concentrate their efforts on innovations they can sell at high prices, and these do not include innovations that are relevant mainly to poor people.

But under the Ecological Impact Fund system I am proposing, which would pay green innovators according to the emissions their innovation is averting, it would be worthwhile to think also about green technologies that would be especially useful for enabling poor people to reduce their ecological impact.

Let me close by endorsing what John Knox and others have said: that the Soong Ching Ling Foundation has organized an exceptionally constructive meeting here in Beijing. My high expectations were exceeded even, in terms of how intellectually satisfying and how productive it has been on all sides. I think we have talked very openly, we have sometimes been critical of one another (which is great, that's what friends do, they criticize each other at times), and we have learnt a lot from one another. I hope very much that we can continue this communication in the future maybe through further meetings or maybe through e-mails or in other ways.

Thank you.

【参考译文】

总 结 （一）

20 世纪通常被称为美国的世纪。纵观这一个世纪，我们取得了巨大的进步，并且见证了人类历史上许多有益的成果，例如，纳粹和日本的战败——这堪称是举世瞩目的成就。如果我们没有赢得那场战争，那么今日世界将完全是另一番景象。

但与此同时，在我们于 20 世纪末或者当今时代进行审视的时候，也同样看到，这是一个极其不平等的世界。我在此仅仅列举一些事实和数据予以说明：世界上较贫困的那半人口仅占有全球收入的 4%，而另外 96% 的全球收入则均属于非贫困人口，其中 80% 的收入都掌握在世界上最富裕的 20% 的人手中。

而说到财富，这个数字就更加惊人，世界一半的财富均掌握在仅占世界人口 1% 的最富裕阶层的手中。而身处贫困阶层的人民则不仅更加贫困，而且是绝对贫困。例如，每年世界上约有 1/3 的死亡都与贫困相关。这是一个相当庞大的数字，而事实上这种情况是完全可以避免的。通过积聚世界财富，我们完全可以避免因贫穷而导致的死亡。而那些资源匮乏的现象，如缺少食物、水、住房、卫生条件、电力等，我们也完全可以通过很低的成本予以解决。

显然，这样的不平等是美国世纪的产物，是资本主义精神的产物，也是以自我为中心的理念的产物。在本次会议上，有一件事情让我非常感动，那就是我听闻我的许多中国同僚们非常自然地谈到，我们不能以牺牲贫困人口的利益为代价来解决气候变化问题；而他们这里所讲的贫困人口，不仅仅是指中国的贫困人口，而是指全世界各地的贫困人口。我和我的同僚们认为，这样的逻辑是理所当然的。然而，在美国社会环境下，这样的逻辑并不会获得广泛认同，在那里，你很难让人们对贫困问题提起兴趣。

因此，我讲这些只是希望我们在携手应对气候问题的同时，也能持续关注发展问题和贫困问题。我也希望，当中国不断成长为世界的领导者，成长为超级大国的时候，不会忘记自己贫困的历史以及消除贫困的历史。

中国是历史上最成功地消除国内贫困的国家。我希望，在消除世界贫困的进程中，我们也能向中国借鉴一些经验。

讲到这里，我想要再发表一个观点，这个观点实际上是受《今日中国》的一位朋友的启发，这位朋友所言的正是关于知识产权以及技术的共享。我认为，在这个问题上，我们现有的机制制约了发展，在这方面，我们本来可以做得更好。目前，我们的机制通过授予人们专利的方式来激励和奖励创新。也就是说，创新者将会获得关于一个新生事物生产及销售的排他性权利。

然而，这个机制并非是完美无缺的，对于那些穷人来说，该机制是非常不利的。医药的价格非常高昂，穷人根本无法负担。

在此我仅以丙型肝炎为例，该疾病在许多发展中国家非常盛行，现在已经研发出治疗性药物索菲布韦片（Sovaldi）。患者需要连续 12 周每天服用 1 片该药物，而这些药物的全部售价是 8.4 万美元。这个价格对于穷人来讲，是完全负担不起的。而大多数药品批量生产的成本很低，由于药品价格将穷人拒之门外，在道德上是不可接受的。所以，我们需要一种全新的机制，以激励和奖励药物创新。

我和我的同僚们携手研发了一个相关的体系，其基本理念是：利用从许多国家贡献的公共基金来成立"健康影响基金"，该基金用来奖励对于创新产品有健康影响的医药创新者，只要他们将其产品采取可行的最低成本进行生产和分配。

这种模式不仅应用于医药领域，同样可以推广至新的绿色技术。当下，新的绿色技术传播在很大程度上受到专利的限制。专利是对创新者的单独奖励，这就意味着，专利允许他们对其创新产品的使用进行许可收费。如果任何国家或任何公司想要使用一种被授予专利的新绿色技术，他必须支付相应费用以获得专利许可。很多时候，公司或者国家往往因为费用过高而放弃对于该项绿色技术的使用，仍然采取过去的方式进行生产活动，产生更多的污染。而不采取新的绿色技术带来的后果就是，全世界都将是输家。

如果我们可以建立起一种体系，令一个公司或者一个国家可以免费使用该项技术，并且与此同时，专利持有人也可以根据该项技术所享有的社会价值而受到相应的奖励，那么一切问题将会迎刃而解。

因此，我所建议的体系将如此运作——如果你发明了一项新的绿色技术，那么你将会根据该项绿色技术的社会影响而获得相应的奖励。比如，通过使用该项技术，减少了多少碳排放量，但前提是，你要向所有人无偿提供该项技术。

事实上，如果你的回报以此为基础，那么你会迫不及待地希望有更多的人来使用你的技术。越多的人使用它，你所获得的报酬也就更高，这同现存的机制是迥然不同的。现有的机制使得人们变得非常斤斤计较，除非他人向你支付专利许可费，否则，你不会慷慨地向其免费提供技术。但是，在另一种系统内，你将十分渴望看到自己的技术为他人所用，你甚至可能会资助他人来使用你的技术，以获得更加丰厚的环境影响力回报。

因此，这就是我所说的我们可以对知识产权系统作出变革的一个例子，我们在回馈专利发明者的同时，也为更大地缓解气候变化贡献了一分力量。这对于能够减少穷人们的"环境足迹"的创新技术而言尤为重要。

在现有体制下，没人去思考如何能够减少穷人们的"生态足迹"，如何去减少他们的碳排放量。为什么呢？因为如果你有一项很好的发明，你希望可以卖掉它，唯一的方法就是抬高价格，使得穷人们无法负担得起，那么，可以说，你并没有从应用创新的角度去思考问题。

但是，如果你的回报是基于通过使用该技术而减少了多少碳排放量来计算，那么你就一定会从技术应用的角度去思考，去探讨如何使该项绿色技术为贫困人口所用，以减少他们对环境造成的影响。

总而言之，我十分赞同约翰·诺克斯及其他发言者们所言。宋庆龄基金会在北京组织了一场非常有建设性的会议，可以说，无论是从探讨内容的深度，还是从探讨内容的建设性意义角度出发，本次会议都超出了我的预期。在这里我们公开地进行了交流和探讨，互相批评指正，这是非常好的一件事情，朋友之间才会相互批评、相互苛责，通过这样的方式，我们可以互相学习。我希望日后我们可以通过举办类似的会议或者通过电子邮件等形式，进行更多这样的交流。谢谢大家。

总结（二）

Jaap Spier

This has been a highly interesting and important conference. The organisers did an impressive job ; we owe them a lot. All of us are after the same: to explore strategies to come to grips with climate change. We have a lot in common, albeit that our views and short term interests are a bit differentiated. The latter makes in-depth discussions all the more fruitful and inspiring.

I have learned a lot about China, the Chinese perspective, its proposed so lutions and the sense of urgency.

At times, I also grasped a hidden message: people from the richest countries should not tell us what we have to do. All the less so in light of their historical contributions. That message is understandable. But it has not been my intention or the intention of my learned friends from Europe, Australia and North America to do so. To the contrary: all of us are keen to explore common strategies that are fair and might work. Admittedly: that is easier said than done.

Good intentions are important features but if not supported by concrete action, they don't solve problems. Nor do they bridge the gap between the diverging perspectives.One of the key messages, repeatedly and convincingly emphasised in quite a few presentations, is that we have to listen to and learn from each other. We must try to understand the other's perspective. Only if we are willing to be open – minded, we will be able to narrow the – not so significant – gap. That presupposes that we trust each other.

That has been the spirit of this conference and you have succeeded wonderfully well to achieve that goal.This is not to say that the job is done. More in-depth discussions would be desirable. It would be useful to involve participants from the poorest nations. Future discussions may benefit from a focus on specific issues and potential solutions. We should try to be as concrete as possible. Abstract notions of fairness are important to map the avenue towards solutions, but they do not work if they are kept abstract. The appealing concept of common but differentiated responsibilities may serve as an example. It is fair, it makes a lot of sense, but it is too vague. Hence, it does not work.

There are many avenues ahead：

First and foremost international negotiations. Needless to say that they should be our first option if they would bring about the bitterly needed international consensus to allocate the reduction burden among the respective countries to the effect that we will not cross the two degrees Celsius threshold. This scenario will only work if all (or at least most) countries are seriously willing to adopt fair solutions.

Bargaining power plays an important role in the international arena. Hence, countries with the same or similar interests, such as developing countries, should join forces. Together they can make a difference. They should be willing to overstep the often small differences.

Secondly, legal solutions. They might be second best. They require a clear picture of the legal obligations of the respective countries and a sound legal underpinning of these obligations. Fairness is one of the key features.

Do they stand a chance? The answer depends on a myriad of factors: their persuasiveness and the willingness of others (be it poor countries to foster their bargaining position, investors, enterprises and states keen to comply with their obligations, or, as the case may be, courts) to come on board.

Thirdly and not unimportantly: pragmatic solutions. A lot can be achieved by a focus on coal sequestration or fighting deforestation. Thomas Pogge has submitted the idea that rich countries should pay to keep coal in the ground. My first spontaneous reaction was: there is no legal basis for such a solution. I still believe that there is not such a basis, but that does not do justice to the submission. There are quite a few solutions that could have a measurable impact just because they are practical and relatively inexpensive. That is not to say that these solutions are easy. There are quite a few practical obstacles to be removed, but they should be explored in detail.

In an ideal world, harmony and responsibility would rule the waves. Unfortunately, we do not live in such a world. We have to make the best of it in the given circumstances. Is that doable? Perhaps it is not. We may fail. But it is worth a try. Business as usual is not an option.

I am most thankful to the organisers, the learned colleagues who have presented their views, those who entered the floor to participate in the discussion and to all participants, for a wonderful, important and unforgettable conference.

【参考译文】

总结（二）最后观察

本次会议是一场非常有趣并且重要的会议。主办方所做的工作给人留下深刻的印象，对此我们非常感激。我们共同探索应对气候变化的不同策略。我们有很多共同之处，尽管我们各方有着不同的观点和利益。后者让我们的深度讨论富有成效、鼓舞人心。

通过本次会议，我对于中国、中国观点，及其倡议解决方案和紧迫意识，都有了更进一步的了解。同时，我也挖掘到一个隐藏信息：那些来自最富有国家的人们不应告诉我们该如何去做，因为他们的历史贡献也并不多。这是可以理解的。但是请相信，这不是我的初衷，也绝非我所了解的来自欧洲、澳洲和北美的朋友的初衷。相反地，我们所有人都热衷于探索公平且有成效的共同策略。然而，知之非难，行之不易。

美好的愿景固然重要，倘若不付诸具体行动，它们将不能解决任何问题，也不能消除不同观点间的分歧。而本次会议传递的一个重要信息就是，我们应当互相倾诉、互相理解。我们必须尝试理解对方的观点。只有我们愿意敞开心扉，我们才能够减少分歧。这意味着，我们要互相信任，恰恰也是本次会议的精神，主办方已成功实现了这一目标。

但并不是说，事情就到此为止。日后，我认为还应举办更多的深度讨论，并将贫穷国家的代表吸纳进来。同时，我也希望我们可以探讨一些特定的主题，并得出潜在的，具体的解决方案。我们应该为此全力以赴。公平的抽象概念对于形成解决方案来说非常重要，但如果仅仅停留在概念上，我们将无法解决现实问题。"共同但有区别的责任"这一概念就可作为一个例子。无疑它是公正的、有意义的，但也是模糊的，因此，也就没有起到实质性的作用。

我们面临着许多解决方式：

首先，也是最重要的，为国际谈判。若国际谈判能促使各个国家为避免气温上升 2℃ 而分担减排责任而形成共识，不用说，这将成为我们的首要选择。但这只有在所有或至少大多数国家都愿意采取公平措施的情况下才能起到作用。

讨价还价在国际舞台中扮演者重要角色。是以，有着相同或相似利益的国家，如发展中国家，应当形成一股合力。国家间进行合作将会产生巨大效益，基于此，他们应该愿意忽略较小的分歧。

其次，为法律策略。法律策略即时不是最好的，也是非常有成效的。法律要求明确各个国家应有的法律义务和这些义务的法律基础。公平是其重要特征。法律策略的可行性如何？这取决于诸多因素：法律的说服力和其他的意愿（贫穷国家所处的谈判地位，投资者、企业和国家所乐于遵守的法律义务，还有法院）。

最后一点，务实的解决方案。许多国家可以通过将煤炭封存不用或减少砍伐森林来实现减排。托马斯·博格提出了关于富裕国家应该将煤炭储存于地下的观点。对此我的第一反应是：这一解决方案缺乏法律基础。我认为，没有法律基础的方案，也就无真正的公正可言。而相当多的解决方案能够产生可衡量的影响，是因为其本身具有实用性且操作成本相对低廉。提出这些解决方案并非易事，何况还面临着需要克服的重重障碍，更不用说探讨解决方案的具体细节。

在理想的世界里，和谐和责任将引领世界的发展，但很遗憾，我们并不是生活在这样一个世界里。我们只能充分利用我们在这个不完美的世界里所能做到的一切。我们所订立的目标也许并不可行，我们也许会经历失败，坦白来讲，恐怕我们最后会以失败告终。但是，即便我们不能解决整个问题，我们也能尽最大努力去提供问题的解决方案，从而创造一个更美好的世界。若我们不去做这些的话，世界将依旧混乱不堪。

我非常感激本次会议的组织方，感谢陈述自身观点的有见解的同事，感谢那些参加讨论和所有的参会者，共同谱写了本次精彩、重要而又难忘的会议。

总结（三）

曹明德

感谢主持人蔡守秋教授充满溢美之词的介绍。我认为我们这两天很紧张的讨论是在一种坦诚、开诚布公，也是敞开心扉，很友善的情况下进行的，我认为是很有成效的。所以坦诚是最重要的，是交流的前提，中外学者们也都充分地发表了自己的意见。

我简要地把我们法学界的几位教授，尤其是中方几位教授的观点给大家回顾一下。

我们尊敬的蔡守秋教授总结了中国应对气候变化法治建设所取得的成就，也分析了存在的问题，并提出了几点重要的建议。

第一点建议是尽快制定《气候变化应对法》，对此我本人十分赞同。

第二点建议是应该把气候变化的内容纳入到相关法律当中，比如说《大气污染防治法》，对此我也是十分赞同的，我曾经在很多场合下赞成将温室气体排放纳入《大气污染防治法》来进行规制。实际上我们现在的《大气污染防治法》修订草案，已经经过全国人大一审，第一次审读之后，这个条款存活下来了，尽管我们学界还有很多不同意见，但是我认为很重要。因为《大气污染防治法》今年很可能就能修订，而《气候变化应对法》什么时候能够通过，我们现在还不得而知，可能需要很长的一段时间。

第三点建议是将国内应对气候变化与国际应对气候变化结合起来，促进应对气候变化国际条约的制定、实施以及更广阔地讲——促进国际环境法的发展，这是非常有见地的。我们中国也十分愿意和国际社会一起来应对气候变化问题。这是我们蔡守秋教授的观点。

刘海年教授指出空气无国界，应携手应对气候变化，"地球是在太空中遨游的诺亚方舟"，这的确道出了我们人类命运共同体这个真谛，我们同有一个地球。我在很多场合下说，地球不仅仅是人类共同的家园，也是我们所有生命共同体的家园。实际上在我们人类出现以前，地球早就存在多少亿年了。

发达国家的碳排放量高，自然资源浪费严重，气候欠债多，因此应该承担更多的减排义务和责任，还应当在气候技术转让方面，加大对发展中国家的支持力度，切实履行共同但有区别的责任原则。我相信我们在座的都会同意这一点，因为这是《联合国气候变化框架公约》（UNFCCC）所倡导的原则。

刘教授还指出人权具有普遍性，也具有特殊性，因此应当考虑各国的特殊情况。

秦天宝教授对气候谈判技术理性进行了深刻的反思，指出国际谈判经历了从崇尚理性价值到崇高技术理性的转变，而且技术理性支配了谈判的方向和宗旨，使得谈判效果并不理想。相反，技术理性所依附的实质不平等，进一步扩大了国际气候谈判中的阻力和冲突。因此应当对技术理性进行深刻的反思，回归理性价值的导向。这与我们的哲学家张立文教授的观点，应该说有很大的相似性。

常纪文教授则指出气候变化离不开公众参与，这是他论文上的观点。他在发言中又讲了五点重要的问题。

第一，中国承担强制性减排义务是以发达国家提供资金和技术为前提的。

第二，应该有一个更加公平的碳排放核算方式。

第三，未来中国的碳排放应当会有所减缓，特别是我们现在的超低排放技术的应用，所以煤炭和石油仍然有着广阔的前景。当然清洁煤的技术还是非常重要的。美国的能源革命，我们也注意到了，取得了成功，页岩气的开发使国家油价大大下跌，这将为中国的能源革命所借鉴。

第四，未来50年仍然会是石油煤炭的50年。

第五，中国政府未来应制定和完善，包括《气候变化应对法》、正在制定的《能源法》以及国务院的碳排放权交易《管理暂行办法》等保护环境的法律法规。中国为气候变化以及提高能源效率和环境保护都付出了高昂的代价，西方国家应客观地看待中国所作出的巨大努力。

王明远教授分析了气候变化战，他通过中国家喻户晓的一部经典著作《三国演义》来比喻欧盟、中国、美国在气候谈判上所持的立场。这个三角关系是一种动态的，随着时间、空间以及各种条件的变化，很可能会发生变化。所以明远教授的这个观点很独特，可能有些人不一定赞同他的观点，因为这完全从谈判的角度，也显示出赤裸裸的国家利益。我认为他有其独到之处，就是说在国际谈判中，国家利益的问题是不可避免的。就像蔡老师所指出的，环境是公共物品，包括气候资源、气候系统。那么就存在着一个搭便车的问题，我们很容易达成共识，但落实到具体的减排义务时，往往很多国家都不愿承担自己的义务，特别是在经济负担比较沉重的情况下。所以从谈判的角度看，巴黎谈判很可能就是像王明远教授所提出的那样，就是一出三国演义的重演。

所以不管怎么说，这次会议大大促进了我们之间的相互理解，在不少方面还达成了共识，虽然也有一些问题我们目前还没有达成共识，但是没有关系，我们可以继续沟通。即使在中国国内，关于气候变化的问题，在我们的法学界也不太可能达成共识。

我的总结就到这儿。谢谢大家。

总结（四）

彭永捷

　　谢谢主持人。在这两天的时间里，我对这个会议也是感慨很多的。我们孔子研究院的院长是张立文先生，他今天因为有事，已经先行离会了。我们孔子研究院是这个会议的承办方，在承办这个会议的过程中，宋庆龄基金会的领导和工作人员无微不至的服务态度，令我们感受很深，一直是我们学习的典范。由于我们在经验等各方面的不足，在这两天的活动中也可能有对各位招待不周的地方，请大家海涵，我们会后也将进一步的总结、改进。

　　这次会议有一个特点，首次把来自科学界、法律界、哲学界、传媒界的学者和政治领导人、非政府组织的领导人召集在一起，共同研讨应对全球气候变化这样一个问题。所以它是一个跨学科的交流，也是一个跨界的交流，跨越政界、学界、传媒界，产生了非常积极的效果。在我们这两天的讨论过程中，我们可以看到科学界以大量的事实为依据，讲述了全球气候变化是怎样一个过程，怎样一种变化，它对人类有怎样的影响，以及对人类采取行动提出怎样的要求。通过科学界的介绍，我们越来越感觉到尽快去普及、宣传以及采取积极有效的应对措施，是多么的必要。

　　法律界也有很多很好的想法，想把这种应对全球气候变化的理念，变成可操作性的、变成履行义务的法律措施。其中国外的学者介绍了"奥斯陆原则"，我也注意到"奥斯陆原则"中有很多强调全球正义的观念。比如，提出了人均排放的观念，因为在过去的一些谈判中，有很多国家是不承认人均排放的，也提到了对不发达国家要有特殊的政策，这一点我们是可以体会到的。

还有一些法学家，比如说澳大利亚的法学家，还有南非法学家，提到了在法学实践中怎样解决环境问题、气候问题，这对我们也有启发意义。常纪文教授在后面的讨论中也提到，在我们将来的《民法典》起草中，是不是也可以考虑公民有权利去提出对环境方面的诉讼，这也是我们的刘海年教授提出的——环境权是第三代人权。我觉得这些观念都是非常有积极意义的。

与"奥斯陆原则"相关的讨论，表面上来看有很多批评，也有争论，但我还是坚持我的看法，认为这其实是一种完善。虽然我们的专家团已经从全球正义的角度，对发展中国家的处境做了很多考虑，但是真正来到中国这样一个发展中国家，我想他们可能会发现，原来发展中国家所考虑的问题其实更为复杂，他们的处境中有很多需要具体关注的东西没有纳入到这些原则中来。我想这些东西在将来是可以进一步去完善的。

传媒界也强调了在气候正义，也包括法律界讨论的气候正义的问题上，我们的法律是建立在正义的基础之上的，也是维护正义的。如果我们在正义观念上不能达成一致，就很难采取有效的法律行动。我也同意蔡守秋教授提出的观念，正是因为我们跨界的讨论，使我们意识到应对全球气候问题不是单一方面的问题，需要从多方面来寻求综合的治理之道。

就我本人而言，我也希望将来中国政府或者是一些社会组织，能够向全球各国提议，在应对全球气候变化这个普遍性问题的过程中，人类应该朝着团结一致的方向去发展，应该成立一个能够领导全球去应对全球气候变化的组织，从而避免让各个国家无助地单独面对全球性问题。如果我们能够切实在加强能力建设方面起到作用，那么我们对"共同但有区别的责任"的理解，就不会说有的国家可以排放、有的国家不必减排、有的国家不能排放，而是说无论我们处在什么样的发展阶段，我们都要尽量去减排。因为我们可以在设立标准和提供技术、提供设备等方面做更多的事情，使贫困的国家也有能力来减少排放。这远比我们现在所考虑的"一些国家可以有十个城市污染、另一些国家可以有一个城市污染、贫穷国家也可以有一个城市污染"更有意义。

在这两天的讨论过程中也有来自哲学界的几位专家，比如张立文教授提出气候和合学，还有姚新中教授、白彤东教授，他们都从儒家的思想中提出了一些观念，他们强调应该从文明的角度、从人与自然的关系的角度、从人类的生存发展方式的角度、从人的发展的终极目的和人类未来的角度、从人在宇宙中的地位和人应当担负的责任角度，来重新思考气候变化问题。

我们应该认识到人类是一个命运共同体，全球气候变化是一个不利的事件，但它也有积极的方面，就是促使人类朝着团结一致、更加联合的方向去发展，使人类日益摆脱丛林状态，而且从文明的角度去理解、促使我们从根本上去反思人类为什么会面对这样一个后果。因为以前我们坚持一种线性的进步观念，我们认为自然资源是可以无限索取的。但我们人类的欲望是无止境发展的，这也导致了我们生产的无止境发展。举个简单的例子，比如我们现在都用手机，大多数人换新手机不是因为它坏了，而是因为它不时髦了、不新潮了。我们现代的工业都是建立在消费的基础上，没有消费就没有生产，我们广告工业的目的就是刺激人们消费。所以如果不从人们的生存方式本身去理解这些问题，我们现在所做的工作都在延缓，而不是从根本上来解决问题。

我们已经意识到问题的紧迫性，正在寻求一种有效、能够付诸行动的解决方式，同时我们也要考虑到问题的长期性、根本性。我们要在这个过程中去重新考虑我们人类的历史、现在和未来。

这是我的一些看法，谢谢大家。

总结（五）

唐闻生

唐闻生，中国宋庆龄基金会副主席。

各位专家学者，各位朋友：

　　请允许我首先代表中国宋庆龄基金会，感谢大家的光临。如果没有你们的参与，就没有我们这个会议。我们很清楚，你们都是在各自的领域里负有很多责任的人，日程很紧张，工作都很忙。各位能够从世界不同的地方来到北京共聚两天，阐述各自观点，我们非常感谢。

　　我们这次讨论的，是一个大家共同面临的问题。全球气候变化的问题，是地球上每一个人、每一个生命都面临的很严重、很紧迫的问题。这使我想起1951年、1952年宋庆龄主席为呼吁世界和平时曾经讲过的一些话。那个时候，第二次世界大战结束了，人们深感胜利来之不易，而当时国际局势仍很紧张，很多人在议论是不是会发生第三次世界大战。在这样的背景下，1952 年的夏天，在北京召开了一个亚洲及太平洋区域和平会议，中国代表团的团长就是宋庆龄。我现在查不到她当时在会上的英文发言，但是她在会议召开两个多月之前发表了一篇文章，跟会议主题有关。她喜欢亲自用英文写对外发表的文章，而且她的英文很漂亮，所以我想和同传的同志商量一下：我念她的英文，请你们翻成中文。当时，到底是打仗还是和平共处，是一个大的问题，她说还是希望我们大家能够携手和平共处。

她说 "We hope they…"，"they" 是指与会的各个国家的人民，"We hope they will join us in working out the peace, and then in making this world a place of fruitful labor and joy, a safe and sound place for their children and ours. We will grasp their hands in this greatest of crusades , to make this our time one of the finest ages in the world history ." [注：引自宋庆龄 1952 年 7 月 31 日《为亚洲、太平洋区域和全世界的和平而奋斗——为〈人民中国〉作》一文。中文为："我们希望他们和我们一道缔造和平，然后使这个世界成为一个充满有成果的劳动和欢乐的地方，成为他们的孩子和我们的孩子都能够平安地生活的地方。我们将要在这个最伟大的十字军中握紧他们的手，使我们的时代成为世界历史上一个最美好的时代。"]

她还说："Thus , if it could be accomplished to win a war, it is certainly possible to form a coalition against war, based on peaceful coexistence , to settle all present-day differences in behalf of universal harmony and cooperation." [注：引自宋庆龄 1951 年 6 月 1 日《论和平共处——为世界和平理事会杂志〈保卫和平〉作》一文。中文为："因此，缔结联合阵线如果可以赢得战争，那么根据和平共处的原理，也一定可以结

成联合阵线来反对战争，解决今天一切的争端以达到普遍的和谐与合作。"]

我觉得她说的这些话也适合于今天。那个时候是防范再发生战争，现在我们是要应对全球气候变化。在这个背景下，虽然我们可能有各自的视角、各自的利益、各自关心的不同问题，但是我们面临的是大家都需要共同承受的事情。我们今天聚在一起，是因为我们有这个共同的使命——要应对全球气候的变化。我们都已经感到很紧迫，而且都在努力。但是世界上各个国家有不同的处境、不同的角度、不同的看法，因此就需要讨论。如果大家本来意见都一致、说法都一样，就没有坐在一起讨论的必要和兴趣了。

中国是一个人口大国，但是实际上我们能够对外交流的人很少，部分是因为语言障碍。我们过去也没有那么大的经济能力到远处旅行。所以，我们特别愿意让世界人民了解我们、理解我们。我们特别希望向国外来的朋友，比如你们，向没有来过中国的更多的国外朋友，介绍我们是什么样的处境、什么样的想法，我们在做什么，我们现在还存在哪些问题，我们今后还要做什么，我们这样做要费哪些力气，以及我们还希望得到什么帮助。两天的讨论时间并不多，好在每位发言之外，还有充分的讨论、交流时间。在这个有限的时间里，大家已经十分浓缩地表达了各自的想法。

我刚才听外国同行表示，他们也是很坦率地把自己的一些想法说出来。对于讨论问题，中国有两句话，一个叫"协商一致"——"reach consensus through consultation"；一个叫"求同存异"——"seek common ground while reserving differences"。我们不是一开始意见就一致，如果一开始就一致，就没有必要坐在一起讨论了。但是如何达成一致？那就要说明各自的观点，讨论分歧。就是我同意你什么，但是我觉得哪一点你也考虑得不够，或者是你还应该从这个角度来看。通过逐步协商取得的这种一致，比简单投票取得一致，可能更有效。因为大家是经过思想的碰撞、讨论和相互了解，来取得认识上的一致。不像简单投票，大部分人同意了，少部分人就不得不服从。根据中国哲学和我们实践的实际结果，证明这种协商一致的办法比较有效。

另外就是"求同存异"。正因为有不同意见，咱们先集中，看哪些地方咱们是一致的，然后尽量在一致的基础上前进。分歧经过讨论找出来。有些东西可能是互相不了解，或许最后可以协调成一致，这样也很好。如果一时协调不成，可以暂时放在一边，特别是一些不是最主要的问题。可以逐步形成越来越多的共识，也可能最后就形成一个基本的共识。当然这可能会费时间，但是它其实是有效的，比急急忙忙的、通过多数来压制少数，或者强行通过一个什么条文更加有效。

这次大家坐在一起，面临一个共同的问题，从共同的目标出发，通过讨论来尽量取得更多的相互了解、更多的一致。如果大家觉得有所收获，我们就很欣慰，就觉得我们举办这次会议是值得的。因此，我们很想听取中外各方面的专家学者们对这次会议的反馈。我也听到了一些意见，比如说：还应增加哪些方面的人，应把分议题更具体化，等等。大家可以用各种方式向我们反馈。

在会议即将闭幕之前，我代表会议主办方中国宋庆龄基金会，感谢会议的承办方中国人民大学孔子研究院，感谢会议的合作方——国家气候变化专家委员会、中国政法大学气候变化与自然资源法研究中心以及美国耶鲁大学全球正义研究中心，感谢几位同传，他们特别辛苦，感谢所有使得这个会议能够成功举办的参与者，包括媒体，包括众多年轻、热情的志愿者们。除了感谢所有与会者，还要感谢所有今天不在场的、在背后做了很多工作的人。谢谢大家！

　　最后，用中国的古话"后会有期"来结束我的闭幕辞。See you again！

附 录
FULU

一、媒体报道

杜祥琬院士访谈[①]

提问一：杜院士您好，刚刚您在讲话中提到，气候变化的原因可分为人为因素和自然因素，北京前两天也难得的出现了一些蓝天白云，但是这两天，好像从昨天开始，又开始有雾霾了。就此想问一下，您觉得从人为因素而言，对于广大的"帝都"居民来说，他们可以做哪些事情来留住这些蓝天白云呢？

杜院士：你的问题提得非常好，对，是这样的。雾霾问题是大家都很关心的一个问题，它是由大气中的污染气体造成的，它跟气候变化还不是一个概念。我刚才讲了，霾这些粒子，包括一次粒子、二次粒子，哪儿来的呢？当然来源很多，看看各个研究组的报告，60%以上的粒子来自于煤炭跟石油的燃烧。关于这一点，各个研究组的结论都是一致的。而气候变化是来自于哪儿呢？它来自于二氧化碳的排放。二氧化碳的排放又从哪儿来的呢？也是由于煤炭、石油的燃烧。所以，上面说的两个东西虽然不是一个概念，但它们的根源基本一致。所以现在我们应对气候变化，也就跟改善空气质量成为一个方向

[①] 本文根据本次会议期间三位采访者对杜祥琬院士的采访录音整理而成，三位提问者的问题分别以"提问一"、"提问二"、"提问三"的形式呈显。

非常一致的工作了。那么大家怎么改变呢？

我刚才说从国家层面，要以能源革命为抓手，要把我们这个多煤的国家，以煤为主的能源结构，逐步地把煤的比重降下来，把煤炭跟石油的比例降下来，同时要尽可能的高效洁净化利用。现在我们还不能不用煤炭和石油，那么怎么洁净化利用呢？我就给你们举个例子。中国的煤炭每年只有一半是用来发电的，另外一半都是直接燃烧的，像锅炉、窑炉、家用的蜂窝煤炉，直接燃烧是最污染环境的，而且是最不好控制的。所以现在要加快替代，比如说取暖，如何用工业余热、用天然气来取代，以及将来进一步的发展太阳能等，这是一个必然的方向。同时要大力发展非化石能源，包括可再生能源，也包括核电；可再生能源又包括水电、太阳能、风能，等等。这些东西这几年我们国家很用劲地在做，但是到现在为止，在中国的电力里面，可再生能源发电（水电贡献比较大，大概有近 20% 的贡献，像风能、太阳能等一共贡献了 2% 的电力；另外，核能贡献了 2% 的电力）差得还很远，要把那 60% 多的煤炭替换下来，我们还需要走很远的路。从国家来讲要努力地去改变能源结构。

另一方面，我们每个公民都要有自己的责任感。比如，我说一个咱们生活的理念问题：我去日本名古屋访问的时候，参观丰田汽车厂，他们在那儿生产 0.6 排量的小汽车，名古屋的人以开 0.6 排量的车为荣。这种车小、短、轻，比较省油，在城里跑起来也足够用了。但是丰田厂也生产三点几、四点几排量的车，到中国畅销。中国人以什么为荣呢？以谁的车大，谁的车豪华为荣。难道我们的生活水平比日本高吗？大家都知道，GDP 总量相近，但是我们人多，要按人均 GDP，我们还比日本低好几倍呢。认真地说，我们要了解中国的国情，我们要主动地为全国来节能减排。拿坐车来说，我们要提倡低碳出行，坐小排量的车，现在又在提倡电动车，这样就能减少排放，这是非常重要的一个方面。除了车，还有油，要提高油品，这就是企业的责任了。

另外，我们还需要节能，中国因为66%都是煤炭，所以节能就等于节煤，就等于减少排放。每个公民都可以节约用电，都可以节约汽油，都可以节约能源。还有，咱们现在提倡垃圾分类，实际上先进的国家都把垃圾变成了资源，90%多的垃圾都可以变成资源。怎么利用呢？包括用来发电、供热，还可以用来做成肥料，或者做成沼气。这样不但利于环境，还节约了能源，现在的很多垃圾直接填埋，简单的填埋还会产生很多气体。比如说除了难闻的一些硫化氢等，还有甲烷气，它也是一种温室气体。所以做好垃圾分类和资源化利用，这是全社会的责任。这些做好以后，不仅减少了雾霾，节约了能源，更有利于美丽城市、美丽农村、美丽中国的建设。所以我觉得公民自己可以做的事也很多。

我在这儿给你们传播一个小故事，也是我偶然认识的一个小学——浙江余姚东风小学，他们学校自发的利用了1992年确立的联合国环境日，由一位老师发起，给孩子们进行节能环保教育。他们自己做了教材，六个年级，六本不一样深度的教材，让孩子学会怎么去节能减排。我当时去的时候，他们已经坚持18年了，教材都更新好几代了。第一代教材还留着呢，那个纸印刷也很差，现在都是彩色的，印得很漂亮。结果这些孩子在学校接受了节能减排的教育，回到家里就会批评家长，你怎么又浪费水了，你怎么又浪费电了，你怎么没好好垃圾分类呀。家长们听了批评以后反倒非常高兴，因为学校教育自己的孩子懂得这么多节能减排的知识，有了这么多非常好的理念，家长也情愿挨批评。这就是我们的全民努力，不仅是政府需要努力，老百姓自下而上的努力也非常重要。东风小学在这方面就做得非常好，会影响到一大片，大家都会向他们学习。

我举这个例子想说明，我们每一个公民都是可以为应对气候变化作出贡献，为改善空气质量作出贡献，为建设美丽中国作出贡献。

提问一：您刚刚讲的是民众层面的问题，其实在讲话中您也提到了节能减排是一个全球性的话题，需要一些国家合作，承担自己的责任。您还提到中国的 2030 年减排目标。那我们会在哪些方面作出哪些重要的举措来达到这个目标呢？

杜院士：你说的这个问题很实际，这就牵扯到政府和企业层面了。国家层面，甚至于全球，现在有一个共同的抓手就是能源革命。因为全球气候变化的根源，主要还是来自于化石能源，来自于煤炭跟石油。所以刚才我特别讲了一下这个问题，就是能源革命。能源革命简单讲就是由黑色、高碳逐步地走向绿色、低碳，再一点就是由粗放、低效逐步走向节约、高效。我们现在浪费很大，不合理需求也很多，很多过剩产能、空置房，很多房子盖起来没人住，而这些房子都是由资源、能源变来的，这是一种浪费。所以国家要从这些方面去抓节能减排，要使能源绿色化、低碳化，这就是国家层面要做的事情。那么除我刚才提到的化石能源的洁净使用以外，就是要提倡多发展可再生能源，还有核电、天然气等这样一些比较低碳的能源。这些方面现在除了国家做大的风电厂、太阳能发电厂以外，还有很多新的概念，就是家家户户都可以用的分布式的太阳能。太阳能的热力、太阳能的光伏发电，有的人家里自己做了个小东西，就可以利用太阳能发出电来，满足自己家里用，这个方向很快就会普及，这叫分布式能源。这是一家一户分布式的，分散开的。又比如汽车，现在的汽车是一个能源的消耗体，将来的汽车本身如果装上太阳能发电，就可以发自己的电，用自己的电，就不用烧汽油了。现在说起来好像离我们有点远，实际上现在大家已经能够看到太阳能飞机在飞了。虽然它只是一个很简单的模型，也只有一个人驾驶。但这是一个开端，要看到这个开端的革命性和引领性，这表明了人类是可以往这个方向发展的。现在是一架飞机，一辆汽车，将来就是一群飞机、一群汽车，这就带来整个的产业革命。所以我觉得像这一方面的抓手，就特别强调能源革命，这是一个很基本的。

当然了，除了这个以外我们还要提倡节约的理念，我们每个家庭要提倡不攀比豪华，我们要过好日子，要健康的、幸福的生活。但是奢华浪费并不等于幸福，就像一个人每天吃个酒醉饭饱也不是对自己有利的事情。

另外，我想再说说垃圾的分类资源化利用。实际上不仅每个家庭要认真地去分类，从企业来说也要建立一个产业链条。因为大家知道废弃物有各种类型，家庭的厨余垃圾是一类，建筑垃圾、电子垃圾、农民废弃物，这都是不同类型的废物。这些废物都可以通过不同的技术途径把它变成资源，这就成了一个产业，成了几个产业链条，这都是政府应该采取的措施。现在已经在做一些事情了，也有做得比较好的地方和企业，不过我们大陆做得还不如台湾在这方面做得好，国际上还有一些发达国家在这方面做得也不错，这方面只要我们努力，肯定能做好。

提问一：年前咱们中国跟美国签了一个应对气候变化的联合声明？

杜院士：是在 2014 年的 11 月 APEC 会议期间，中美两国首脑共同发表了一个应对气候变化的联合声明，我不知道你们有没有印象。

提问一：有。

杜院士：这是影响非常大的一件事，因为中美两国，一个是最大的发达国家，一个是最大的发展中国家。想要全世界、全球应对气候变化取得进展，特别是今年的巴黎会议要取得成果，这两个国家不作出自己的努力是很难的，所以两国也意识到自己的责任。另外也确实是需要，至少从中国来说，我们自己需要向低碳转型，制订一个目标，也逼着我们要完成这个目标，2030 年二氧化碳的排放达到峰值，但是目前我们还在增长。现在开始控制单位 GDP 的碳强度下降，但是总量还在上升。第二步就要控制总量了，总量管住，趋向峰值，就是这个意思。去年发表的这个联合声明有一点很重要，就是美国到 2025 年减少多少，他自己说他的话，我们就说我们 2030 年达到峰值。他们是发达国家，所以他们是要绝对量减排，我们是要相对量减排。而这个里面的一个措施就是非化石能源要增加，所以在这个声明里面，中国讲了第二个数字，就是非化石能源在一次能源结构当中占比达到 20%。你们知道 2020 年，我们要达到 15%，2030 年就提到 20%，这个比例要越来越多，这样让煤炭的比例越来越低，就是这个趋势。

提问一：关于今年年底的巴黎气候大会，好像在 6 月之前，每个国家都要提出自己的减排计划。那 2030 年就算是咱们提的一个减排计划。

杜院士：我们还会有一个正规的 INDC，就是国家自主贡献，每个国家都要提交一个文件，这个文件咱们在 6 月底之前就会提出来了，也包括刚才讲的这些内容，但是它可以讲得更全面。中国要采取什么措施来达到这样的一个目标，里面目标、措施都会有。大概就这几天的事了，要向联合国提供，同时也会发布。

提问一：最后一个问题，您对这次气候大会有什么期待？

杜院士：期待它的成功，我想这是全球的共同期待，中国已经为这个事做了很多的努力，我们也希望它成功，因为这是全球共同的利益所在。大家尽管有各种各样的矛盾，刚才我就强调了合作共赢，全球最后的结果只能是合作共赢，我就强调这样一点。我相信巴黎气候大会会成功的，当然所谓的成功就是会有一个协议来促进全球应对气候变化，但是不能指望它一次到位，我们以后还要努力，巴黎会议以后并不是说就不努力了，因为要应对气候变化，需要做很长时间的努力，所以巴黎气候大会是一次非常关键的会议，我们都渴望它取得成功。

提问一：好，谢谢您。

提问二：您好，杜院士，我有两个问题想向您请教。一个就是您刚才说咱们中国马上要提交自主贡献的一个清单，有 190 多个国家可能在 10 月底之前都要推出，那您估计能达到多少国家在 10 月底能够正式地公布自己国家的清单？

杜院士：这是都要提供的。我想大家都会的，应该都会吧。这就看各个国家的自觉了，我想都会有这个觉悟，因为是自主贡献。原则上应该都提。

提问二：那么针对这次巴黎气候大会，我看最主要关注的还是融资方面的一个话题。那么在之前哥本哈根大会上也提出了绿色气候资金，但是目前的融资情况并不是很乐观，2014 年的利马会议上，据我了解好像只达到了 100 多亿美元，和它之前的目标还有很大的距离，尤其是发达国家的承诺没有实现。那您对此有什么看法？

杜院士：这是一个很基本的问题，就是除了减排以外，需要资金和技术，对于发达国家，因为他们先发达了，他们有责任来出资金和技术，来帮助发展中国家加强自己减缓和适应气候变化的能力建设。这也是巴黎会议应该有的一个结果。这一点就考验这些发达国家的觉悟，我希望他们能有进步。

提问二：那么在巴黎峰会之前要拿一个先行的方案，您觉得这个方案也会有一些进展吗？

杜院士：你是说巴黎会议出的文件吧？

提问二：对。

杜院士：它既然要出东西，当然事先就是要做很多预热，所以现在各国都在做双边的、多边的交流磋商，来起草这个文件的初稿，刚在德国开了一次会议。都在做这个努力，都是为了巴黎会议的文件做准备，这都是必需的。

提问二：还有今天您参加我们宋庆龄基金会主办的这个会议，这也是第一次从人文还有科学这个角度来讨论环境应对问题，您对这个会议有什么样的评价和感受？

杜院士：气候变化这件事，它的根是来自于自然科学，但是它显然是一个自然科学跟社会科学，跟各个方面都有关的一个大课题。所以这次我们圆桌会议，就把自然科学家和社会科学家一起请来，也把国际国内的专家都请来，大家一起来开圆桌会议，是一个非常有利的交流，更有助于大家科学地认识气候变化，应对气候变化，也促进气候变化的国际合作。

提问二：好，谢谢。

提问三：我问最后一个问题，您刚才说到影响气候包括人为因素和自然因素。我想知道人为因素能占到百分之多少，自然因素能占到百分之多少？

　　杜院士：现在是这样的一个概念，自然因素总在那儿，说现代气候变化指的就是在这个自然因素之上叠加的那部分人为因素。所以从这个意义上讲，现代气候变化指的就是人为因素，就是研究这个问题。当然人们要认识自然因素到底有哪些变化，对我们有多大影响，但是那个我们是改变不了的。现在要研究、要改变的就是人为因素这一块，所以从这个意义上讲，我们现在讨论的现代气候变化，也有人定义为就是人为因素。但是作为科学认识，地球物理、大气物理，它们同时也是从古到今的那些自然因素，它有什么规律，比如从长周期看的一些变化，这个也是自然科学必须认识的一个问题，也是另外一个科学问题。

　　提问三：人为因素同样也影响自然因素？

　　杜院士：它们之间会有一定的相互作用。

构建平台　分享智慧[①]

——宋庆龄基金会应对全球气候变化国际圆桌会议侧记

李五洲

　　一场别开生面地从哲学、伦理学、法学、新闻传播学等视角进行的关于应对全球气候变化的国际对话会议,6月24—25日在北京举行。在这场由中国宋庆龄基金会主办、主题为"和谐·合作·发展·责任——应对全球气候变化的理念与实践"的国际圆桌会议上,来自十多个国家的三十多位中外专家学者们从人文社会科学视角进行了对话。

　　中国宋庆龄基金会常务副主席齐鸣秋在致辞中指出,此次中国宋庆龄基金会主办气候变化国际圆桌会议,构建非官方平等对话平台,是为了促进中外相关领域的专家学者探讨应对气候变化问题的理念与实践,分享交流全球气候治理智慧,提升全社会对气候变化问题的认识,加强公众对气候变化问题的理解和重视。

　　事实也正如所愿,中外学者在观点的碰撞中增进了相互的了解尤其是对中国国情的了解,绽放出了思想的火花。

---

① 《今日中国》2015年第7期。

中国高度重视应对气候变化

国家气候变化专家委员会委员，全国人大常委、全国人大外事委员会副主任委员赵白鸽在会上向与会的十多国专家学者介绍了中国政府的立场和观点。她说，中国政府高度重视应对气候变化，把绿色低碳循环经济发展作为生态文明建设的重要内容，主动实施一系列举措，为减缓和适应气候变化作出了积极的贡献，取得明显成效。2014年，中国单位国内生产总值能耗和二氧化碳排放分别比2005年下降29.9%和33.8%，"十二五"节能减排约束性指标可以顺利完成。中国已成为世界节能和利用新能源、可再生能源第一大国，为全球应对气候变化作出了实实在在的贡献。

赵白鸽认为，中国在发展中国家中最早制定实施应对气候变化国家方案，2014年又出台了《国家应对气候变化规划》，确保实现2020年碳排放强度比2005年下降40%—45%的目标。

同时，中国政府积极引领企业和公众参与应对气候变化的行动。通过对大众和企业的宣传倡导，增强企业的社会责任和公众的参与意识，同时促进社会组织、社区和家庭都成为应对和适应气候变化的重要力量，形成了公共—私营—公民共同合作的模式（Public-Private-People-Partnership, 4P模式），这是中国应对气候变化的最有生命力的力量源泉。

中国工程院院士、国家气候变化专家委员会主任杜祥琬在演讲中表示，中国气候变化和污染排放问题基本上是同根同源，节能减排是应对气候变化和治理大气污染所要求的共同任务。中国粗放的发展方式和能源结构造成了气候变化和污染排放根源的基本一致性，从能源革命入手应对气候变化和治理大气污染所要求的节能减排任务，是重要的概念。

杜祥琬同时表示，应对气候变化的战略需要减缓和适应气候变化两方面相互补充，其实质是引导人类绿色、低碳、可持续的发展道路，这将深刻地影响到人类发展方式的转变。

初步建立了应对气候变化的法律体系

中国之所以能在应对气候变化方面取得显著成效，一个重要原因就是加强制度建设，注重立法和法律实施。2013 年 11 月，中国把"加快生态文明制度建设"作为深化改革的一个重要领域单独明确提出。生态文明制度建设和可持续发展理念为中国应对气候变化提供了制度保障和进行顶层设计的指导思想。

中国环境资源法学研究会会长蔡守秋教授认为，中国作为一个负责任的大国，一方面同国际社会一道积极进行应对全球气候变化的国际法建设；另一方面在国内也已经基本形成防治污染、保护环境的法律体系，合理利用和管理自然资源的法律体系以及节约和合理利用能源的法律体系，初步建立了应对气候变化的法律体系。

目前中国专门应对气候变化的法律规范性文件有《全国人大常委会关于积极应对气候变化的决议》、《应对气候变化领域对外合作管理条例》，以及涉及低碳产品认证、节能低碳技术推广、清洁发展机制项目运行管理和基金管理、温室气体自愿减排交易管理等方面的多个规范性法律文件。而山西、青海、四川、江苏等省区市也制定了应对气候变化的地方性法律文件。

而在法律规范性文件之外，中国也制定了大量专门应对气候变化的政策性文件，不仅有第一部应对气候变化中长期规划《中国应对气候变化国家方案》和列入国家五年规划方案的控制温室气体排放、林业和工业等行业领域应对气候变化行动方案等，还有涉及清洁发展机制基金、清洁发展企业的税收、低碳社区试点、碳捕集及利用、加强气候变化统计、国家重点推广技术目录等非常具体的政策文件。各省区市也都行动起来，到 2014 年 9 月，已有 22 个省区市发布了省级应对气候变化的规划。

而内容与应对气候变化密切相关的法律、法规以及政策文件则更是多之又多。这类的法规既有《环境保护法》、《海洋环境保护法》、《大气污染防治法》、《水污染防治法》、《清洁生产促进法》、《循环经济促进法》之类保护环境的法律，也有《节约能源法》、《可再生能源法》、《煤炭法》、《电力法》等能源利用方面的法律，以及《森林法》、《草原法》、《水法》、《土地管理法》、《海域使用管理法》等自然资源方面的法律法规，其他还有《畜牧法》、《防沙治沙法》、《农业技术推广法》、《政府采购法》（规定优先采购节能认证产品）等大量相关法律法规。

中国政法大学曹明德教授提供的研究数据，则从节能这方面为上述法规和文件的效果进行了背书：在法律法规的约束下，中国自 1990 年以来，万元 GDP 能耗逐年递减，从 1990 年的 5.32tce/ 万元下降到 2014 年的 0.69tce/ 万元；与此同时，能源生产率也得到了大幅度提高，从 1990 年的 1891.3 元 /tce 增长到 2014 年的 14792.2 元 /tce。中国的能源强度与发达国家的差距也在逐渐缩小，2013 年中国万元 GDP 能耗值为 443.8tce/ 百万美元，分别是世界平均水平的 1.8 倍、美国的 2.3 倍、欧洲的 3.2 倍，而 2011 年这一数值还是世界平均水平的 2.49 倍、美国的 3.37 倍、欧洲的 4.8 倍。

国务院发展研究中心资源与环境政策研究所副所长常纪文教授透露，制定《气候变化应对法》已经成为社会各界的共识，有关部门正在进行立法起草工作。

用中国智慧应对气候变化

就如何应对气候变化问题，与会的中国学者纷纷从中国传统文化里寻找智慧。

"气候和合学"的提出者、中国人民大学孔子研究院院长张立文教授认为，气候和合学是指气候动变与社会政治、经济、文化、伦理、法律、科技、宗教等诸多形相、无形相的冲突、融合，以及在冲突融合而和合智慧的指导下化解诸多形相、无形相的冲突危机，而获得通体的平衡、协调、和谐。其宗旨是和平、发展、合作、共赢，为世界人民谋福祉。公平、公正，是气候变动中保障人类命运共同体利益的价值原则。此价值原则可分为两个层次：一是现实层面，即公平、正义、合理；二是超越层面，即真、善、美。张立文教授说，科学证明，气候变动所造成的危害，责任在人类自己。人类要继续在这个星球上生活下去，就必须克制、约束自己。

中国人民大学哲学院伦理学教授姚新中表示，气候变化和全球正义表面上看是技术和政策问题，可以通过节能减排、技术推广和政策强化来解决，并通过国际合作和谈判实现国与国之间在排放和治理方面的大致平衡。但同时我们也必须看到，仅有技术层面的努力是不够的，因为气候变化危机的根源在于我们在价值观上颠倒了人与自然的关系，无限夸大并追求人作为自然主人的权利。

姚新中认为，把气候变化与道德责任联系在一起，是迈向解决气候问题的根本。而要做到这一点，需要我们重新理解人与自然的关系。姚新中根据儒家经典《礼记》中关于"天地"概念的使用，来解释人在"天地"中的地位和人对"天地"的责任，以求重新建立起"天地正义"的价值基础。

复旦大学哲学院教授白彤东也表示，要使这些减排责任得到真正的履行，现有的国内与国际政治机制还存在着根本缺陷。这是因为环境问题有关未来世代和外国人，这些人没有投票权，也不能干涉主权国家的内部事务。儒家对人的好生活有丰富的理解，并且通过推恩，儒家的理想人格要达到民胞物与的境界。因此，虽然儒家思想是以人类为中心的，但是它对好生活有着丰富的理解，它强调个体对他人（包括后代、本国人、外国人）乃至环境的关爱，而且儒家可以提供一套人类对环境责任的学说，促进现代条件下环境问题的解决。

建立应对气候变化领域的公平正义

气候正义关乎全球气候治理的实现与国际气候制度的建立。近些年来，随着人们认识的不断提升，气候正义已成为应对气候变化最根本的价值规范和道义准则。

武汉大学法学院教授、副院长秦天宝经过考察发现，国际谈判的历史发展在内在价值诉求上经历了从崇尚伦理价值关怀转为维护"技术理性"的现代大转向。具体在国际气候谈判领域，基于维护"技术理性"的现代转向已逐渐支配了谈判的根本性方向和宗旨，以至于整个国际气候秩序都被统摄在对"技术理性"的普遍尊崇之中。然而从实效来看，国际气候谈判对传统伦理价值的弃置和对"技术理性"的过度追捧并未引致气候问题在全球领域的有效应对。恰恰相反，基于"技术理性"所依附的实质不平等却进一步扩展了国际气候谈判中阻力与冲突的范围和程度。

荷兰最高法院法律总顾问贾普·施皮尔认为，一个造成一些国家在气候变化问题上产生普遍惰性的原因是公平的竞争环境。不难理解的是，一旦在决定开始踏上深远的减排历程而其他国家并没有如此行为时，各国和企业都难免害怕自己会在竞争中处于劣势。一旦相应的义务被充分地理解，对公平竞争环境的畏惧至少在纸面上也会自然消失。

中国社会科学院荣誉学部委员刘海年认为，中国和国际社会已将环境权和与之相联的发展权视为继公民权政治权利、经济社会和文化权利之后的第三代人权。这是国际人权理论的发展，也是环境权受国际社会重视的标志。环境权作为人权，直接关系人类的生存和发展。在现阶段，中国视生存权与发展权为首要人权。作为人权重要内容的环境权，既有普遍性，又有特殊性。在缔结应对气候变化国际公约、提出节能减排数字性指标时，只有既肯定普遍要求又考虑不同国家发展的实际情况，才是公平合理的。所以他认为，联合国确定的"共同但有区别的责任"是切实可行的原则。

中国人民大学新闻学院教授、博士生导师郑保卫认为气候正义的实现与媒体传播紧密相关，换言之，有效、规范的气候正义传播是实现气候正义的保障。他建议媒体在传播中要善于强调气候正义对于全球气候治理的重要性，呼吁各国政府加强合作以共同应对气候变化；厘清气候不正义的原因，正视当前实现气候正义的困境，要秉持客观、公正的立场来报道全球气候变化议题；要搭建公共讨论平台，以促使各方探讨最具合理性的气候正义原则，尤其是要探讨如何达成一种共识，即承担"共同但有区别的责任"从而实现气候正义，为建立符合气候正义的国际气候制度发挥力量。

耶鲁大学讲座教授、全球正义研究中心主任托马斯·博格认为，关于气候正义，除了道德考量之外，还有一个重要考虑的简单化因素，人类共同应对气候变化的挑战必须遵守普通人都能理解和接受的公平原则。

为应对气候变化献计献策

正如中国宋庆龄基金会副主席唐闻生在闭幕式讲话中指出的，尽管与会的学者们来自不同的国家和地区，有着各自不同的观察视角、不同的处境和不同的生活经历，在观点上也有所不同，但是都努力从不同角度对气候变化这个全球性的紧迫问题提出了自己带有建设性的建议。

如很多与会者赞同，应该吸收法律界、哲学界人士加入应对气候变化谈判以扩大谈判者的视野。

中国人民大学哲学院教授彭永捷指出：应对全球气候变化不能在瓜分全球气候利益的思路上前进，也不能在错误理解"共同但有区别的责任"的思路上前进，而应当建立类似世界卫生组织一样的机构，旨在建立标准，协调产学研和各个国家，提供指导、帮助、援助的方式，促使世界各国共同有意愿、有责任、有能力，共同应对全球气候变化。

针对目前西方已经拥有很多较为成熟的绿色技术专利，而广大发展中国家却因为买不起这些高价技术仍不得不采用高耗能、低效率的生产线时，博格博士建议采取措施降低专利转让费或以政府、组织采购专利等形式来推动绿色技术的推广等。

中国社会科学院荣誉学部委员刘海年则引用曼德拉在担任南非总统时，面对艾滋病肆虐危害国人健康的状况，为突破知识产权限制而发出强烈呼喊一事，提出自己的想法：为了鼓励科技创新和社会发展，知识产权应受到保护，但在遇到诸如应对气候变化等事关人类共同命运的重大问题前，这种保护也需要作出某些改革。

气候问题需要全球合作[①]

——"应对全球气候变化的理念与实践"国际圆桌会议侧记

曹元龙

"全球气候变化导致地球生态系统发生一系列深刻变化，进而影响到经济、政治、社会各个方面。气候变化问题已成为全球性的公共议题。"中国宋庆龄基金会常务副主席齐鸣秋日前在北京举行的"和谐·合作·发展·责任——应对全球气候变化的理念与实践"国际圆桌会议上直言不讳。

本次会议由中国宋庆龄基金会主办，中国人民大学孔子研究院承办，国家气候变化专家委员会、中国政法大学气候变化与自然资源法研究中心以及美国耶鲁大学全球正义研究中心等合作单位共同参与。来自十多个国家的三十多位中外专家学者在为期两天的会议中，围绕应对气候变化的战略与合作、哲学视野、伦理责任和气候变化的法律应对与共同行动等议题进行了深入对话。

---

① 《光明日报》2015 年 7 月 12 日。

全球气候变化的现状

"第五次评估报告以新的观测证据进一步证明，全球气候系统变暖是毋庸置疑的事实。"中国科学院院士、国家气候变化专家委员会委员秦大河以2013年10月以来，政府间气候变化专门委员会（IPCC）先后发布了第五次评估报告的三个工作组报告《气候变化2013：自然科学基础》、《气候变化2014：影响、适应和脆弱性》和《气候变化2014：减缓气候变化》以及综合报告为依据，开门见山。

他进一步详细地解释道，2012年之前的连续三个10年的全球地表平均气温，都比1850年以来任何一个10年更高，且可能是过去1400年来最热的30年。1970年以来海洋在变暖，1971—2010年地球气候系统增加的净能量中，93%被海洋吸收。全球平均海平面上升速率加快，全球海洋的人为碳库很可能已增加，导致海洋表层水酸化。1971年以来，全球几乎所有冰川、格陵兰冰盖和南极冰盖的冰量都在损失。北半球积雪范围在缩小。

他感慨道："已在大气和海洋变暖、水循环变化、冰冻圈退缩、海平面上升和极端气候事件的变化中检测到人类活动影响的信号。1750年以来大气中二氧化碳浓度的增加是人为辐射强迫增加的主因，导致20世纪50年代以来50%以上的全球气候变暖，其信度超过95%。"

全球合作应对气候变化的哲学思考

随着冷战结束，全球性问题涌现，经济、军事等"高级政治"地位减弱，气候、环境等"低级政治"重要性日趋凸显。为维护人类共同的家园，国际社会已在应对气候变化领域展开了一系列合作。

耶鲁大学哲学与国际事务系教授、全球正义研究中心创办主任托马斯·博格从气候变化的哲学和伦理角度对此作了阐述。他认为，人类社会进步的长期推动力是组织结构的优胜劣汰，但近期受到两大新兴现象的影响：一是全球化，优胜劣汰的社会竞争的多样性存在可能将会被单一的全球组织结构所构成的单一竞争社会所取代，以改变科技、自然条件，进而使人类走向更有成效的社会组织形式；二是人类也有快速毁灭物质存在的新能力，即通过大规模杀伤性武器，或诸如人工智能等危险技术，或诸如大规模气候变化等环境灾难，这样的破坏有可能发生。

他表示，不能想当然地认为，社会组织高级形式所取得的进步会以优胜劣汰的竞争方式不确定地持续下去。相反，必须跨越国界、共同合作，实现这样的进步，以阻止人类物质基础被人为破坏。他认为，人类终将走出其前史，并集体谨慎考虑自身的命运，有意识地塑造自身的历史。人类理性会代替国际关系间的暴力和威胁，这种理性并不是战略理性意识，而是共同商议全球正义和人类共同利益的意识。

他认为："气候变化的挑战，为人类学习和实现这种转变，提供了非常好的机会。"

法治护航中国应对气候变化

"没有规矩不成方圆。"应对气候变化，概莫能外。正如南非斯坦陵布什大学知名法学教授菲利普·萨瑟兰在会上所指出的，为限制气候变化的不利影响，寻求解决问题的办法，需要国家、企业以及个体的集体行动，"我们很自然地转向了国际环境法和人权法"。同时，国内法的整合也很重要。

"中国作为一个负责任的环境大国，本着对全人类共同利益和中国自身利益的关注，在国际法层面，坚持'共同但有区别的责任原则、公平原则、各自能力原则'，同国际社会一道积极进行应对全球气候变化的国际法建设，促进应对气候变化条约的制定、实施和国际环境法的发展。在国内，一直致力于加强和推动应对气候变化的法治建设和生态文明的法治建设。"中国环境资源法学研究会会长蔡守秋在会上表示，目前，中国已经初步建立应对气候变化的法治体系，正在通过制定和修改有关应对气候变化的法律、法规、规章和一系列规划、标准、行政计划等政策文件，进一步健全应对气候变化的法律体系和政策体系。

多语种专题报道

中文

与会代表在会议闭幕后合影

构建平台 分享智慧

——宋基会应对全球气候变化国际圆桌会议侧记

中国之所以能在应对气候变化方面取得显著成效，一个重要原因就是加强制度建设，注重立法和法律实施。

文 | 本刊记者 李五洲

一场别开生面、从哲学、伦理学、法学、新闻传播学等视角探讨应对全球气候变化的国际会议，于2015年6月24至25日在北京举行。由中国宋庆龄基金会主办、主题为"和谐·合作·发展·责任——应对全球气候变化的理念与实践"的这次国际圆桌会议，吸引了来自10多个国家的30多位中外专家学者参加。

中国宋庆龄基金会常务副主席齐鸣秋致辞说，中国宋庆龄基金会主办气候变化国际圆桌会议，构建非官方平等对话平台，是为促进中外相关领域专家学者探讨应对气候变化问题，分享交流全球气候治理智慧，提高全社会对全球气候变化的认识、理解和重视。

事实也正如期望。中外学者在学术观点的碰撞中增进了相互的了解，绽放出思想的火花。

中国高度重视应对气候变化

作为国家气候变化专家委员会委员、全国人大常委、全国人大外事委员会副主任委员赵白鸽向与会的专家学者介绍了中国政府的立场和观点。她说，中国高度重视应对气候变化，把绿色低碳循环经济发展作为生态文明建设的重要内容，主动采取一系列措施，为减缓和适应气候变化做出了积极贡献。

315

英文

Global Climate Change Brainstorm

By staff reporter LI WUZHOU

AROUND 30 Chinese and overseas experts and scholars gathered in Beijing on June 24 -25 for an international dialogue on tackling global climate change, from the fresh perspective of philosophy, ethics, law, journalism and communication. The China Soong Ching Ling Foundation (CSCLF) initiated the international roundtable, whose theme was harmony, cooperation, development and responsibility under the title "The Theory and Practice of Tackling Global Climate Change."

Executive Vice President of the CSCLF Qi Mingqiu said in his speech at the conference that the international roundtable constituted a non-official platform for dialogue on an equal footing. Its aim is to encourage Chinese and overseas specialists and scholars to discuss the theory and practice of tackling climate change, and share wisdom on climate governance, and promote social cognition and strengthen public understanding of this alarming phenomenon.

As expected, the conference went well. Scholars enhanced mutual understanding, particularly of China's national conditions, through exchanging ideas and creating new strands of insight and thought.

Grave Importance

Zhao Baige, member of the National Committee of Experts on Climate Change, clarified for overseas experts and scholars the Chinese government's views and standpoints. China attaches great importance to climate change and has made green and low carbon circular economy a priority. Through various

Chinese Wisdom

Participating Chinese scholars have sought wisdom from traditional Chinese culture in efforts to tackle climate change.

Professor Zhang Liwen, dean of the

Fairness and justice is the principal value through which to guarantee the interests of a community of common destiny amid climate change. It includes two levels, the realistic level – fairness, justice and reasonableness – and the

ideal level – truth, goodness and beauty. Human activities are the culprits of climatic disasters. To go on living on this planet, humankind must constrain itself.

According to professor of ethics at Renmin University of China Yao Xinzhong, climate change and global justice are, on the surface, merely technical and policy problems. Climatic issues can be solved by energy saving and emission reduction, technology promotion, and policies. Through international cooperation and negotiation, emissions and governance between countries could achieve a rough balance. In the meantime, efforts at the technological level are insufficient. The root of the climate change crisis lies in the misplaced values in the relationship between man and nature, namely that of humankind's misapprehension of its role as master of nature.

Linking climate change with moral obligation is the key to solving climatic issues, Yao believes. Doing so requires a new understanding of the relationship between

The conference venue.

法文

SOCIÉTÉ

Sagesse chinoise et changement climatique

LI WUZHOU, membre de la rédaction

Les questions environnementales et climatiques ne pourront pas être résolues sans une coopération internationale étroite, dans laquelle chacun assume sa part de responsabilités. Encore un domaine où l'exemple chinois montre la voie.

西班牙文

CHINA HOY Agosto 2015 | **Especial**

Una plataforma para compartir ideas

Los participantes posan para una foto grupal después de la ceremonia de inauguración.

Por LI WUZHOU

EL 24 y 25 de junio tuvo lugar en Beijing una interesante conferencia sobre la lucha contra el cambio climático global. En esta mesa redonda, auspiciada por la Fundación China Soong Ching Ling bajo el título de "Armonía, cooperación, desarrollo y responsabilidad – Teoría y práctica en la lucha contra el cambio climático", más de 30 expertos de más de 10 países entablaron un diálogo desde las perspectivas de la filosofía, la ética, el derecho, el periodismo y la comunicación.

El vicepresidente ejecutivo de la Fundación China Soong Ching Ling, Qi Mingqiu, indicó que la finalidad era establecer una plataforma no oficial de diálogo, que promueva los intercambios y las discusiones entre los expertos sobre la lucha contra el cambio climático, y contribuya así a la concienciación de la sociedad.

Como había sido planificado, en el intercambio de puntos de vista entre los expertos se logró profundizar el conocimiento mutuo, sobre todo el conocimiento en cuanto a la situación de China, y se plantearon muy buenas propuestas.

ción y adaptación al cambio climático. En 2014, el consumo de energía y las emisiones de CO_2 por unidad de PIB se redujeron respectivamente en un 29,9 % y un 33,8 %, en comparación con las cifras del año 2005. Se espera alcanzar la meta de economizar energía y disminuir las emisiones contaminantes, establecida en el XII Plan Quinquenal. China ha sido el país que ha reducido más consumo energético y que ha utilizado más energía nueva y renovable, con contribuciones reales a la lucha contra el cambio climático.

Zhao dijo además que, de todos los países en desarrollo, China ha sido el primero en elaborar y ejecutar un plan nacional al respecto. En 2014 se estableció el Programa Nacional de Respuesta al Cambio Climático, que

阿拉伯文

داخل قاعة المؤتمر

لتعزيز مناقشة الأطراف المختلفة مبادئ العدالة المعقولة في المناخ.

اقتراحات لمواجهة تغير المناخ

قال تانغ ون تشنغ، نائب رئيس صندوق السيدة سونغ تشينغ لينغ الصيني، في حفل الختام للمؤتمر: "برغم أن العلماء الحضور جاءوا من دول ومناطق مختلفة ولهم رؤى وتجارب حياة متباينة، سعوا إلى طرح اقتراحاتهم البناءة حول قضية تغير المناخ وهي قضية عالمية هامة."

على سبيل المثال، وافق كثير من الحضور على دعوة الأشخاص من الأوساط القانونية وأوساط الفلسفة إلى المشاركة في المفاوضات حول مواجهة تغير المناخ لتوسيع مجال رؤية المفاوضين.

في الوقت الحالي، تتمتع الدول الغربية بكثير من التقنيات الخضراء، وتضطر الدول

دولة، فيكون ذلك عادلا ومعقولا. وقال إن مبدأ "المسؤولية المشتركة مع تباين الأعباء" الذي حددته الأمم المتحدة مبدأ عملي.

قال البروفيسور تشنغ باو وي، من معهد الصحافة التابع لجامعة رنمين الصينية، إن تحقيق العدالة في المناخ يرتبط بما تنشره وسائل الإعلام ارتباطا وثيقا، وبعبارة أخرى، إن نشر العدالة في المناخ بشكل فعال وقياسي ضمان لتحقيق العدالة في المناخ. واقترح أن تؤكد وسائل الإعلام على أهمية العدالة في المناخ في معالجة مناخ العالم وتدعو حكومات الدول المختلفة إلى تعزيز التعاون من أجل المواجهة المشتركة لتغير المناخ؛ وتوضح سبب عدم العدالة في المناخ، وتواجه تحديات تحقيق العدالة في المناخ في الوقت الحالي وتتمسك بالموقف الموضوعي والعادل في تغطية موضوعات تغير مناخ العالم؛ وتبني منصة مناقشة عامة للجماهير

النامية إلى استخدام الخطط الإنتاجية العالية الاستهلاك للطاقة والمنخفضة الفعالية لأنها لا تقدر على شراء تلك التقنيات الغالية، ولهذا اقترح البروفيسور توماس بوج، الأستاذ الزائر بجامعة ييل الأمريكية ومدير مركز بحوث العدالة العالمية، تخفيض تكلفة التنازل عن براءة الاختراع من خلال اتخاذ الإجراءات المختلفة ودفع تعميم التقنيات الخضراء عن طريق شراء الحكومات والمنظمات للاختراعات وغيره من الأشكال.

وقال ليو هاي نيان، إن حقوق الملكية الفكرية يجب حمايتها للتشجيع على الإبداع في العلم والتكنولوجيا والتنمية الاجتماعية، ولكن هذه الحماية تحتاج إلى بعض الإصلاح أمام بعض القضايا الهامة المتعلقة بمصير البشرية مثل مواجهة تغير المناخ. ∎

二、机构介绍

宋庆龄与中国宋庆龄基金会简介

中华人民共和国名誉主席宋庆龄，祖籍海南文昌。1893 年 1 月 27 日出生于上海。1913 年从美国威斯里安女子学院毕业之后，她便追随孙中山先生，致力于中国民主革命事业。在北伐战争、抗日战争和解放战争时期，她为中国民主革命事业的成功，为中国人民反侵略战争的胜利，为新中国的诞生，建立了不朽的功勋。

中华人民共和国成立以后，作为国家重要领导人，宋庆龄在长期的国际和国务活动中，为保卫世界和平、争取社会进步和人类幸福，为增进国际友好，促进各国人民的了解与友好往来；为维护妇女权益、发展儿童文化教育福利事业；为促进祖国统一，进行了不懈的努力，作出了杰出的贡献，受到了广泛的崇敬，被公认为 20 世纪最伟大的女性之一。

1981 年 5 月 29 日，宋庆龄在北京逝世。1982 年 5 月 29 日，在邓小平、廖承志和康克清等老一辈国家领导人的直接倡导和支持下，中国宋庆龄基金会在北京成立。

中国宋庆龄基金会成立至今，始终不渝地遵循"增进国际友好，促进祖国统一，发展少儿事业"的三项宗旨，坚持"开门办会"和"实验性、示范性"的工作方针，充分发挥自身优势，在海内外友好组织和热心人士的支持、帮助下，在国际友好、两岸交流、妇幼保健、扶贫助教、科学普及、文学艺术、体育卫生等诸多领域都取得了可喜的成绩，赢得了良好的声誉，在国内外产生了积极的影响。

无论过去，现在和未来，中国宋庆龄基金会的工作都离不开海内外社会各界朋友的鼎力相助。

谨向曾经帮助和支持中国宋庆龄基金会工作的老朋友表示衷心感谢！

谨向所有愿意与中国宋庆龄基金会携手合作的新朋友表示热烈欢迎！

国家气候变化专家委员会简介

国家气候变化专家委员会是国家应对气候变化的专家咨询机构。2006年1月根据胡锦涛和温家宝关于成立国家气候变化专家委员会的批示精神，由中国气象局受原国家气候变化对策协调小组委托组建。

专家委员会主要职责是围绕气候变化科学问题、国内应对战略和国际应对策略，以各部门研究工作为基础，通过国内外调研、交流研讨，集成提升形成咨询建议。专家委员会同时发挥沟通交流和工作平台作用，日常办公依托国家发展改革委和中国气象局，具体办事机构设在中国气象局。

第二届专家委员会于2010年9月换届成立，包括31位委员，其中有15位院士，涵盖大气、海洋、水文、地质、冰雪、生态、林业、能源、交通、建筑、经济、法律以及国际关系等气候变化相关科学技术领域，由原工程院副院长杜祥琬院士担任主任。

专家委员会倡导科学、民主的学术精神，坚持在发扬学术民主的基础上尽可能凝聚共识，提出负责任的咨询建议。目前，已就排放峰值和长期目标、气候变化科学问题、适应行动等，形成了十余份决策咨询报告，得到国家应对气候变化领导小组的高度重视。

此外，专家委员会还先后与英国、德国、欧盟、美国、俄罗斯及印度、巴西等国家及组织的气候变化专家进行了多次交流。部分成员作为中国政府代表团顾问，参加了坎昆、德班、多哈等联合国气候变化谈判。

中国人民大学孔子研究院简介

为弘扬中华优秀传统文化，大力张显孔子思想学说，加强学校人文学科建设，促进学校人文学科与国内外学术界、文化界、教育界的广泛交流与合作，2002 年 11 月，中国人民大学成立了孔子研究院。

中国人民大学孔子研究院的建院宗旨是：继承优秀传统文化，弘扬孔子思想精华，提高国民人文素质，建设人类美好未来。

中国人民大学孔子研究院为直属中国人民大学领导的研究机构，校内以中国人民大学人文学院为依托，按校内科学研究基地模式运作和管理。

中国人民大学孔子研究院的组织机构由理事机构、学术机构和行政机构三部分组成。理事机构包括中国人民大学孔子研究基金和中国人民大学中国文化推广基金，基金理事会的职能是筹集社会资金，负责管理中国人民大学孔子研究基金和中国文化推广基金。基金会理事长由中国人民大学校长担任。学术机构为中国人民大学孔子研究院学术委员会，其职能是决定研究院的学术定位与发展战略，评议审查科研项目与科研成果。下设：国际儒藏与国际儒学研究中心、经学研究中心、和合文化研究中心、政治哲学研究中心、儒教研究中心暨《儒教年鉴》编辑部、比较哲学研究中心、儒商文化研究中心、中华气学研究中心、道家文化研究中心、礼学中心。行政机构实行院长负责制，著名学者张立文教授担任院长兼学术委员会主席，下设研究交流部、教学培训部、推广部和办公室。

中国人民大学孔子研究院自成立以来，积极开展学术活动和中国传统文化的普及推广工作，同美国、日本、韩国、越南、马来西亚、新加坡等国学术机构进行了广泛的学术交流，举办了多次大型学术会议，其中每年一届的"国际儒学论坛"尤其受到海内外学者的广泛关注，这一学术论坛已经成为很有影响的重要国际学术论坛。在传统文化的普及推广方面，孔子研究院每年举办一次"孔子文化月"，每次确立一个主题，其间举办一系列学术讲座及各种文化活动。自成立以来，孔子研究院编辑出版了"中国人民大学孔子研究院文库"，目前正在组织力量编纂大型儒家文献汇编《海外儒藏》。孔子研究院的机关刊物是《儒学评论》，官方网站"孔子在线"（http://confucian.ruc.edu.cn）。

中国人民大学孔子研究院为孔子与国学研究提供支援，为弘扬中华优秀传统文化提供支持，为推广、普及传统文化知识提供场所，中国人民大学孔子研究院的发展也欢迎各界人士的支持和支援。

耶鲁大学全球正义研究中心简介

  耶鲁大学全球正义研究中心，创建于 2008 年，是耶鲁大学雷特纳讲席教授托马斯·博格教授领衔的跨学科科研团队，该团队致力于实现全球正义的科研与实践工作。中心每年举行一次为期三天的大型学术会议，最近的一次学术讨论由诺贝尔经济学奖得主、世界著名经济学家阿玛蒂亚·森主持。中心与"抗贫学术联盟"保持紧密学术往来，致力于全球抗贫、减贫事业。中心的工作主要围绕着抗贫、减贫研究展开，以谋求实现全球范围内的经济、医疗资源正义等，主要集中在以下几个方面：1. 研究并推动"重要药物普及激励机制"，即激励药品生厂商以及经销商以成本价将药物卖给贫困人群。2. 阻断发展中国家财税外流，即通过国际财会制度的改革，以及发展中国家的税务系统信息改革，消除发展中国家对外贸易中进出口税被伪报现象，以减少资本损失。3. 应对全球气候变化，即基于"奥斯陆协议"，倾中心之力推动和设计大幅减少温室效应气体排放的计划。如果人类任由现今的全球化工燃料继续排放，全球地表温度持续升温，在 21 世纪末人类将面临重大的气候灾难。4. 贫困测量，区别于以往以家庭为单位的测量和单一贫困指数测量，该中心积极致力于个人贫困测量和综合贫困指数测量，并兼顾性别差异等社会因素。5. 中心以可持续发展为目标，积极筹划新的可持续发展模式，目标明确，和有资质和信

任度的组织合作，以减少贫困、不平等、财税外流、气体排放和污染
等各项事业。

中国政法大学气候变化
与自然资源法研究中心简介

  气候变化与自然资源法研究中心成立于 2011 年 5 月 26 日，旨在充分利用和整合中国政法大学校内外资源，积极开展气候变化与自然资源法学术研究活动，研究领域包括气候变化法、自然资源法、能源法和环境保护法等。研究中心注重法律理论与法律实务的结合，一方面，通过实行学科带头人负责制建立和发展高水平研究团队，坚持对气候变化法和自然资源法的国际前沿问题追踪以及对国内现实问题的反映；另一方面，注重与国内实务部门和国际组织的合作，为政府和社会各界提供有关气候变化与自然资源法的专业化法律咨询、培训和服务，或者接受政府及有关部门和有关单位委托，为地方、行业、经济和社会发展提供决策意见和咨询服务，不断提高中国政法大学在气候变化与自然资源法领域的学术地位、教育品质和社会信誉。中心主任为曹明德教授，中心的研究人员主要来自中国政法大学，同时汇集了来自北京大学、清华大学、西南政法大学、环境保护部政策研究中心、北京环境交易所等理论与实务领域的专家、学者。

三、"气候变化国际圆桌会议"与会代表名单

序号	姓名	国别	职务/职称
1	齐鸣秋	中国	中国宋庆龄基金会常务副主席
2	杜祥琬	中国	中国工程院院士，国家气候变化专家委员会主任
3	秦大河	中国	中国科学院院士，国家气候变化专家委员会委员
4	赵白鸽	中国	全国人大常委、外事委员会副主任委员，国家气候变化专家委员会委员
5	张立文	中国	一级教授、中国人民大学孔子研究院院长
6	姚新中	中国	中国人民大学哲学院院长、教授
7	彭永捷	中国	中国人民大学孔子研究院副院长、教授
8	白彤东	中国	复旦大学哲学学院教授
9	郑保卫	中国	中国人民大学新闻学院教授，中国气候传播项目中心主任
10	刘海年	中国	中国社会科学院人权研究中心主任、荣誉学部委员
11	蔡守秋	中国	中国法学会环境资源法学研究会会长、教授
12	常纪文	中国	国务院发展研究中心资源与环境政策研究所副所长
13	王明远	中国	清华大学能源与环境法研究中心主任、教授

序号	姓名	国别	职务／职称
14	曹明德	中国	中国政法大学气候变化与自然资源法研究中心主任、教授
15	秦天宝	中国	武汉大学法学院副院长、教授
16	Thomas Pogge 托马斯·博格	德国	耶鲁大学讲座教授、全球正义研究中心主任
17	John Knox 约翰·诺克斯	美国	联合国人权理事会人权与环境问题特别报告员
18	Jaap Spier 贾普·斯皮尔	荷兰	荷兰最高法院法律总顾问
19	James Silk 詹姆斯·西尔克	美国	耶鲁大学法学院教授
20	Philip Sutherland 菲利普·萨瑟兰	南非	南非斯坦陵布什大学知名法学教授
21	Brian Preston 布赖恩·普雷斯顿	澳大利亚	澳大利亚新南威尔士土地及环境法院审判长
22	Max Essed 马克斯·埃塞德	荷兰	荷兰最高法院研究员
23	Makhnovs-kiy Dmitiriy 马克诺夫斯基·德米特里	俄罗斯	俄罗斯圣彼得堡国立经济大学教授

后 记

本书的出版，真正为气候变化国际圆桌会议画上了圆满的休止符。

此次国际圆桌会议缘起于中国宋庆龄基金会和耶鲁大学全球正义中心对全球应对气候变化问题的共同责任意识和使命意识。自2014年11月筹备开始，与会的中外代表对圆桌会议的成功召开以及本书的编辑出版给予了大力支持和帮助。杜祥琬院士工作繁忙仍然亲自书写邮件指导筹备组工作，张立文教授年届八十仍辛勤笔耕专门为会议撰写论文，博格教授远在万里之外无论是在讲学中、旅途中还是出差中，始终与我们保持密切联系，往来邮件逾百封……让我们感动的事情难以一一列举，但所有中外代表的热情参与、严谨态度和忘我的工作精神，让我们印象深刻。中外代表自始至终体现出的关注气候变化和人类未来发展的共同责任感与神圣使命感，也正是我们一年多来加倍努力工作的内在驱动力。论集因为经过了他们的反复核校，以及无偿授权，已远远超越了一本书所能涵盖的内容意义。

会议的成功召开、论集的顺利出版得到了国家气候变化专家委员会等单位的指导和帮助，中国人民大学、中国政法大学、美国耶鲁大学、《今日中国》杂志社、人民出版社等机构也提供了大力支持，在此我们致以诚挚谢意！向所有与会的中外专家学者一并致以衷心感谢！

　　特别感谢我会志愿者庞景超和马权同学，对本书内容进行了大量的整理和修订工作；还要特别感谢本书编辑为文集的顺利出版付出了艰辛劳动。此外，媒体朋友们、志愿者同学们、同传译者们，也做了大量工作，在此一并致谢！

　　由于汇编时间仓促，编者专业水平有限，论集中难免有不尽完善之处，敬请谅解。

编者

2016 年 1 月

责任编辑：段海宝

图书在版编目（CIP）数据

气候变化国际圆桌会议对谈论集 / 中国宋庆龄基金会 编 . —北京：人民出
版社，2016.6
ISBN 978 - 7 - 01 - 016209 - 6

I. ①气… II. ①中… III. ①气候变化 - 国际学术会议 - 文集 IV. ① P467-53
中国版本图书馆 CIP 数据核字（2016）第 102193 号

气候变化国际圆桌会议对谈论集
QIHOU BIANHUA GUOJI YUANZHUO HUIYI DUITAN LUNJI

中国宋庆龄基金会 编

人民出版社 出版发行
（100706 北京市东城区隆福寺街 99 号）

北京汇林印务有限公司印刷 新华书店经销

2016 年 6 月第 1 版 2016 年 6 月北京第 1 次印刷
开本：710 毫米 ×1000 毫米 1/16 印张：22.75 插页：6
字数：282 千字

ISBN 978 - 7 - 01 - 016209 - 6 定价：65.00 元

邮购地址 100706 北京市东城区隆福寺街 99 号
人民东方图书销售中心 电话（010）65250042 65289539